全国中等医药卫生职业教育"十二五"规划教材

生物化学基础

（供护理、助产、药剂、农村医学专业用）

主　编　陈少华（无锡卫生高等职业技术学校）

副主编　康爱英（南阳医学高等专科学校）

　　　　章　莉（西安交通大学附设卫生学校）

　　　　白冬琴（咸阳市卫生学校）

编　委　（以姓氏笔画为序）

　　　　王达菲（郑州市卫生学校）

　　　　李　静（无锡卫生高等职业技术学校）

　　　　何　丹（四川中医药高等专科学校）

　　　　党　帅（泰山护理职业学院）

　　　　潘　英（甘肃省酒泉卫生学校）

中国中医药出版社

·北京·

图书在版编目（CIP）数据

生物化学基础/陈少华主编．—北京：中国中医药出版社，2013.9（2014.8 重印）
全国中等医药卫生职业教育"十二五"规划教材
ISBN 978 - 7 - 5132 - 1498 - 8

Ⅰ. ①生… Ⅱ. ①陈… Ⅲ. ①生物化学 - 中等专业学校 - 教材 Ⅳ. ①Q5

中国版本图书馆 CIP 数据核字（2013）第 131119 号

中 国 中 医 药 出 版 社 出 版
北京市朝阳区北三环东路 28 号易亨大厦 16 层
邮政编码 100013
传真 010 64405750
北京市松源印刷有限公司印刷
各地新华书店经销

*

开本 787 × 1092 1/16 印张 12 字数 263 千字
2013 年 9 月第 1 版 2014 年 8 月第 2 次印刷
书 号 ISBN 978 - 7 - 5132 - 1498 - 8

*

定价 25.00 元
网址 www.cptcm.com

前　言

"全国中等医药卫生职业教育'十二五'规划教材"由中国职业技术教育学会教材工作委员会中等医药卫生职业教育教材建设研究会组织，全国120余所高等和中等医药卫生院校及相关医院、医药企业联合编写，中国中医药出版社出版。主要供全国中等医药卫生职业学校护理、助产、药剂、医学检验技术、口腔修复工艺专业使用。

《国家中长期教育改革和发展规划纲要（2010－2020年)》中明确提出，要大力发展职业教育，并将职业教育纳入经济社会发展和产业发展规划，使之成为推动经济发展、促进就业、改善民生、解决"三农"问题的重要途径。中等职业教育旨在满足社会对高素质劳动者和技能型人才的需求，其教材是教学的依据，在人才培养上具有举足轻重的作用。为了更好地适应我国医药卫生体制改革，适应中等医药卫生职业教育的教学发展和需求，体现国家对中等职业教育的最新教学要求，突出中等医药卫生职业教育的特色，中国职业技术教育学会教材工作委员会中等医药卫生职业教育教材建设研究会精心组织并完成了系列教材的建设工作。

本系列教材采用了"政府指导、学会主办、院校联办、出版社协办"的建设机制。2011年，在教育部宏观指导下，成立了中国职业技术教育学会教材工作委员会中等医药卫生职业教育教材建设研究会，将办公室设在中国中医药出版社，于同年即开展了系列规划教材的规划、组织工作。通过广泛调研、全国范围内主编遴选，历时近2年的时间，经过主编会议、全体编委会议、定稿会议，在700多位编者的共同努力下，完成了5个专业61本规划教材的编写工作。

本系列教材具有以下特点：

1. 以学生为中心，强调以就业为导向、以能力为本位、以岗位需求为标准的原则，按照技能型、服务型高素质劳动者的培养目标进行编写，体现"工学结合"的人才培养模式。

2. 教材内容充分体现中等医药卫生职业教育的特色，以教育部新的教学指导意见为纲领，注重针对性、适用性以及实用性，贴近学生、贴近岗位、贴近社会，符合中职教学实际。

3. 强化质量意识、精品意识，从教材内容结构、知识点、规范化、标准化、编写技巧、语言文字等方面加以改革，具备"精品教材"特质。

4. 教材内容与教学大纲一致，教材内容涵盖资格考试全部内容及所有考试要求的知识点，注重满足学生获得"双证书"及相关工作岗位需求，以利于学生就业，突出中等医药卫生职业教育的要求。

5. 创新教材呈现形式，图文并茂，版式设计新颖、活泼，符合中职学生认知规律及特点，以利于增强学习兴趣。

6. 配有相应的教学大纲，指导教与学，相关内容可在中国中医药出版社网站

（www. cptcm. com）上进行下载。本系列教材在编写过程中得到了教育部、中国职业技术教育学会教材工作委员会有关领导以及各院校的大力支持和高度关注，我们衷心希望本系列规划教材能在相关课程的教学中发挥积极的作用，通过教学实践的检验不断改进和完善。敬请各教学单位、教学人员以及广大学生多提宝贵意见，以便再版时予以修正，使教材质量不断提升。

中等医药卫生职业教育教材建设研究会

中国中医药出版社

2013 年 7 月

编写说明

　　生物化学是研究人体化学组成及其代谢以及化学成分之间相互作用的学科，为重要的医学基础学科，是医学相关专业必修的课程之一，因此地位比较突出。该课程的作用表现在：阐明人体物质组成、分子结构及其功能，为临床实践操作提供理论指导依据；提高护理人才理论和实践水平，为护理学生持续发展打牢基础。《生物化学基础》是全国中等医药卫生职业教育"十二五"规划教材之一，适用于护理、助产、药剂、农村医学等专业使用。

　　本书以学生为中心，根据以就业为导向、以能力为本位、以岗位需求为标准的原则进行编写。其编写思路是以多年实践教学经验为指导，根据医学专业学生学习特点而设计。坚持"四统一"原则：即教材内容与培养目标统一；专业基础与临床实践统一；知识深度与文化层次统一；必需够用与能力导向统一。

　　本书分为10章，突出四大部分内容，第一至三章为蛋白质、核酸和酶生物大分子的结构组成及功能；第四至七章为生物氧化及糖类、脂类、氨基酸物质代谢内容；第八章为基因信息的传递；第九、十章为肝生物化学，水、无机盐代谢与酸碱平衡临床生化内容。同时，每章穿插知识链接，章后配备同步训练供学生课后练习。最后附有实验指导。

　　由于水平有限，教材难免存在错误与遗漏，敬请同行、专家、读者提出宝贵意见，以便再版时修订提高。

《生物化学基础》编委会

2013 年 7 月

目　录

第一章　蛋白质

第一节　蛋白质的分子组成 …………… 1
一、蛋白质的元素组成 …………… 1
二、蛋白质的基本组成单位 ……… 1
三、肽 …………………………… 4

第二节　蛋白质的分子结构 …………… 5
一、蛋白质的一级结构 …………… 5
二、蛋白质的空间结构 …………… 6
三、蛋白质结构与功能的关系 …… 8
四、蛋白质的分类 ……………… 9

第三节　蛋白质的理化性质 …………… 9
一、蛋白质的两性电离 …………… 9
二、蛋白质的胶体性质 ………… 10
三、蛋白质的变性 ……………… 10
四、蛋白质的沉淀 ……………… 11
五、蛋白质的紫外吸收与呈色反应
　　　　　　　　　　　　………… 11

第二章　核酸的结构与功能

第一节　核酸的分子组成 ………… 15
一、核酸的元素组成 …………… 15
二、核酸的基本组成单位——核苷酸
　　　　　　　　　　　　………… 15

第二节　核酸的分子结构 ………… 20
一、DNA 的分子结构 …………… 20
二、RNA 的分子结构 …………… 23

第三节　核酸的理化性质 ………… 26

一、核酸的一般性质 …………… 26
二、核酸的变性、复性 ………… 26

第三章　酶

第一节　酶的分子结构与功能 …… 31
一、酶的分子组成 ……………… 31
二、酶的活性中心 ……………… 32
三、酶原与酶原的激活 ………… 32
四、同工酶 ……………………… 33
五、变构酶 ……………………… 35
六、维生素与辅酶 ……………… 35

第二节　酶促反应的特点与机制 … 40
一、酶促反应的特点 …………… 40
二、酶促反应的机制 …………… 41

第三节　影响酶促反应速度的因素
　　　　　　　　　　　　………… 42
一、底物浓度的影响 …………… 42
二、酶浓度的影响 ……………… 43
三、温度的影响 ………………… 44
四、pH 的影响 ………………… 44
五、激活剂的影响 ……………… 45
六、抑制剂的影响 ……………… 45

第四节　酶与医学的关系 ………… 48
一、酶的命名与分类 …………… 48
二、酶与疾病的关系 …………… 49
三、酶在其他学科的应用 ……… 50

第四章　生物氧化

第一节　生成 ATP 的氧化磷酸化体系
　　　　　　　　　　　　………… 54
一、电子传递链 ………………… 54
二、氧化磷酸化—ATP 的生成 … 58
三、胞浆中 NADH 的氧化 ……… 61

第二节　其他不生成 ATP 的氧化体系
　　　　　　　　　　　　………… 62
一、氧化酶与需氧脱氢酶 ……… 62
二、过氧化氢酶与过氧化物酶 … 63
三、超氧物歧化酶 ……………… 63

第五章　糖代谢

第一节　概述 …………………… 66
第二节　糖的分解代谢 ………… 67
　　一、糖酵解 ………………… 67
　　二、糖的有氧氧化 ………… 70
　　三、磷酸戊糖途径 ………… 72
第三节　糖原的合成与分解 …… 74
　　一、糖原的合成 …………… 74
　　二、糖原的分解 …………… 75
第四节　糖异生 ………………… 75
　　一、糖异生途径 …………… 75
　　二、糖异生的生理意义 …… 76
第五节　血糖 …………………… 77
　　一、血糖的来源和去路 …… 77
　　二、血糖浓度的调节 ……… 77
　　三、高血糖和低血糖 ……… 78

第六章　脂类代谢

第一节　概述 …………………… 81
　　一、脂类的消化吸收与分布 …… 81
　　二、脂类的生理功能 ……… 82
第二节　甘油三酯的代谢 ……… 83
　　一、甘油三酯的分解代谢 … 83
　　二、甘油三酯的合成代谢 … 88
第三节　磷脂的代谢 …………… 89
　　一、磷脂的组成及分类 …… 89
　　二、甘油磷脂的代谢 ……… 89
第四节　胆固醇代谢 …………… 91
　　一、胆固醇的生物合成 …… 91
　　二、胆固醇的转化与排泄 … 92
第五节　血浆脂蛋白代谢 ……… 93
　　一、血脂的种类与含量 …… 93
　　二、血浆脂蛋白 …………… 93
　　三、血浆脂蛋白代谢异常 … 96

第七章　氨基酸代谢

第一节　蛋白质的营养作用 …… 99

　　一、蛋白质的生理功能和消化吸收
　　　　………………………… 99
　　二、蛋白质的需要量与营养价值
　　　　………………………… 100
第二节　氨基酸的一般代谢 …… 101
　　一、氨基酸代谢概况 ……… 101
　　二、氨基酸的脱氨基作用 … 102
　　三、氨的代谢 ……………… 104
　　四、α-酮酸的代谢 ……… 107
第三节　个别氨基酸的代谢 …… 107
　　一、氨基酸的脱羧基作用 … 108
　　二、一碳单位代谢 ………… 109
　　三、含硫氨基酸的代谢 …… 110
　　四、芳香族氨基酸的代谢 … 112
第四节　糖、脂类与蛋白质代谢的
　　　　联系 ………………… 112
　　一、糖与脂类代谢的联系 … 112
　　二、糖与氨基酸代谢的联系 … 114
　　三、脂类与氨基酸代谢的联系
　　　　………………………… 114

第八章　基因信息的传递

第一节　DNA 的生物合成 …… 116
　　一、DNA 的复制 ………… 117
　　二、DNA 损伤与修复 …… 120
　　三、逆转录 ………………… 122
第二节　RNA 的生物合成 …… 122
　　一、RNA 的转录 ………… 122
　　二、转录后的加工修饰 …… 124
第三节　蛋白质的生物合成（翻译）
　　　　………………………… 125
　　一、蛋白质的生物合成体系 … 125
　　二、蛋白质生物合成过程 … 127
　　三、蛋白质生物合成与医学的关系
　　　　………………………… 130
　　四、基因表达的调控 ……… 130
第四节　常用基因技术 ………… 131
　　一、基因工程 ……………… 131

二、聚合酶链反应 ………… 132

第九章　肝生物化学

第一节　生物转化作用 ……… 135
　一、概述 ……………… 135
　二、生物转化的反应类型 …… 136
　三、生物转化的意义 ……… 138
第二节　胆汁酸的代谢 …… 139
　一、胆汁酸的生物合成 …… 139
　二、胆汁酸的功能 ……… 139
第三节　血红素的代谢 …… 141
　一、血红素的生物合成 …… 141
　二、血红素的分解 ……… 144

第十章　水、无机盐代谢与酸碱平衡

第一节　水代谢 …………… 150
　一、水的含量与分布及生理功能
　　…………………… 150
　二、水平衡 …………… 151
第二节　电解质代谢 ……… 152
　一、电解质的含量与分布及生理功能
　　…………………… 152
　二、钠、氯、钾的代谢 …… 154
　三、钙、磷代谢 ……… 155

第三节　酸碱平衡 …………… 157
　一、体内酸性和碱性物质的来源
　　…………………… 157
　二、酸碱平衡的调节 ……… 159
　三、酸碱平衡失常的基本类型
　　…………………… 162
　四、酸碱平衡的主要生化指标
　　…………………… 163

实验指导

实验一 蛋白质的沉淀反应和血清蛋白
　　醋酸纤维薄膜电泳 ……… 165
实验二 酶作用的特异性及影响酶
　　活性的因素 ……… 167
实验三 血清葡萄糖测定（葡萄糖氧
　　化酶法） ……… 171
实验四 肝中酮体的生成 ……… 173
实验五 丙氨酸氨基转移酶活性的
　　比较 ……… 174
实验六 血浆碳酸氢根离子浓度的
　　测定（滴定法） ……… 175

主要参考书目 ……………… 178

第一章 蛋白质

学习目标

1. 掌握蛋白质的元素组成及特点、基本组成单位、蛋白质的一级结构以及肽键、等电点、蛋白质变性、蛋白质沉淀等概念。

2. 熟悉蛋白质的空间结构、蛋白质的两性电离、蛋白质的胶体性质及蛋白质变性在实践中的应用。

3. 了解蛋白质的分类、蛋白质结构与功能的关系、蛋白质的紫外吸收与呈色反应。

蛋白质是一类具有丰富多样性的生物大分子,广泛存在于生物界。在人体中,蛋白质含量约占细胞干重的45%。蛋白质不仅是细胞的结构成分,还承担了几乎所有的生物学功能,如肌肉收缩、物质运输、血液凝固、代谢调节及免疫等。实际上,每一种细胞活动都有赖于一种或几种特定的蛋白质。可以说,没有蛋白质就没有生命。

第一节 蛋白质的分子组成

一、蛋白质的元素组成

蛋白质的基本组成元素是碳(50%~55%)、氢(6%~7%)、氧(19%~24%)、氮(13%~19%)。大部分蛋白质含有硫,有的还含有磷、铁、锌、锰、碘等。

蛋白质种类繁多、结构复杂、大小不一。但任何一种蛋白质都含有元素氮,并且含量恒定,平均为16%,即1克氮相当于6.25克蛋白质。由于体内的含氮物质主要是蛋白质,故根据蛋白质元素组成的特点,可用凯氏定氮法对样品中蛋白质的含量进行推算:

$$样品中蛋白质含量 = 样品中含氮量 \times 6.25$$

二、蛋白质的基本组成单位

蛋白质经酸、碱或蛋白水解酶作用后的最终产物都是氨基酸,因此氨基酸是蛋白质的基本组成单位。

（一）氨基酸结构

自然界中的氨基酸有300多种，但组成人体蛋白质的氨基酸只有20种。这20种氨基酸的结构特点是：①与羧基相连的α-碳原子上都有一个氨基（脯氨酸为亚氨基），因而称为α-氨基酸。②除甘氨酸外，其他氨基酸的α-碳原子所连的四个原子或基团互不相同，是不对称碳原子，因而有L型和D型两种构型，构成人体蛋白质的氨基酸都是L-α-氨基酸。③各种氨基酸的R侧链不同，其余部分结构相同，故可用结构通式表示：

$$\begin{array}{c} COOH \\ | \\ H_2N-C_\alpha-H \\ | \\ R \end{array} \quad 或 \quad \begin{array}{c} COO^- \\ | \\ {}^+H_3N-C_\alpha-H \\ | \\ R \end{array}$$

（二）氨基酸的分类

1. 根据氨基酸R侧链的结构和性质分类　可将20种氨基酸分为非极性疏水性氨基酸、极性中性氨基酸、酸性氨基酸和碱性氨基酸4类（表1-1）。

表1-1　氨基酸的分类

氨基酸名称	简写符号	结构式	等电点（pI）
1. 非极性疏水性氨基酸			
甘氨酸（glycine）	甘（Gly）	$H-CHCOO^-$ 连 NH_3^+	5.97
丙氨酸（alanine）	丙（Ala）	$CH_3-CHCOO^-$ 连 NH_3^+	6
缬氨酸（valine）	缬（Val）	$CH_3-CH-CHCOO^-$ 连 $CH_3\ HN_3^+$	5.96
亮氨酸（Leucine）	亮（Leu）	$CH_3-CH-CH_2-CHCOO^-$ 连 $CH_3\ \ NH_3^+$	5.98
异亮氨酸（isoleucine）	异亮（Ile）	$CH_3-CH_2-CH-CHCOO^-$ 连 $CH_3\ NH_3^+$	6.02
苯丙氨酸（phenylalanine）	苯丙（Phe）	⬡$-CH_2-CHCOO^-$ 连 NH_3^+	5.48
脯氨酸（proline）	脯（Pro）	环状结构 CHCOO⁻, NH₃⁺	6.3

续表

氨基酸名称	简写符号	结构式	等电点（pI）
2. 极性中性氨基酸			
丝氨酸（serine）	丝（Ser）	$HO-CH_2-CHCOO^-$ $\quad\quad\quad NH_3^+$	5.68
色氨酸（tryptophan）	色（Trp）	$-CH_2-CHCOO^-$ NH_3^+	5.89
甲硫氨酸（methionine）	甲硫（Met）	$CH_3SCH_2CH_2-CHCOO^-$ $\quad\quad\quad\quad NH_3^+$	5.74
苏氨酸（threonine）	苏（Thr）	$HO-CH-CHCOO^-$ $\quad\quad CH_3\ NH_3^+$	5.6
酪氨酸（tyrosine）	酪（Tyr）	$HO--CH_2-CHCOO^-$ $\quad\quad\quad\quad NH_3^+$	5.66
半胱氨酸（cysteine）	半胱（Cys）	$HS-CH_2-CHCOO^-$ $\quad\quad\quad NH_3^+$	5.07
天冬酰胺（asparagine）	天冬酰（Asn）	$\quad\quad O$ $\quad\quad \parallel$ $H_2N-C-CH_2-CHCOO^-$ $\quad\quad\quad\quad NH_3^+$	5.41
谷氨酰胺（glutamine）	谷酰（Gln）	$\quad\quad O$ $\quad\quad \parallel$ $H_2N-CCH_2CH_2-CHCOO^-$ $\quad\quad\quad\quad\quad NH_3^+$	5.65
3. 酸性氨基酸			
谷氨酸（glutamic acid）	谷（Glu）	$^-OOCCH_2CH_2-CHCOO^-$ $\quad\quad\quad\quad NH_3^+$	3.22
天冬氨酸（aspartic acid）	天（Asp）	$^-OOC-CH_2-CHCOO^-$ $\quad\quad\quad\quad NH_3^+$	2.97
4. 碱性氨基酸			
赖氨酸（lysine）	赖（Lys）	$NH_3^+CH_2CH_2CH_2CH_2-CHCOO^-$ $\quad\quad\quad\quad\quad\quad NH_3^+$	9.74
精氨酸（arginine）	精（Arg）	$NH_2CNHCH_2CH_2CH_2-CHCOO^-$ $\quad\parallel\quad\quad\quad\quad\quad NH_3^+$ $\quad NH_2$	10.76
组氨酸（histidine）	组（His）	$HC=C-CH_2-CHCOO^-$ $NH^+\ NH\quad\quad NH_3^+$ $\quad CH$	7.59

　　（1）非极性疏水性氨基酸　这些氨基酸的 R 侧链含有疏水基团，具有不同程度的疏水性，包括甘氨酸、丙氨酸、缬氨酸、亮氨酸、异亮氨酸、苯丙氨酸和脯氨酸 7 种。

（2）**极性中性氨基酸** R侧链含有极性基团，故有亲水性，但在中性溶液中不电离，包括色氨酸、丝氨酸、酪氨酸、半胱氨酸、甲硫氨酸（又称蛋氨酸）、天冬酰胺、谷氨酰胺和苏氨酸8种。

（3）**酸性氨基酸** R侧链含有负性解离基团羧基，易解离出H^+而使分子带负电荷，包括天冬氨酸和谷氨酸2种。

（4）**碱性氨基酸** R侧链含有氨基、胍基、咪唑基等正性解离基团，易接受H^+而使分子带正电荷，包括赖氨酸、精氨酸和组氨酸3种。

2. 根据营养价值分类 可分为必需氨基酸和非必需氨基酸两类：

（1）**必需氨基酸** 人体不能合成或合成不足，必须从食物中摄取的氨基酸，包括蛋氨酸、色氨酸、赖氨酸、缬氨酸、异亮氨酸、亮氨酸、苯丙氨酸及苏氨酸8种。

（2）**非必需氨基酸** 能够在体内合成满足自身需要的氨基酸，有12种。

三、肽

（一）肽键和肽

一个氨基酸的α-羧基和另外一个氨基酸的α-氨基脱水缩合形成的化学键称为肽键，又称酰胺键。肽键是蛋白质分子中氨基酸之间的连接方式。

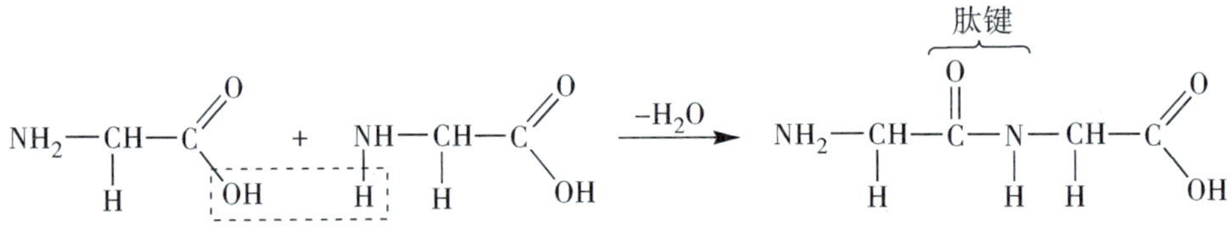

甘氨酸   甘氨酸   甘氨酰甘氨酸

蛋白质分子中氨基酸由于脱水而变得残缺不全，称为氨基酸残基。氨基酸残基通过肽键相连形成的化合物称为肽。由两个氨基酸残基形成的肽称二肽，三个氨基酸残基形成的肽称三肽，以此类推。一般十肽以下的称寡肽，十肽以上的称多肽，但二者之间并无严格的界限。

（二）多肽链

多肽通常呈无分支的链状结构，称为多肽链。多肽链有两个末端，含有自由α-氨基的一端称为氨基末端（N-末端）；含有自由α-羧基的一端称为羧基末端（C-末端）。通常将氨基末端写在左边，羧基末端写在右边，多肽链的书写和阅读方向是从氨基末端到羧基末端。

（三）多肽和蛋白质

当分子构成只有一条多肽链时，多肽和蛋白质可以互用。蛋白质涵盖的范围更广，无论是由一条还是多条多肽链构成的分子，都可以称为蛋白质。只包含一条多肽链的蛋白质称为单体蛋白质；由两条或两条以上的多肽链构成的蛋白质称为多聚蛋白质。

第二节 蛋白质的分子结构

蛋白质的结构非常复杂，可以从四个层次来描述，即一级结构、二级结构、三级结构和四级结构。一级结构为蛋白质的基本结构，二级、三级、四级结构称为蛋白质的空间结构。但并不是所有的蛋白质都有四级结构，对于由一条多肽链构成的蛋白质来说，其最高级别的结构形式是三级结构；只有由两条或两条以上多肽链构成的蛋白质，才具有四级结构。

一、蛋白质的一级结构

蛋白质多肽链中氨基酸残基的排列顺序，称为蛋白质的一级结构。该排列顺序由 DNA 分子中核苷酸的排列顺序决定。维持蛋白质一级结构稳定的主要化学键是肽键，有些还含有二硫键。如胰岛素由 A、B 两条多肽链组成，A 链有 21 个氨基酸残基，B 链有 30 个。两链间由两个二硫键（—S—S—）连接，另外 A 链内还有一个链内二硫键。（图 1-1）。

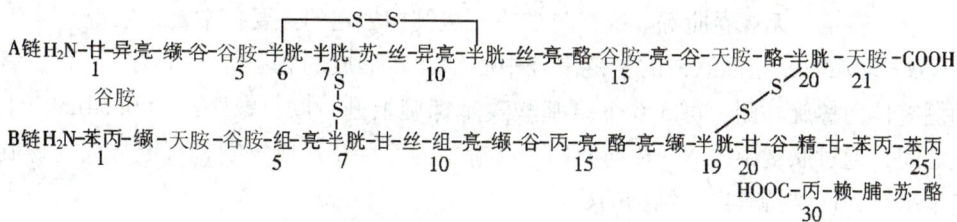

A链H₂N-甘-异亮-缬-谷-谷胺-半胱-半胱-苏-丝-异亮-半胱-丝-亮-酪-谷胺-亮-谷-天胺-酪-半胱-天胺-COOH
谷胺

B链H₂N-苯丙-缬-天胺-谷胺-组-亮-半胱-甘-丝-组-亮-缬-谷-丙-亮-酪-亮-缬-半胱-甘-谷-精-甘-苯丙-苯丙
HOOC-丙-赖-脯-苏-酪

图 1-1 牛胰岛素的一级结构

任何蛋白质独一无二的特征就在于其多肽链中氨基酸残基特异性的排列顺序，组成人体的 20 种氨基酸以不同的种类、数量和排列顺序，通过肽键相连形成了复杂多样的蛋白质分子。因此，蛋白质一级结构是最基本的结构。

知识链接

不同氨基酸序列的数量几乎是无限的：

给出 20 种不同的氨基酸，含有 n 个氨基酸残基的多肽链可以有 20^n 种可能的序列排布。为便于理解，写出由 A、B、C 三种不同的氨基酸可能构成的三肽（$3^n = 3^3 = 27$）：

AAA	BBB	CCC	AAB	BBA	CCA	AAC	BBC	CCB
ABA	BAB	CBC	ACA	BCB	CAC	ABC	BAA	CBA
ACB	BCC	CAB	ABB	BAC	CBB	ACC	BCA	CAA

对于一条由 100 个氨基酸残基构成的中等大小的多肽链来讲，其可能的氨基酸排列顺序的数目为 20^{100}。这简直是个天文数字！

二、蛋白质的空间结构

蛋白质往往并不是以完全伸展的多肽链形式存在，而是以紧凑的折叠形式存在。蛋白质的功能通常是由其全部的三维结构或构象决定的。和肽键是蛋白质一级结构的主键不同，蛋白质空间结构的形成和稳定主要靠非共价键包括氢键、疏水键、盐键和范德华力等。

（一）二级结构

蛋白质二级结构指多肽链主链骨架原子盘曲、折叠形成的空间结构，不涉及 R 侧链的构象。所谓主链骨架原子指的是 N（氨基氮）、Cα（α 碳原子）和 CO（羧基碳）3 个原子依次重复排列。

肽键平面是形成蛋白质二级结构的基础。由于肽键的键长（0.132nm）介于 C—N 单键长（0.149nm）与 C ＝N 双键长（0.127nm）之间，故有一定程度的双键性质，不能自由旋转，因而使得形成肽键的四个原子（C、O、N、H）和与之相邻的两个 α 碳原子位于同一刚性平面，称为肽键平面。相邻肽键平面借助 α 碳原子相互连接，并按不同角度进行旋转，可形成不同类型的二级结构。α - 螺旋和 β - 折叠是最主要的形式，另外还有 β - 转角、无规卷曲等。维持蛋白质二级结构稳定的主要化学键是氢键。

1. α - 螺旋 是指多肽链的主链围绕中心轴旋转形成的右手螺旋（图 1 - 2）。氨基酸的侧链伸向螺旋外侧。每 3.6 个氨基酸残基螺旋上升一圈，螺距约为 0.54nm。上下螺旋之间，通过肽键中的 N—H 与第四个肽键中的 C ＝O 形成氢键，氢键方向与螺旋长轴基本平行，以维持其空间结构的稳定。

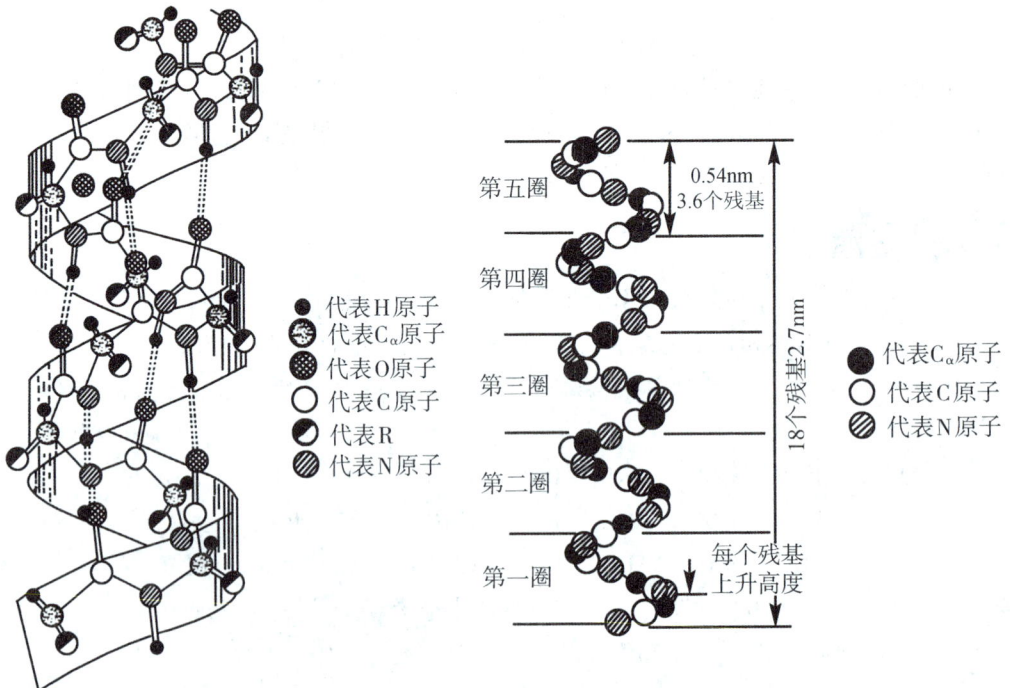

代表 H 原子
代表 Cα 原子
代表 O 原子
代表 C 原子
代表 R
代表 N 原子

第五圈
0.54nm
3.6个残基
第四圈
第三圈
18个残基2.7nm
第二圈
第一圈
每个残基
上升高度

代表 Cα 原子
代表 C 原子
代表 N 原子

图 1 - 2　α - 螺旋结构示意图

2. β-折叠 又称 β-片层（图 1-3），是指多肽链的肽键平面之间折叠呈锯齿状或折纸状结构，氨基酸的 R 侧链伸出在锯齿的上方或下方。该锯齿状结构可以由不同的多肽链或者是同一条多肽链迂回形成的不同肽段平行排列形成。相邻的两段肽链走向（N 端→C 端）可以相同，也可以相反。维持 β-折叠结构稳定的是在肽链间形成的氢键。

3. β-转角 多发生在肽链进行 180°回折时的转角上。

4. 无规卷曲 指的是没有确定规律性的部分肽链构象。

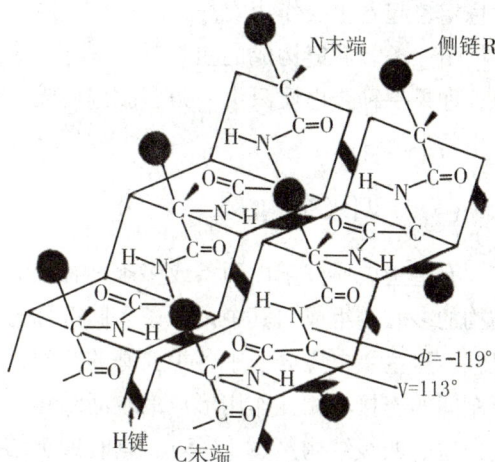

图 1-3 β-折叠结构示意图

（二）三级结构

蛋白质的三级结构是指一条多肽链的所有原子在三维空间的排布规律，即各种二级结构进一步盘曲、折叠形成的空间结构，多呈球形或椭圆形。图 1-4 是肌红蛋白的三级结构。

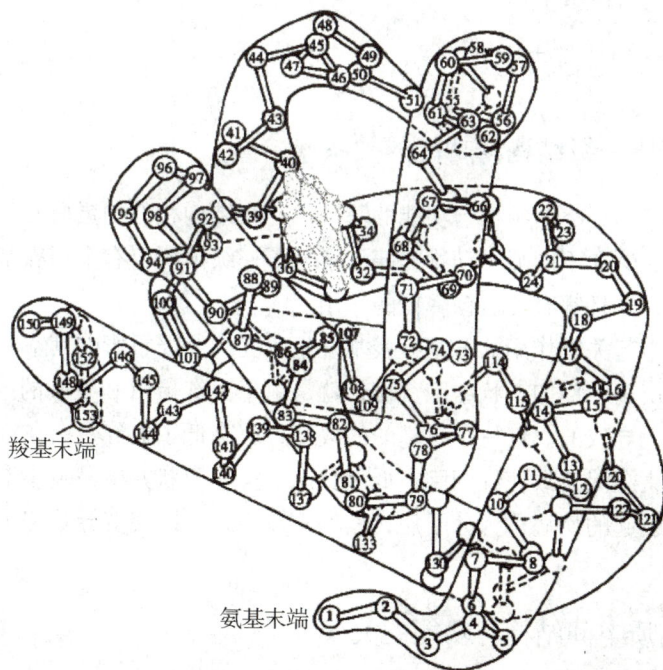

图 1-4 肌红蛋白的三级结构

维持蛋白质三级结构稳定的作用力主要是一些非共价键，包括氢键、盐键、疏水键、范德华力等，其中最重要的是疏水键。在某些蛋白质分子中，二硫键对于三级结构的稳定也起着重要作用。

由一条多肽链构成的蛋白质，其最高级别的空间结构形式即为三级结构。也就是说，如果一种蛋白质只由一条多肽链构成，只要其形成了三级结构，该蛋白质也就具有了生物学活性。

（三）四级结构

有些蛋白质分子由两条或多条具有独立三级结构的多肽链组成，其中每一条多肽链称为一个亚基。这些蛋白质分子中各个亚基的空间排布及亚基间的连接和相互作用形成的空间结构，称为蛋白质的四级结构（图1-5）。具有四级结构的蛋白质，亚基单独存在时一般没有生物学活性，只有完整的四级结构才有生物学活性。

在四级结构中，各亚基间的结合力主要是非共价键。若蛋白质分子含有两条多肽链，但多肽

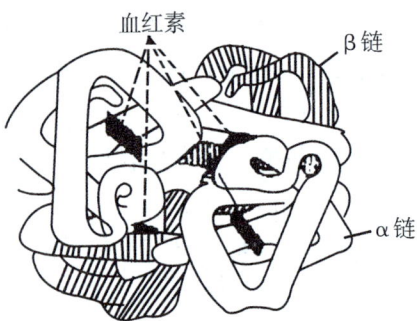

图1-5　血红蛋白的四级结构

链之间通过二硫键而不是非共价键相连，此类蛋白质仍被认为是只具有三级结构的蛋白质。例如，胰岛素含有通过两个二硫键相连的 A、B 两条链，其整个分子的空间结构是三级结构，而不具有四级结构。

三、蛋白质结构与功能的关系

（一）蛋白质一级结构与功能的关系

蛋白质一级结构是空间结构与功能的基础。一级结构相似的蛋白质，其空间结构和生理功能也相似。例如不同哺乳动物的胰岛素分子一级结构仅有个别氨基酸差异，空间结构也极为相似，并且都有使血糖降低的作用。

蛋白质分子中起关键作用的氨基酸残基发生改变，会严重影响其空间结构及生理功能，甚至会引起疾病。例如镰状细胞贫血，就是由于血红蛋白 β 亚基的第6位氨基酸谷氨酸被缬氨酸取代导致的。仅一个氨基酸的改变，就降低了血红蛋白在红细胞中的溶解度，使其容易聚集沉淀，致使红细胞在低氧状态下呈镰刀状并极易破裂溶血。这种蛋白质一级结构改变引起的疾病称为分子病，其根本原因是基因突变导致编码氨基酸的遗传密码发生了改变。

（二）蛋白质空间结构与功能的关系

蛋白质的空间结构与生理功能密切相关。例如富含角蛋白的指甲和毛发坚韧又富有弹性，就是由于角蛋白含有大量 α-螺旋结构；而蚕丝伸展又柔软的特性与其丝心蛋白分子中含有大量 β-折叠结构直接相关。

蛋白质的空间结构发生改变，其生物学活性也随之发生变化。如酶是具有催化作用

的蛋白质，若在某些理化因素的作用下，使酶的空间结构被破坏，但并不破坏其一级结构，酶的催化活性也丧失。

近年来已发现蛋白质一级结构不变而仅其构象发生改变也可导致疾病发生，有人将此类疾病称为蛋白质构象病。例如阿尔茨海默病，患者神经组织内错误折叠的 β 淀粉样肽相互聚集沉淀形成神经炎性斑，产生毒性而致病。再如疯牛病，是由朊（病毒）蛋白引起的人和动物神经退行性病变。存在于正常动物和人的朊蛋白，其二级结构为多个 α-螺旋，在某种未知因素作用下转变成 β-折叠，其理化性质也随之发生改变而产生致病性。

四、蛋白质的分类

蛋白质种类繁多，结构复杂，分类方法多种多样，通常根据其组成成分和分子形状不同分类。

蛋白质根据分子组成分为单纯蛋白质和结合蛋白质两类。单纯蛋白质分子中只含有氨基酸，没有其他成分。清蛋白、球蛋白、组蛋白等都属于此类。结合蛋白质分子中除了蛋白质部分外，还含有非蛋白质部分，这些非蛋白质部分称为辅基，包括脂类、寡糖、核酸、金属离子等。如脂蛋白是结合蛋白质，其辅基为脂类。

蛋白质根据形状分为纤维状蛋白质和球状蛋白质两类。纤维状蛋白质结构相对简单，呈规律线状，形似纤维，多数为细胞的结构成分，难溶于水。大量存在于结缔组织中的胶原蛋白就是典型的纤维状蛋白质。球状蛋白质结构紧密，近似于球形或椭圆形，多数可溶于水。大多数蛋白质为球状蛋白质，如血红蛋白、酶、清蛋白等。

第三节　蛋白质的理化性质

一、蛋白质的两性电离

蛋白质分子中含有许多可解离的基团，如多肽链两端的氨基和羧基以及氨基酸残基侧链中的某些基团。在一定的溶液 pH 条件下，这些基团可解离出正离子或负离子。当蛋白质溶液处于某一 pH 时，蛋白质解离成正、负离子的趋势相等，净电荷为零，蛋白质为兼性离子，此时溶液的 pH 称为蛋白质的等电点（isoelectric point, pI）。等电点是蛋白质的特征性常数，不同的蛋白质有不同的等电点。

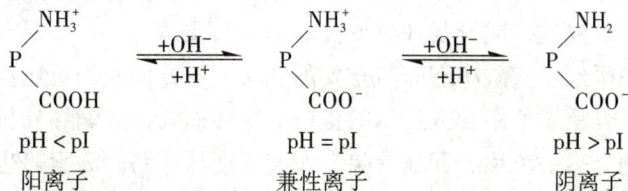

$$\underset{\substack{pH < pI \\ \text{阳离子}}}{\overset{NH_3^+}{P}_{COOH}} \underset{+H^+}{\overset{+OH^-}{\rightleftharpoons}} \underset{\substack{pH = pI \\ \text{兼性离子}}}{\overset{NH_3^+}{P}_{COO^-}} \underset{+H^+}{\overset{+OH^-}{\rightleftharpoons}} \underset{\substack{pH > pI \\ \text{阴离子}}}{\overset{NH_2}{P}_{COO^-}}$$

蛋白质在 pH 等于其等电点的溶液中时不带电；在 pH 大于其等电点的溶液中时带负电；在 pH 小于其等电点的溶液中时带正电。人体绝大部分蛋白质的等电点在 5 左右，所以在生理环境下（pH7.4），大多数蛋白质以负离子形式存在。

电泳

　　带电粒子在电场中向电性相反的电极移动的现象，称为电泳。在同一 pH 溶液中，不同蛋白质所带电荷的性质和数量不同，再加上蛋白质分子的大小、形状也各不一样，它们在电场中移动的速度也不同。因此，可利用电泳的方法对蛋白质进行分离、纯化和鉴定。

二、蛋白质的胶体性质

　　蛋白质是生物大分子，分子质量介于 1 万到 100 万之间，其分子颗粒大小已达到胶粒范围（1～100nm），所以蛋白质溶液是胶体溶液。水化膜和同种电荷是维持蛋白质胶体溶液稳定的两个因素。蛋白质颗粒表面大多为亲水基团，可吸引水分子，使颗粒表面形成一层水化膜，将蛋白质颗粒彼此隔开，阻断蛋白质颗粒之间的相互聚集。另外，蛋白质在不等于其等电点的溶液中都呈带电状态，同种电荷相互排斥，也可防止蛋白质聚集沉淀。若这两个稳定因素之一或全部受到破坏，蛋白质则极易从溶液中析出。

　　蛋白质溶液具有胶体溶液的性质，如扩散慢、黏度大、不能透过半透膜等。在实际工作中，我们可利用蛋白质分子不能透过半透膜的特性对某些蛋白质进行分离纯化，即透析。所谓透析，就是将混有小分子杂质的蛋白质溶液装入半透膜做成的透析袋中，再将此透析袋放入盛有水的容器中，小分子杂质能透过半透膜从袋中扩散出来，而蛋白质分子保留在半透膜内，这样就除去了蛋白质溶液中的小分子杂质，从而达到纯化蛋白质的目的。

三、蛋白质的变性

　　在某些理化因素的作用下，蛋白质特定的空间结构被破坏，从而导致其理化性质的改变和生物学活性的丧失，称为蛋白质的变性。造成蛋白质变性的物理因素有加热、振荡、搅拌、紫外线等；化学因素有强酸、强碱、乙醇等有机溶剂，重金属离子，生物碱试剂等。一般认为蛋白质的变性主要是二硫键和非共价键的破坏，并未涉及蛋白质一级结构中氨基酸序列的改变，肽键未断裂。若变性程度较轻，去除变性因素后，有些蛋白质可恢复其原有的空间结构，生物学活性也得以恢复，称为蛋白质的复性。但多数情况下变性蛋白质均难以复性，尤其是加热变性后的蛋白质。

　　蛋白质变性在医药学实践中有非常重要的意义。一方面我们可用高温、高压、紫外线、75％的乙醇等方法，使细菌或病毒的蛋白质变性而失去致病性和繁殖能力，从而达到消毒灭菌的目的；另一方面，我们在保存血清、疫苗、酶、激素等生物制品时应在低温环境，谨防蛋白质变性失活。

四、蛋白质的沉淀

蛋白质分子相互聚集从溶液中析出的现象称为蛋白质的沉淀。沉淀蛋白质的方法主要有以下几种：

（一）盐析

是将硫酸铵、硫酸钠或氯化钠等中性盐加入蛋白质溶液，使蛋白质从溶液中析出的现象。当中性盐加入蛋白质溶液后，由于中性盐对水分子的亲和力大于蛋白质，蛋白质分子周围的水化膜被破坏。另外，中性盐是强电解质，解离作用强，能中和蛋白质分子表面的电荷。这样蛋白质溶液的两个稳定因素均受到破坏，致使蛋白质分子相互聚集而沉淀。各种蛋白质盐析时所需的盐浓度及 pH 不同，故可用于对混合蛋白质组分的分离。

（二）重金属盐沉淀法

蛋白质可与 Pb^{2+}、Ag^+、Hg^{2+} 等重金属离子结合形成不溶性蛋白质盐而沉淀。用该法沉淀蛋白质时需要蛋白质在 pH 大于其等电点的溶液中，此时蛋白质解离成负离子才能和带正电荷的重金属离子结合成蛋白质盐。

临床上利用蛋白质能与重金属盐结合的这种性质，抢救误服重金属盐中毒的患者。给患者口服大量蛋白质，使重金属离子在消化道和蛋白质结合成不溶性物质，阻止该金属离子吸收入体内，然后用催吐剂将结合的重金属盐呕吐出来解毒。

（三）生物碱试剂沉淀法

蛋白质又可与苦味酸、鞣酸等生物碱试剂结合成不溶性的盐而沉淀。用此法沉淀蛋白质时需要蛋白质在 pH 小于其等电点的溶液中，这样蛋白质带正电荷易与酸根负离子结合成蛋白质盐。

临床上常利用此原理除去血液中的蛋白质或用这类酸做尿蛋白的检查试剂。

（四）有机溶剂沉淀法

酒精、甲醇、丙酮等有机溶剂对水的亲和力很大，能破坏蛋白质的水化膜而使蛋白质沉淀，在等电点时沉淀的效果更好。

五、蛋白质的紫外吸收与呈色反应

（一）蛋白质的紫外吸收

蛋白质分子中常含有酪氨酸和色氨酸残基，这两种氨基酸分子中的共轭双键在 280nm 波长处有最大吸收峰。其吸收值与蛋白质浓度成正比，因此测定蛋白质溶液在 280nm 的光吸收值可用于蛋白质含量的测定。

（二）蛋白质的呈色反应

蛋白质分子中的肽键和某些氨基酸残基的化学基团，可与相关试剂反应产生颜色，称为蛋白质的呈色反应。利用该特性可对蛋白质进行定性定量测定。

1. 双缩脲反应 是指蛋白质分子中的肽键在稀碱溶液中与硫酸铜共热呈现紫色或红色。颜色的深浅与蛋白质含量成正比。由于氨基酸不出现该反应，随着蛋白质溶液中蛋白质的水解不断进行，氨基酸浓度上升，其双缩脲呈色的深度就逐渐下降。因此，双缩脲反应不仅可用于蛋白质的定性定量分析，还可用于检测蛋白质的水解程度。

2. 酚试剂反应 蛋白质分子中的酪氨酸、色氨酸残基在碱性条件下与酚试剂（磷钼酸-磷钨酸化合物）反应生成蓝色化合物。此反应也可用于蛋白质的定性定量分析，且其灵敏度比双缩脲反应高 100 倍。

此外，蛋白质溶液还可与茚三酮、乙醛酸试剂、浓硝酸等发生颜色反应。

同步训练

一、单项选择题

1. 测得某一蛋白质样品的含氮量为0.8g，此样品约含蛋白质多少克（　　）
   A. 5g　　　　　　　　B. 2.5g　　　　　　　　C. 6.5g
   D. 3g　　　　　　　　E. 6.25g

2. 构成蛋白质的氨基酸除甘氨酸外，均属于哪类氨基酸（　　）
   A. D-α-氨基酸　　　B. L-α-氨基酸　　　C. L-β-氨基酸
   D. D-β-氨基酸　　　E. D-δ-氨基酸

3. 维持蛋白质一级结构稳定的主要化学键是（　　）
   A. 氢键　　　　　　　B. 肽键　　　　　　　C. 疏水键
   D. 离子键　　　　　　E. 范德华力

4. β-折叠存在于蛋白质的几级结构中（　　）
   A. 一级结构　　　　　B. 二级结构　　　　　C. 三级结构
   D. 螺旋结构　　　　　E. 四级结构

5. 下列有关蛋白质四级结构的描述，正确的是（　　）
   A. 蛋白质四级结构的稳定性由肽键维系
   B. 所有蛋白质都具有四级结构
   C. 由两条或两条以上的多肽链组成
   D. 每个亚基单独存在时也具有生物学活性
   E. 蛋白质亚基间由二硫键聚合

6. 白蛋白的pI为4.7，在下列哪种溶液中带正电荷（　　）
   A. pH值6的溶液　　　B. pH值3的溶液　　　C. pH值5的溶液
   D. pH值7.4的溶液　　E. pH值8.5的溶液

7. 蛋白质溶液的稳定因素是（　　）

A. 蛋白质溶液有分子扩散现象

B. 蛋白质在溶液中有"布朗运动"

C. 蛋白质分子表面带有水化膜和同种电荷

D. 蛋白质溶液的黏度大

E. 蛋白质分子带有电荷

8. 蛋白质变性的本质是（　　）

　　A. 氨基酸排列顺序的变化　　　　B. 氨基酸组成的变化　　　　C. 肽键的断裂

　　D. 蛋白质空间结构的破坏　　　　E. 蛋白质的水解

9. 在蛋白质的溶液中加入高浓度中性盐使蛋白质从溶液中析出称为（　　）

　　A. 蛋白质的电泳　　　　　　　　B. 蛋白质的变性　　　　　　C. 蛋白质的呈色反应

　　D. 蛋白质的盐析　　　　　　　　E. 蛋白质的两性电离

二、多项选择题

1. 蛋白质的生物学功能包括（　　）

　　A. 催化功能　　　　　　　　　　B. 运输功能　　　　　　　　C. 免疫功能

　　D. 运动功能　　　　　　　　　　E. 支持功能

2. 下列哪些属于酸性氨基酸（　　）

　　A. 谷氨酸　　　　　　　　　　　B. 异亮氨酸　　　　　　　　C. 天冬氨酸

　　D. 精氨酸　　　　　　　　　　　E. 苏氨酸

3. 下列有关蛋白质一级结构的描述，正确的是（　　）

　　A. 肽键是蛋白质一级结构的主要化学键

　　B. 是蛋白质空间结构和功能的基础

　　C. 是多肽链中氨基酸残基的排列顺序

　　D. 氢键是蛋白质一级结构的主要化学键

　　E. 容易受到理化因素的影响而遭到破坏

4. 维持蛋白质三级结构稳定的化学键有（　　）

　　A. 氢键　　　　　　　　　　　　B. 酯键　　　　　　　　　　C. 疏水键

　　D. 范德华力　　　　　　　　　　E. 盐键

5. 关于蛋白质变性的说法正确的是（　　）

　　A. 特定的空间结构被破坏

　　B. 氨基酸的排列顺序被破坏

　　C. 肽键未断裂

　　D. 理化性质发生改变

　　E. 生物学活性丧失

6. 蛋白质在 280nm 波长处有特征性的吸收峰，与下列哪些氨基酸有关（　　）

　　A. 酪氨酸　　　　　　　　　　　B. 甘氨酸　　　　　　　　　C. 色氨酸

　　D. 天冬氨酸　　　　　　　　　　E. 苏氨酸

三、填空题

1. 蛋白质的基本组成单位是＿＿＿＿＿＿＿，在人体蛋白质中的氨基酸一般有＿＿＿＿＿＿种。

2. 蛋白质空间结构包括_____、_____和_____。

3. 蛋白质沉淀常用的方法有_____、_____、_____和_____。

4. 医学上常用75%的乙醇进行消毒，主要是应用_____这一特性。

5. 由于蛋白质分子中有含共轭双键的酪氨酸和色氨酸，因此在_____ nm 波长处有特征性最大吸收峰。此特性常用于蛋白质定量测定。

四、问答题

1. 氨基酸的结构特点有哪些？

2. 举例说明蛋白质结构与功能的关系。

3. 何谓蛋白质的变性？举例说明其在医药学实践中的应用。

第二章 核酸的结构与功能

学习目标

1. 掌握核酸的基本单位，DNA 的一级、二级结构，三种 RNA 的结构特点。
2. 熟悉核酸的功能与分类、基本成分。
3. 了解游离核苷酸的功能，核苷酸从头合成途径概念。嘌呤分解终产物尿酸的临床意义，核酸的变性、复性。

核酸（nucleic acid）是以核苷酸为基本组成单位的生物信息大分子，具有复杂的结构和重要的功能。核酸和蛋白质一样，存在于所有生物体内，是生命的物质基础。

核酸可以分为两大类，即脱氧核糖核酸（deoxyribonucleic aid，DNA）和核糖核酸（ribonucleic acid，RNA）。DNA 主要分布于细胞核，少量分布在线粒体中，是遗传信息的载体；RNA 存在于细胞质和细胞核内，主要参与遗传信息的传递和蛋白质的生物合成，病毒中 RNA 也可作为遗传信息的载体。根据结构与功能的不同，RNA 分为信使 RNA（messenger RNA，mRNA）、转运 RNA（transfer RNA，tRNA）、核糖体 RNA（ribosomal RNA，rRNA）。有些小分子 RNA 还具有催化特定 RNA 降解的活性，称为核酶（ribozyme）。

核酸的研究是现代生物化学、分子生物学和医药学研究的重要领域。核酸不仅与生长繁殖、遗传变异、细胞分化等生命活动有关，而且与辐射损伤、遗传病、代谢病、肿瘤的发生密切关联。认识核酸对疾病的发生、诊断和治疗有极其重要的意义。

第一节 核酸的分子组成

一、核酸的元素组成

核酸主要是由 C、H、O、N、P 五种元素组成，其中 P 的含量较恒定，平均为 9% ~ 10%，因此可通过测定生物样品中磷的含量来计算核酸的含量。

二、核酸的基本组成单位——核苷酸

核酸在体内大多以核蛋白的形式存在，食物中的核蛋白在胃中受胃酸的作用，分解

成核酸与蛋白质。核酸主要在小肠中被消化，在水解酶的作用下先水解生成核苷酸，进而完全水解生成磷酸、戊糖和含氮碱基。所以，核酸的基本组成单位是核苷酸，核苷酸则由含氮碱基、戊糖和磷酸组成（表2-1）

表2-1 DNA和RNA的基本成分

核酸类型	磷酸	戊糖	碱基
脱氧核糖核酸（DNA）	H_3PO_4	脱氧核糖（dR）	腺嘌呤（A），鸟嘌呤（G），胞嘧啶（C），胸腺嘧啶（T）
核糖核酸（RNA）	H_3PO_4	核糖（R）	腺嘌呤（A），鸟嘌呤（G），胞嘧啶（C），尿嘧啶（U）

（一）戊糖

核酸分子中戊糖主要有两种，都以呋喃糖的形式存在，两者的区别仅在于C-2′原子所连接的基团。DNA分子中的戊糖在第2位碳上不含氧，称为β-D-2-脱氧核糖；RNA分子中的戊糖在第2位碳上含氧，称为β-D-核糖（图2-1）。戊糖的结构差异使得DNA在化学上更稳定，从而被自然选择为遗传信息的载体。为了和碱基中的碳原子相区别，戊糖中的碳原子编号上都加"′"，如C-1′、C-2′等。

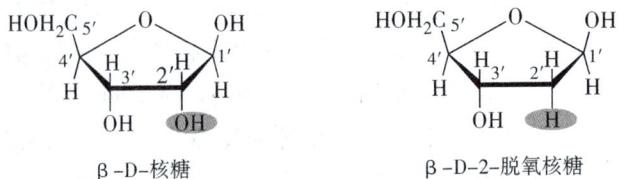

β-D-核糖   β-D-2-脱氧核糖

图2-1 戊糖结构式

（二）含氮碱基

核苷酸中的碱基是含氮杂环化合物，按结构分为嘌呤碱和嘧啶碱两类。核酸中常见的嘌呤碱有腺嘌呤（A）、鸟嘌呤（G），常见的嘧啶碱有胞嘧啶（C）、尿嘧啶（U）、胸腺嘧啶（T）（图2-2）。

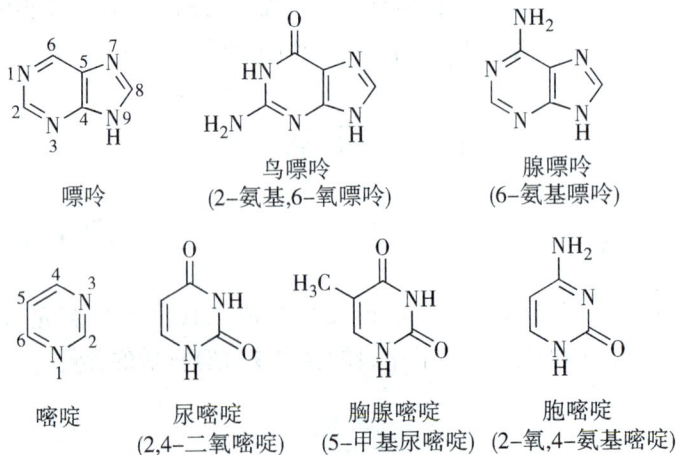

嘌呤

鸟嘌呤
(2-氨基,6-氧嘌呤)

腺嘌呤
(6-氨基嘌呤)

嘧啶

尿嘧啶
(2,4-二氧嘧啶)

胸腺嘧啶
(5-甲基尿嘧啶)

胞嘧啶
(2-氧,4-氨基嘧啶)

图2-2 嘌呤和嘧啶的化学结构式

DNA 分子中一般含有 A、G、C、T 四种碱基；RNA 分子中一般含有 A、G、C、U 四种碱基。除了这 5 种碱基外，某些核酸尤其是 tRNA 分子中还存在少量其他碱基，称为稀有碱基，如黄嘌呤、次黄嘌呤等。

嘌呤和嘧啶环中都含有共轭双键，对 260nm 的紫外光有较强的吸收，这一性质常被用于核酸、核苷酸的定性与定量分析。

（三）核苷

核苷是碱基和戊糖以糖苷键相连形成的化合物。可按戊糖的不同分为核糖核苷和脱氧核糖核苷。在核苷分子中，戊糖的第 1 位 C 原子（C1′）与嘌呤碱的第 9 位 N 原子（N9）或嘧啶碱第 1 位 N 原子（N1）以糖苷键相连接（图 2－3）。

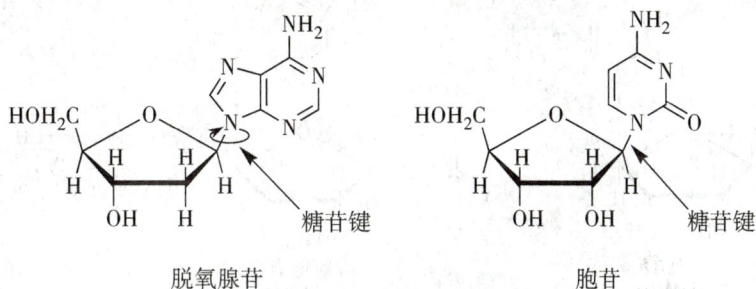

脱氧腺苷　　　　　胞苷

图 2－3　核苷的结构示意图

核苷的命名是以碱基名称加上核苷或脱氧核苷，如腺苷、脱氧腺苷。RNA 中常见的核糖核苷（N）有四种：腺苷（AR）、鸟苷（GR）、胞苷（CR）和尿苷（UR）；DNA 中常见的脱氧核糖核苷也有四种：脱氧腺苷（dAR）、脱氧鸟苷（dGR）、脱氧胞苷（dCR）和脱氧胸苷（dTR）。

（四）核苷酸

核苷或脱氧核苷中戊糖基上的羟基与一分子的磷酸通过脱水缩合、以磷酸酯键相连形成的化合物为核苷酸。理论上核苷中 C－2′、3′、5′的三个游离羟基和脱氧核苷中 C－3′、5′的两个游离羟基均可与磷酸形成酯键，分别形成核苷酸。但生物体内多数核苷酸的磷酸是连接在核糖或脱氧核糖的 C－5′上，形成 5′－核苷酸（5′－脱氧核苷酸）（图 2－4）。

含有一个磷酸基团的核苷酸称为核苷一磷酸，常用"NMP"、"dNMP"表示。核苷酸是核酸分子的基本结构单位，RNA 为核糖核苷一磷酸（NMP）的多聚体，DNA 为脱氧核糖核苷一磷酸（dNMP）的多聚体。两类核酸中的主要核苷酸如表 2－2 所示。

核苷酸主要由机体细胞自身合成，体内有两条合成途径。一条称为从头合成途径，是细胞利用 5－P－核糖、氨基酸、一碳单位和二氧化碳等简单物质为原料，经过一系列复杂的酶促反应合成核苷酸的过程。另一条称为补救合成途径，是细胞直接利用体内现成的碱基或核苷为原料，经过简单的酶促反应，合成核苷酸的过程（图 2－5）。不同的组织合成途径不相同，多数组织如肝以从头合成途径为主，但脑和骨髓等组织细胞主

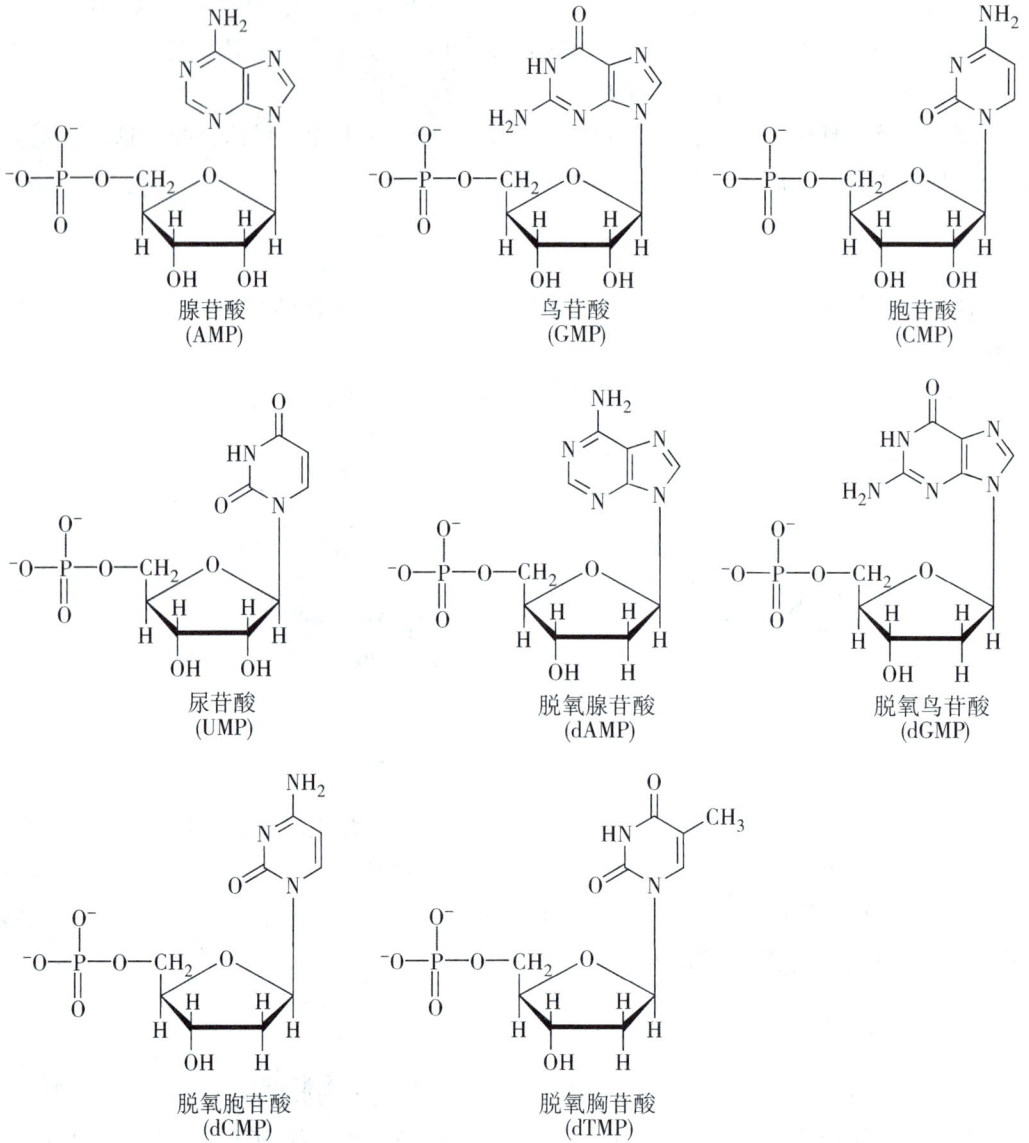

图 2-4 核苷酸的化学结构式

要通过补救合成途径合成核苷酸。构成 DNA 的基本单位脱氧核糖核苷
酸是由核糖核苷酸在二磷酸水平还原而来。

表 2-2 RNA 和 DNA 的基本结构单位

核糖核酸（RNA）	脱氧核糖核酸（DNA）
腺苷酸（AMP）	脱氧腺苷酸（dAMP）
鸟苷酸（GMP）	脱氧鸟苷酸（dGMP）
胞苷酸（CMP）	脱氧胞苷酸（dCMP）
尿苷酸（UMP）	脱氧胸苷酸（dTMP）

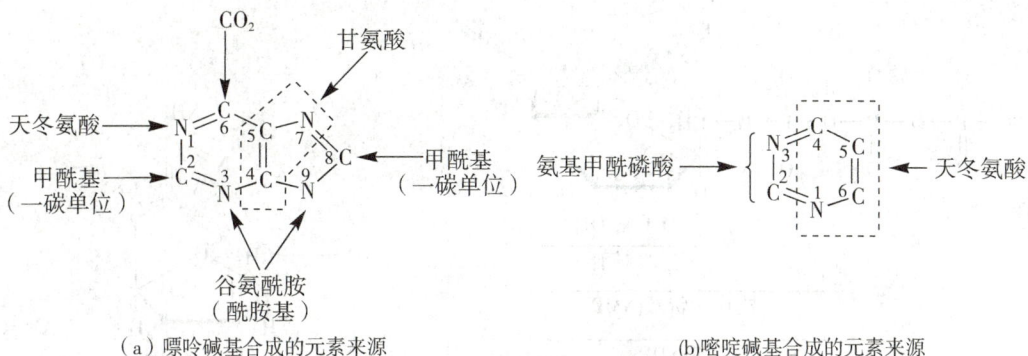

（a）嘌呤碱基合成的元素来源   (b)嘧啶碱基合成的元素来源

图 2 - 5   含氮碱基合成的元素来源

核苷酸在一系列酶的催化下可以降解成 5 - P - 核糖和嘌呤碱、嘧啶碱。嘧啶碱最终分解生成 NH_3、CO_2、β - 丙氨酸、β - 氨基异丁酸，可随尿排出或进一步分解，癌症患者尿中 β - 氨基异丁酸排出量常会增加。嘌呤碱可进一步分解成黄嘌呤，再由黄嘌呤氧化酶催化生成尿酸。尿酸是一种酸性物质，常以 Na^+ 或 K^+ 盐的形式从肾脏随尿液排出体外。正常人血清中尿酸含量为 0.12 ~ 0.36mmol/L，男性略高于女性。尿酸的水溶性较差，当血浆中尿酸含量超过 0.48mmol/L 时，尿酸容易形成结晶，沉积在关节、软组织、软骨及肾等处，引起关节炎、结石及肾功能障碍，临床上称痛风症。

知识链接

痛风症

发病原因目前尚不完全清楚，原发性痛风可能与嘌呤核苷酸分解代谢的某些酶缺陷有关；继发性痛风主要与高嘌呤饮食、药物和肾疾病、白血病和恶性肿瘤等有关。临床上主要采用两种方法进行治疗：一是服用排尿酸的药物，可以减少肾小管对尿酸的重吸收，促进尿酸的排泄；二是服用别嘌呤醇治疗痛风症，它是黄嘌呤氧化酶的竞争性抑制，能抑制黄嘌呤氧化生成尿酸的反应，以达到降低血尿酸水平，缓解临床症状的效果。

（五）核苷酸衍生物

1. 多磷酸核苷酸   多磷酸核苷酸是指 C - 5′位连接两个或三个磷酸基团的核苷酸，若连接两个磷酸基团则形成核苷二磷酸（NDP、dNDP），若连接三个磷酸基团则形成核苷三磷酸（NTP、dNTP）（图 2 - 6）。体内游离的多磷酸核苷酸有重要的生理功能，如ATP 可直接参与能量的贮存和利用，GTP 参与蛋白质的合成，UTP 参与糖原的合成，CTP 参与磷脂的合成。

2. 环化核苷酸   ATP 和 GTP 在环化酶的催化作用下，脱去一分子焦磷酸分别形成3′, 5′-环腺苷酸（cAMP）（图 2 - 7）和3′, 5′-环鸟苷酸（cGMP），作为激素的第二信使，参与细胞信息传递，调节细胞生理生化过程、控制生物生长分化和细胞对激素的效应。

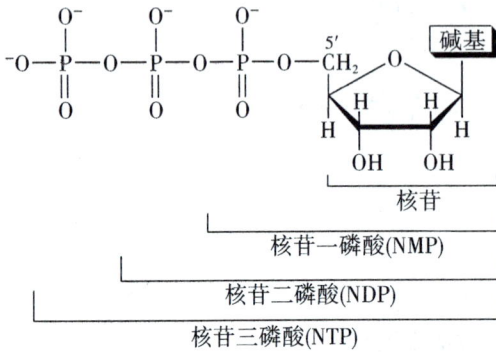

图 2－6　多磷酸核苷酸的结构

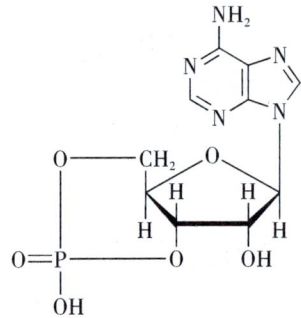

图 2－7　3′,5′－环腺苷酸（cAMP）的结构式

3. 辅酶类核苷酸　生物体内一些核苷酸的衍生物组成某些辅酶的成分，如尼克酰胺腺嘌呤二核苷酸（NAD⁺）、尼克酰胺腺嘌呤二核苷酸磷酸（NADP⁺）是一些脱氢酶的辅酶；黄素单核苷酸（FMN）、黄素腺嘌呤二核苷酸（FAD）是黄素酶的辅基，它们在物质代谢和能量代谢中起着重要作用。

第二节　核酸的分子结构

核酸是由核苷酸聚合而成的生物大分子。一个核苷酸的 3′－羟基与另一个核苷酸的 5′－磷酸脱水形成的酯键，称为 3′，5′－磷酸二酯键，核苷酸之间通过 3′，5′－磷酸二酯键连接成多核苷酸链，是核酸的基本结构。多核甘酸链的主链是重复的结构单元（磷酸－戊糖）构成的无分支的长链，侧链是由碱基构成，不同的碱基不仅影响核酸的理化性质，还影响核酸的生物学意义［图 2－8（a）］。多核苷酸链具有方向性，具有游离的 5′－磷酸基团末端称为 5′－磷酸末端（5′－P），具有游离的 3′－羟基末端称为 3′－羟基末端（3′－OH）。生物合成时核苷酸链的延长方向为 5′→3′，通常多核苷酸链 5′－磷酸末端写在左侧，3′－羟基末端写在右侧。因此，多核苷酸链常用简化的表示方法，如 5′ pApTpC……OH3′ 或 5′ATCAGA3′［图 2－8（b）］。其中的 A、G、C、U、T 字母既可以代表核酸中的碱基，也可代表对应的核苷酸。

一、DNA 的分子结构

DNA 是由许多脱氧核苷酸组成的生物信息大分子，多种生物信息均蕴藏于 DNA 的碱基序列中。DNA 结构可分为一级结构、二级结构和三级结构。

（一）DNA 的一级结构

DNA 的一级结构是指 DNA 分子中核苷酸的排列顺序。由于 DNA 分子中脱氧核苷酸的磷酸和脱氧核糖结构相同，不同的仅是碱基，故 DNA 分子中碱基的排列顺序就代表了核

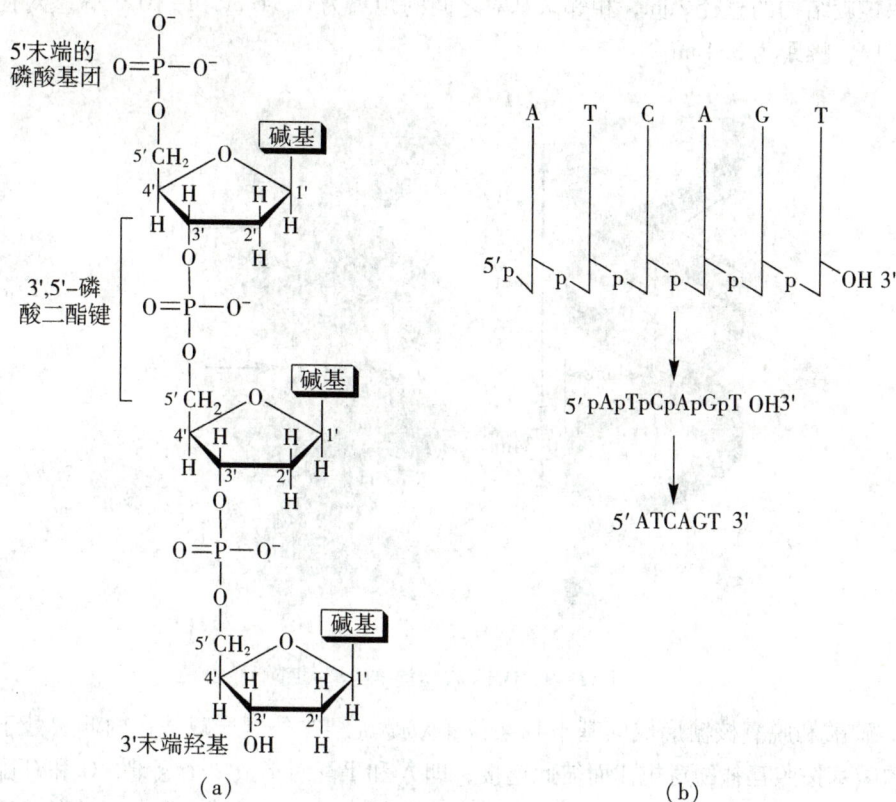

图 2-8　多核苷酸链结构示意图和表示方法

苷酸的排列顺序。因此，DNA 的一级结构实际上也是 DNA 分子中的四种碱基的排列顺序。

遗传信息就是以碱基排列顺序的方式储存在 DNA 分子中的，组成 DNA 分子的脱氧核糖核苷酸的数量、比例和排列顺序不同，可以形成各种特异性的 DNA 片段，从而造就了自然界丰富的物种以及个体之间的千差万别。

（二）DNA 的二级结构

DNA 的二级结构是指两条 DNA 单链形成的双螺旋结构。

知识链接

1953 年，由美国人 Watson 和英国人 Crick 依据对 DNA 碱基组成的定量分析和晶体 X 线衍射图样分析，提出了著名的 DNA 双螺旋结构模型，由此揭开了分子生物学发展的序幕。DNA 双螺旋结构的发现是生物学发展的重要里程碑，推动了核酸的研究和生命科学的发展。1962 年，两人因为提出 DNA 的双螺旋结构模型获得了诺贝尔医学及生理学奖。

DNA 双螺旋结构模型如图 2-9 所示，其主要特征概括如下：

1. DNA 分子由两条反向平行的脱氧核苷酸链环绕同一长轴盘旋而成右手双螺旋结

构。双螺旋结构的直径2nm，相邻碱基对之间的距离为0.34nm，每10个碱基对使螺旋旋转1周，螺距为3.4nm。

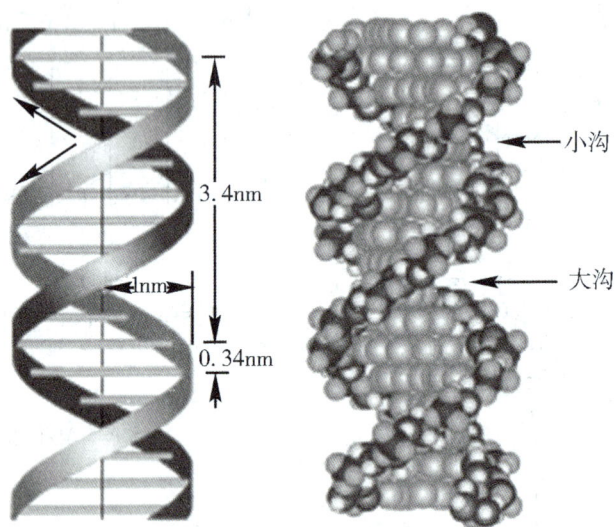

图 2-9 DNA 双螺旋结构模式图

2. 磷酸和脱氧核糖形成的基本骨架位于双螺旋结构外侧，碱基在内侧。处于同一平面的碱基按照互补配对规律而彼此连接，即 A 和 T 配对形成 2 个氢键，G 和 C 配对形成 3 个氢键。碱基对中的碱基彼此称互补碱基（图 2-10），DNA 的两条脱氧多核苷酸链称为互补链。

碱基互补配对规律在遗传信息的传递过程中起着关键作用。

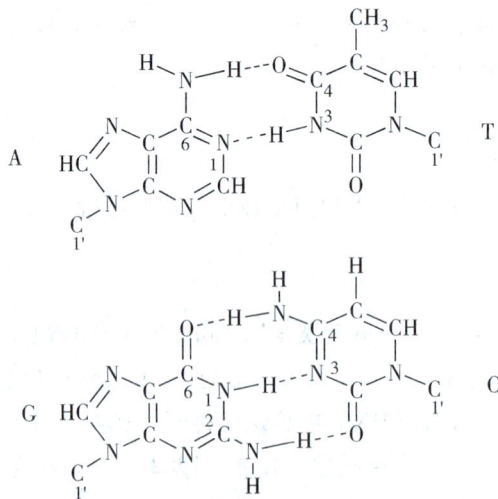

图 2-10 碱基配对示意图

3. 由于两条核苷酸链的方向性，使配对碱基占据的空间不对称，因此在双螺旋的表面形成两个凹下去的沟，分别称为大沟和小沟，这些沟状结构对 DNA 与蛋白质的相互识别起重要作用。

4. 双螺旋结构的稳定主要依靠氢键和碱基堆积力。氢键维系双螺旋横向结构的稳定，碱基堆积力维系纵向结构的稳定。

双螺旋结构是生物体内 DNA 最主要的一种二级结构构象，除此还有其他构型的右手螺旋结构和左手螺旋存在，这些构象之间可以相互转变。

（三）DNA 的三级结构

DNA 的三级结构是指 DNA 双螺旋结构进一步折叠盘曲所形成的复杂构象。原核生物和真核生物线粒体中的 DNA 双螺旋可进一步紧缩成闭合环状或开链环状及麻花状等形式的三级结构（图 2-11）。

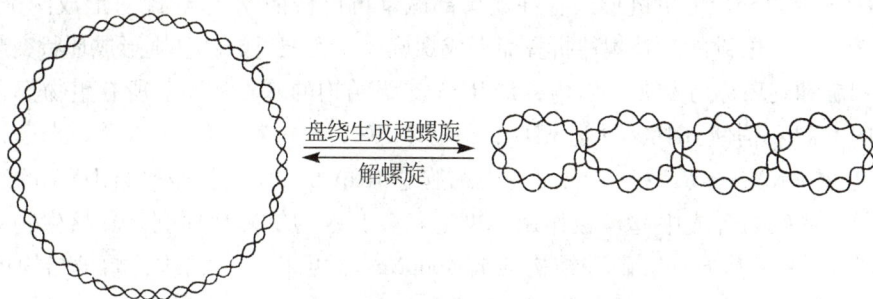

盘绕生成超螺旋
解螺旋

图 2-11　原核生物 DNA 的三级结构

真核生物染色质 DNA 是线性双螺旋结构，其三级结构是以核小体的形式存在。核小体是染色质的基本组成单位。染色质 DNA 中每 200 个碱基对与 5 种组蛋白组成 1 个核小体。核小体的核心部分由组蛋白 H_2A、H_2B、H_3 和 H_4 各两分子形成的八聚体组成，DNA 分子的 146 个碱基对再次在八聚体核心上盘绕一又四分之三圈，另 54 个碱基对与组蛋白 H_1 结合，将各核小体核心颗粒连接起来，形成串珠样结构，许多核小体形成的串珠样线性结构再进一步盘曲成直径为 30nm 的纤维状结构，然后进一步盘绕成超螺线管，最后形成棒状的染色体，将线性 DNA 分子容纳于几微米的细胞核中（图 2-12）。

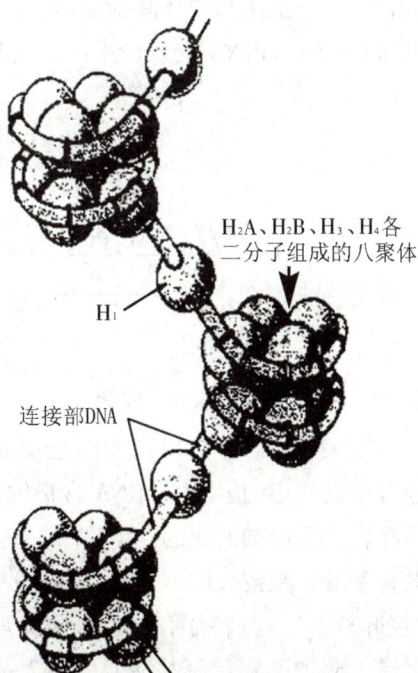

H_2A、H_2B、H_3、H_4 各二分子组成的八聚体

H_1

连接部DNA

二、RNA 的分子结构

RNA 在生命活动中的作用是与蛋白质一同负责基因的表达及表达过程的调控。RNA 的分

图 2-12　核小体结构示意图

子量较小，由数十个到数千个核苷酸组成。RNA 的种类、分子大小、结构具有多样性，其功能也各不相同。

（一）RNA 的一级结构

RNA 分子大多是核苷酸通过 3′，5′-磷酸二酯键连接而成的一条多核苷酸链，其分子中所含核苷酸数目由十几个到数千个，差异较大。构成核糖核苷酸链的核苷酸主要有 AMP、GMP、CMP、UMP，因此 RNA 的一级结构就是多核苷酸链中核苷酸的排列顺序或碱基的排列顺序。

（二）RNA 的二级结构

RNA 主要以松散的单链形式存在，局部碱基可以按照 A 与 U 配对形成两个氢键、G 与 C 形成三个氢键的互补规律折叠而形成螺旋区，无配对的碱基则形成环状突起，这种局部螺旋和突环称为发夹式结构，是 RNA 二级结构的基本构型。所有生物都含有三类基本的 RNA：信使 RNA、转运 RNA、核糖体 RNA。

1. 信使 RNA（mRNA） 含量约占细胞总 RNA 的 3%，携带来自 DNA 的遗传信息，在蛋白质生物合成中起模板作用，决定着多肽链的氨基酸序列。真核生物 mRNA 5′-末端有 7-甲基鸟苷三磷酸结构（m^{7}GpppNm），也称帽子结构；帽子结构可保护 mRNA 免受核酸酶从 5′端的降解作用，并在翻译起始中起重要作用。3′-末端有 200 多个腺苷酸残基组成的尾巴（polA），这是在转录后逐个添加上去的，其作用在于增加 mRNA 的稳定性和维持其翻译活性。中间分为编码区和非编码区（图 2-13）。在所有的 RNA 中，mRNA 的寿命最短，从几分钟到数小时不等。

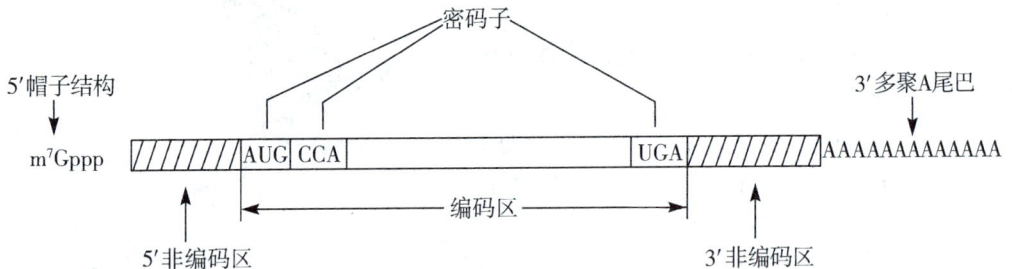

图 2-13 真核生物成熟 mRNA 的结构示意图

2. 转运 RNA（tRNA） 已测定的 100 多种 tRNA 都是由 70～90 个核苷酸组成，是分子量最小的 RNA。tRNA 含量约占细胞内 RNA 的 15%，其中含有较多的稀有碱基，是在转录后修饰而成的。tRNA 的主要功能是在蛋白质生物合成中携带蛋白质合成所需的氨基酸，并按 mRNA 上的密码顺序将其转运到 mRNA 分子上。tRNA 的二级结构呈"三叶草形"，其特征有二氢尿嘧啶环（DHU 环）、假尿嘧啶环（TφC 环）、反密码环、突环（附加叉）和氨基酸臂 ［图 2-14（A）］。反密码环顶部三个相邻的核苷酸组成反密码子，通过碱基互补配对识别 mRNA 上的密码子，使氨基酸准确进位合成多肽链。氨基酸臂的 tRNA3′-末端有"CCA-OH"的结构，是结合氨基酸的部位。tRNA 的三级结构一般呈倒 L 形。氨基酸臂与 TφC 环构成字母"L"下面的一横。DHU 环与反密码环构成"L"的一竖 [图 2 - 14 (B)]。

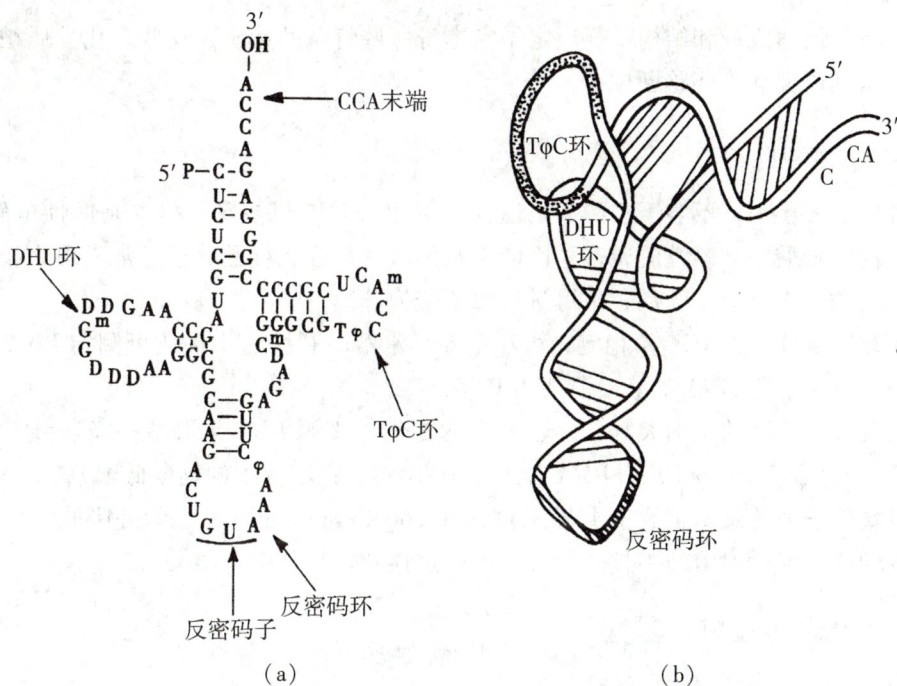

（a）　　　　　　　　　　　（b）

图 2 - 14　tRNA 的分子的高级结构示意图

3. 核糖体 RNA（rRNA）　是细胞内含量最多的 RNA，约占 RNA 总量的 80% 以上。rRNA 与多种蛋白质结合形成核糖体，在蛋白质合成中起提供场所的作用。原核生物和真核生物的核糖体均由易于解聚的大小两个亚基组成，大小亚基在多肽链合成中发挥不同作用。目前已测出不少 rRNA 分子的一级结构，每种 rRNA 分子所含核苷酸都不相同。对 rRNA 二级结构的推测是均为茎环样，但对于其功能的研究还在进一步深入。

知识链接

核酶

　　多年以来，人们认为所有的生物催化剂都是"酶"，而所有酶的化学本质是"蛋白质"。1982 年，Cech 在研究四膜虫 rRNA 前体的加工研究中首先发现 rRNA 前体本身具有自我剪接，反应过程中不需要任何蛋白质（酶）的参加，因而提出核酶的概念，即某些 RNA 具有酶样的催化活性称为核酶。现已发现多种核酶。这些核酶分子量普遍较小，最短的核苷酸链只有 13 个核苷酸，它们的空间结构像似一种锤头样结构。锤头核酶结构的发现促使人们设计并合成多种核酶，用以剪切破坏一些有害基因转录出的 mRNA 或其前体，从而抑制细胞内肿瘤基因、遗传缺陷基因和病毒基因等不良基因的表达，为基因治疗描绘了一幅美好的前景和可行途径。

第三节　核酸的理化性质

核酸的化学成分和结构特征决定了它本身一些特殊的性质，这些理化性质被广泛应用于基础研究和疾病诊断中。

一、核酸的一般性质

核酸微溶于水，不溶于乙醇、乙醚、三氯甲烷等有机溶剂。核酸是两性电解质，含有酸性的磷酸基和碱性的碱基。因磷酸基的酸性较强，核酸分子通常表现为较强的酸性。核酸可在电场中泳动，也可进行离子交换分离。

在碱性条件下，RNA 不稳定，可在室温下水解。利用这个性质可测定 RNA 的碱基组成，也可清除 DNA 溶液中混杂的 RNA。

核酸多是线性的生物大分子，若将人的二倍体细胞 DNA 展开成一条直线，可长达 1.7m，分子量为 3×10^{12}。RNA 分子比 DNA 短，在溶液中的黏度低于 DNA。

核酸分子中的碱基都含有共轭双键，在 260nm 波长处有最大紫外吸收。可以利用核酸的这一特性对溶液中核酸的含量进行定性和定量分析。

二、核酸的变性、复性

（一）DNA 变性

DNA 变性是指 DNA 分子受到某些理化因素的作用，维系空间结构的氢键断裂，使双螺旋结构松散变成单链的过程。引起 DNA 变性的因素有加热和化学物质的作用，如有机溶剂、尿素、酰胺等。变性后的 DNA 理化性质会发生一系列改变，如黏度下降，旋光性下降，在 260nm 处紫外吸收增强等。由于 DNA 双螺旋解开成单链，碱基共轭双键充分暴露，故紫外吸收增高，这种现象称增色效应。监测 DNA 变性最常用的指标是在 260nm 处吸光度的变化。

因温度升高而引起 DNA 变性称为热变形性。DNA 的变性是爆发性的，只在一个较狭窄的温度范围内发生并迅速完成。若以温度对紫外吸收值作图得到一条解链曲线，称熔解曲线。通常把 DNA 双链解开 50% 时的温度称为 DNA 的解链温度或熔解温度（melting temperature，Tm）。DNA 的 Tm 在 70℃ ~ 85℃ 之间，不同的 DNA 分子，其 Tm 值不同，这与 G - C（含三个氢键）的含量有关，含 G - C 越多，Tm 值越高（图 2 - 15）。

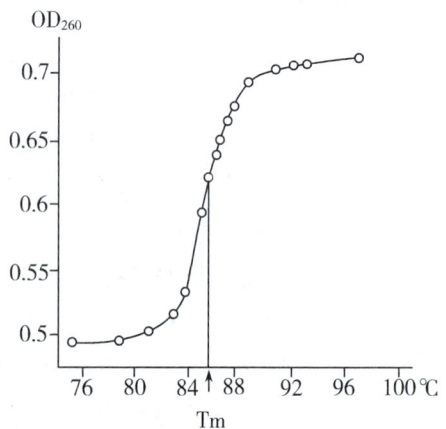

图 2 - 15　DNA 溶液的增色效应和解链温度

（二）DNA 的复性

DNA 的变性是可逆的，变性后温度缓慢下降时，解开的两条链可再重新形成双螺旋结构，这一过程称为 DNA 的复性或退火。复性的最佳温度是比 Tm 低 25℃，这个温度称为退火温度。热变形的 DNA 必须缓慢冷却，才可以复性。如温度迅速冷却到 4℃ 以下时，则复性不能发生。

知识链接

核酸分子杂交

以 DNA 的变性和复性为基础，将不同来源 DNA 单链或 RNA 单链放在同一溶液，只要彼此存在互补碱基就可能结合形成杂化双链，称为核酸分子杂交。杂交的分子可以是 DNA/DNA，DNA/RNA，RNA/RNA。目前核酸杂交技术已广泛应用于遗传病的基因诊断、肿瘤的基因分析、病原体的检测等方面，是核酸序列检测的常用方法。在产前诊断中，可从羊水细胞中分离出微量 DNA，再加入已知的特异寡核苷酸片段进行杂交，然后进行基因检测。

同步训练

一、单项选择题

1. 核酸的基本组成单位是（　　　）

A. 核苷　　　　　　　　　　B. 核苷酸　　　　　　　　　C. 碱基

D. 多核苷酸链　　　　　　　E. 氨基酸

2. 核酸分子中单核苷酸之间的连接键是（　　　）

A. 氢键　　　　　　　　　　B. 3′,5′-磷酸二酯键　　　　C. 糖苷键

D. 二硫键　　　　　　　　　E. 肽键

3. 在一个 DNA 分子中，若 A 的分子数占 30.2%，则 C 的分子数占（　　　）

A. 30.2%　　　　　　　　　B. 15.1%　　　　　　　　　C. 19.8%

D. 69.8%　　　　　　　　　E. 20.8%

4. 稀有碱基主要存在于哪一种核酸中（　　　）

A. DNA　　　　　　　　　　B. rRNA　　　　　　　　　C. tRNA

D. mRNA　　　　　　　　　E. RNA

5. 位于 tRNA3′-末端的结构是（　　　）

A. —CCA—OH　　　　　　B. 反密码环　　　　　　　　C. TψC 环

D. DHU 环　　　　　　　　E. 突环

6. 体内嘌呤核苷酸分解代谢的主要终产物是（　　　）

A. 尿素　　　　　　　　　　B. 肌酸　　　　　　　　　　C. 肌酐

D. 尿酸   E. 氨

7. 在 DNA 和 RNA 分子中，（ ）

     A. 戊糖不同，碱基不同   B. 戊糖和碱基都不同   C. 戊糖和碱基都相同

     D. 戊糖相同而碱基不相同   E. 戊糖不同，部分碱基相同

8. 有三种 DNA（A、B 和 C），分子大小接近，Tm 值依次为 81℃、78℃和 86℃，由此判断其碱基组成是（ ）

     A. $(G+A)\%$ $C>A>B$ B. $(C+T)\%$ $B>A>C$

     C. $(T+A)\%$ $C>A>B$ D. $(G+C)\%$ $C>A>B$

     E. $(G+C)\%$ $B>A>C$

9. 下列相关 DNA 变性的叙述哪一项是正确的（ ）

     A. 磷酸二酯键断裂   B. 黏度增高

     C. 基因突变   D. DNA 分子的双链间氢键断裂而解链

     E. A_{260}减小

二、多项选择题

1. 以下碱基配对正确的是（ ）

     A. A 与 T   B. C 与 G   C. C 与 T

     D. A 与 U   E. G 与 U

2. tRNA 的"三叶草形"结构具有（ ）

     A. 氨基酸臂   B. 反密码环   C. DHU 环

     D. 可变环   E. TφC 环

3. 维持 DNA 空间结构稳定的化学键为（ ）

     A. 磷酸二酯键   B. 二硫键   C. 氢键

     D. 碱基堆积力   E. 离子键

4. DNA 的基本单位有（ ）

     A. dAMP   B. dCMP   C. dGMP

     D. dUMP   E. dTMP

5. RNA 分子的特点（ ）

     A. 主要存在于细胞核   B. 有局部双螺旋结构   C. 主要有 U、C、G、A

     D. 种类及功能多样   E. 都是核苷酸单链

6. 能够使 DNA 变性的条件是（ ）

     A. 加热   B. 甲酰胺处理   C. 搅拌

     D. 紫外线照射   E. 尿素处理

三、填空题

1. DNA 的功能是 ＿＿＿＿＿＿＿，主要存在于 ＿＿＿＿＿＿＿，含有的戊糖为 ＿＿＿＿＿＿＿，其碱基有＿＿＿＿＿＿＿四种。

2. 连接核酸一级结构的化学键是＿＿＿＿＿＿＿。

3. 核酸水解的基本成分是＿＿＿＿＿、＿＿＿＿＿和＿＿＿＿＿。

4. 体内核苷酸合成途径包括＿＿＿＿＿与＿＿＿＿＿两条。

5. 核酸分子中的_____和_____具有共轭双键的结构，因此核酸具有紫外吸收的特征，其最大吸收波长为_____ nm。

6. 痛风症是因_____代谢障碍引起血中_____升高所致，常用_____治疗。

四、问答题

1. 描述 DNA 和 tRNA 的二级结构特点。
2. 比较两类核酸的基本成分与基本单位。

第三章　酶

学习目标

1. 掌握酶的概念，酶促反应的特点，酶的活性中心、酶原及酶原激活、同工酶的概念。

2. 熟悉影响酶促反应的因素，维生素与辅酶，酶与疾病的关系。

3. 了解变构酶，酶促反应的机制，酶的命名与分类及酶的应用。

生命活动是由极其复杂的化学变化组成的，这些变化离不开神奇的物质——生物催化剂的存在。迄今为止，人们已发现两类生物催化剂。酶（enzyme，E）是活细胞合成的具有高效、特异催化功能的蛋白质，是机体内催化各种代谢反应的最主要催化剂，其化学本质是蛋白质。核酶（ribozyme）和脱氧核酶（deoxyribozyme）是具有高效、特异催化作用的核糖核酸和脱氧核糖核酸，为数不多，主要作用于核酸，其化学本质是核酸。

生物体内的各种化学反应几乎都是在酶催化下进行的，有些化学反应至今在实验室中不能进行，有些反应在体外一些剧烈条件下虽能完成，但其反应也难达到体内物质代谢所要求的速度。在酶的催化下，机体内的物质代谢有条不紊地进行；同时又在许多因素的影响下，酶对代谢发挥着精密的调节作用。酶催化的化学反应称为酶促反应，被催化的物质称底物（substrate，S），反应生成的物质称产物（product，P），酶所具有的催化能力称酶活力（或酶活性），酶失去了催化能力称酶失活。

知识链接

如果体内的代谢反应没有酶的催化，那将会是什么情形？一般情况下，一顿正常的午餐在消化道内只需4~6小时即可完全消化。要是没有消化酶的帮助，这顿午餐恐怕要在消化道内呆上50年时间。真是吃一顿饱一世啊！

第一节 酶的分子结构与功能

一、酶的分子组成

酶的化学本质是蛋白质，同样具有蛋白质的一、二、三级乃至四级结构。只有具备了三级或三级以上结构的酶才可能具有生物学活性。仅具有三级结构的酶称为单体酶；具有四级结构的酶称为寡聚酶。而根据酶的分子组成又将其分为单纯酶和结合酶两大类。

1. 单纯酶　单纯酶仅由氨基酸构成。催化水解反应的酶，如淀粉酶、脂肪酶、蛋白酶、脲酶等都属于单纯酶。

2. 结合酶　结合酶由蛋白质部分和非蛋白质部分共同组成，其中蛋白质部分称为酶蛋白，非蛋白质部分称为辅助因子，两者单独存在时均无催化活性，只有结合起来形成全酶才具有催化活性。

$$结合酶（全酶）\begin{cases} 蛋白质部分（酶蛋白）：决定酶的特异性 \\ 非蛋白质部分（辅助因子）：决定催化反应的性质和类型 \end{cases}$$

金属离子是最常见的辅助因子，如 K^+、Na^+、Mg^{2+}、Cu^{2+}（Cu^+）、Zn^{2+}、Fe^{2+}（Fe^{3+}）等；而低分子有机化合物也可作为辅助因子，其特点是分子中常含有 B 族维生素（表 3-1）。

表 3-1　某些辅助因子组成的全酶及其作用

辅助因子	全酶	转移基团	附注
铜、铁卟啉	细胞色素氧化酶	电子	铁卟啉为电子传递体
NAD^+	乳酸脱氢酶	氢原子（质子）	含维生素 PP
铁、FAD	琥珀酸脱氢酶	氢原子（质子）	含维生素 B_2
磷酸吡哆醛	丙氨酸氨基转移酶	氨基	含维生素 B_6
生物素	丙酮酸羧化酶	二氧化碳	含生物素
甲基钴胺素	转甲基酶	甲基	含有维生素 B_{12}
焦磷酸硫胺素（TPP）	α-酮酸氧化脱羧酶	醛基	含有维生素 B_1
辅酶 A	酰基转移酶	酰基	含泛酸

酶的辅助因子按其与酶蛋白结合的紧密程度不同，可分为辅酶与辅基。凡与酶蛋白结合疏松，能通过透析、超滤等方法除去的辅助因子称为辅酶；用上述方法不能除去与酶蛋白结合牢固的辅助因子称辅基。

在酶促反应中，金属离子起多种作用：主要参与构成酶的活性中心，传递电子；在酶与底物之间起桥梁作用，利于酶发挥催化作用；稳定酶分子构象；中和阴离子，降低反应中的静电斥力等。低分子有机化合物在催化反应中起传递电子、质子或某些基团的作用。决定酶高度专一性的是酶蛋白部分，辅助因子则决定反应的种类与性质。

一种酶蛋白只能与一种辅助因子结合形成一种全酶；而一种辅助因子可与不同的酶蛋白结合形成不同的全酶，催化不同的反应。因此，酶的种类较多，但它们的辅助因子却为数不多，如碳酸酐酶和羧基肽酶都含锌，许多脱氢酶的辅酶都是 NAD^+。

二、酶的活性中心

酶是高分子蛋白质，分子中存在很多可解离的化学基团，而酶的底物多数是小分子物质，只能结合在酶分子表面的某个区域。酶分子中能与底物特异地结合并将底物转变成产物的区域，称为酶的活性中心。对结合酶来说，辅助因子也参与酶活性中心的构成。

在酶分子中并不是所有的化学基团都与酶活性有关，我们将与酶活性密切相关的化学基团称为酶的必需基团。常见的必需基团有羟基、巯基、咪唑基和羧基等。必需基团在一级结构中可能相距很远，但在空间结构上却能彼此靠近，集中在一起形成具有一定空间构象的区域。酶的活性中心是必需基团集中的区域，它常常位于酶分子表面，或呈裂缝，或呈凹陷，它的形成是以酶蛋白分子的特定构象为基础的。

活性中心内的必需基团根据其功能分为结合基团和催化基团。前者与底物相结合，后者影响底物中某些化学键的稳定性，催化底物发生化学变化并使之转变为产物。有些必需基团既具有结合功能同时又具有催化功能。还有些必需基团虽然不参加酶活性中心的组成，但为维持酶分子的空间构象所必需，称活性中心外必需基团（图 3-1）。

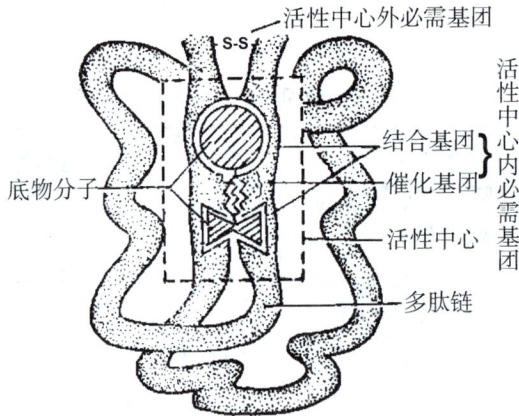

图 3-1   酶的活性中心示意图

三、酶原与酶原的激活

有些酶在细胞内合成或初分泌时，并没有催化活性，这种无活性状态的酶的前体称为酶原。机体消化道中的酶以及血液中起凝固作用的一些酶均以酶原形式存在，这是机体对自身环境适应或保护的一种反映。酶原在一定条件下转变成有活性的酶的过程称为酶原的激活。

酶原激活的实质是酶的活性中心形成或暴露的过程。在此过程中，酶原的肽链水解掉一个或几个特定的肽段，使分子构象发生一定的变化，从而形成完整的活性中心，转变为有催化活性的酶。

胃蛋白酶、胰蛋白酶、弹性蛋白酶、糜蛋白酶及凝血和纤溶系统的酶类等，最初都是以酶原形式由相应的腺细胞分泌出来的，在特定的部位及一定的条件下才能被激活，表现出酶的活性。例如，胃蛋白酶原经胃酸的激活而成为胃蛋白酶；胰蛋白酶原进入小肠后在钙离子存在下，受肠激酶激活，切断第 6 位赖氨酸残基和第 7 位异亮氨酸残基之间的肽键，水解掉一个 6 肽片段，使分子构象发生变化，形成酶的活性中心，变成具有催化活性的胰蛋白酶（图 3 - 2），对肠道中的蛋白质进行消化水解。

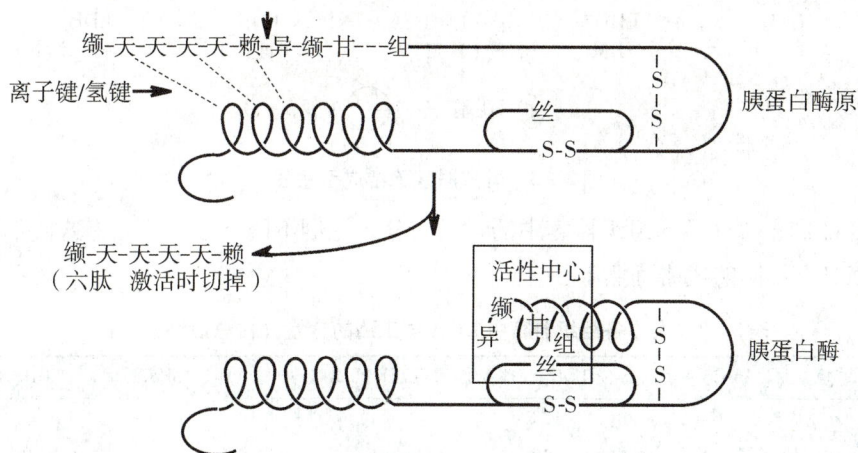

图 3 - 2 胰蛋白酶原的激活示意图

胰蛋白酶的形成，不仅能水解食物蛋白质，还能将胰蛋白酶原自身激活及小肠中其他蛋白酶原激活，形成一个逐级加快的连锁反应过程。血液中凝血和纤维蛋白溶解系统的酶类也都以酶原的形式存在，它们的激活具有典型的级联反应性质。

某些酶以酶原的形式存在具有重要的生理意义。消化系统中的几种蛋白酶以酶原的形式分泌出来，避免了其对自身的消化。例如急性胰腺炎就是由于存在于胰腺中的胰蛋白酶原在某些因素影响下被提前激活导致胰腺组织自身水解所致。血液中凝血因子以酶原形式存在，正常情况下能避免血液在血管内凝固，保证了血液的正常流通。当血管破损时，凝血酶原被迅速激活，促进血液凝固，防止大量出血。此外，酶原还可视为酶的贮存形式。

综上所述，某些酶以酶原的形式存在不仅避免了细胞产生的蛋白酶对细胞的自身消化作用、避免血液在血管内凝固，而且能保证酶在其特定部位、特定环境下发挥催化作用和对机体的保护作用。

四、同工酶

同工酶是进化过程中基因分化的产物。催化的化学反应相同，但酶蛋白的分子结构、理化性质及免疫学性质不同的一组酶称为同工酶。同工酶存在于同一种属或同一个体的不同组织或同一细胞的不同亚细胞结构中。现已发现百余种同工酶，其中发现最早、研究最多的是乳酸脱氢酶（lactate dehydrogenase，LDH）。该酶是四聚体，有两种不同的亚基，即骨骼肌型（M 型）和心肌型（H 型）。这两种亚基以不同的比例组成 5 种同工酶，即 LDH_1（H_4）、LDH_2（H_3M）、LDH_3（H_2M_2）、LDH_4（HM_3）、LDH_5（M_4）（图 3-3）。这 5 种同工酶具有不同的电泳速度，它们向正极的电泳速度由 LDH_1 至 LDH_5 依次递减。

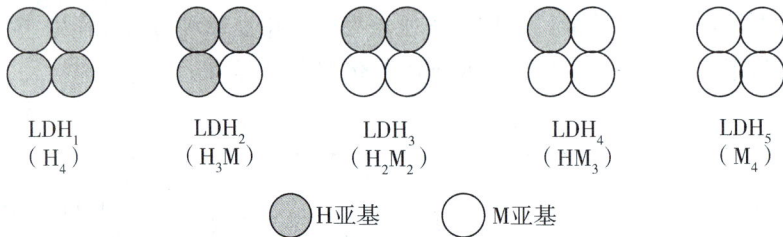

图 3-3　乳酸脱氢酶组成示意图

LDH 的同工酶在不同组织器官中的含量与分布比例不同（表 3-2），这使不同的组织与细胞具有不同的代谢特点。

表 3-2　人体各组织器官中 LDH 同工酶的含量（占总活性的 %）

组织器官	LDH_1（H_4）	LDH_2（H_3M）	LDH_3（H_2M_2）	LDH_4（HM_3）	LDH_5（M_4）
心肌	67	29	4	<1	<1
肾	52	28	16	4	1
肝	2	4	11	27	56
骨骼肌	4	7	21	27	41
红细胞	42	36	15	5	2
肺	10	20	30	25	15
胰腺	30	15	50	—	5

肌酸激酶（creatine kinase，CK）是二聚体，其亚基有 M 型（肌型）和 B 型（脑型）两种。脑中含 CK_1（BB 型），骨骼肌含 CK_3（MM 型），CK_2（MB 型）仅见于心肌。血清 CK_2 对于心肌梗死的早期诊断有一定的意义。

同工酶的测定已越来越多地应用于临床。某些疾病在血清总酶活性升高以前就发生了同工酶谱的变化，因此可提高诊断的灵敏度，也可鉴别病变的器官。例如心肌梗死的患者，血清 CK_2、LDH_1 升高；肝细胞受损的患者，血清 LDH_5 含量升高（图 3-4）。

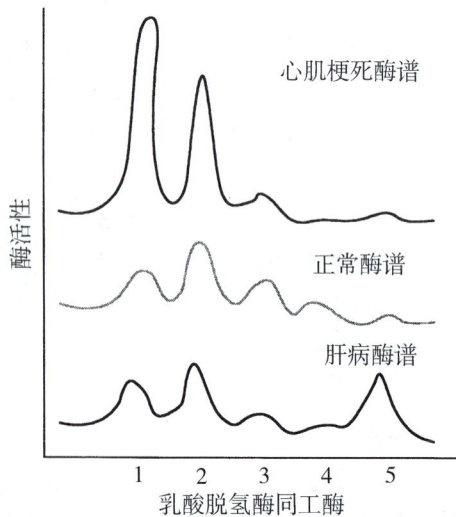

图 3-4　心肌梗死与肝病患者血清 LDH 同工酶谱的变化

血清 CK 测定的临床意义

CK 广泛分布于全身组织，以骨骼肌含量最高，其次是心肌和脑。CK 是由 M 和 B 亚基组成的二聚体，在细胞质内有 CK－BB（CK_1）、CK－MB（CK_2）和 CK－MM（CK_3）3 种同工酶，组织损伤时，可使血清 CK 活性升高。临床上测定 CK 及其同工酶主要用于心肌、骨骼肌和脑疾患诊断、鉴别诊断及预后判断。尤其是急性心肌梗死时，血清 CK 总活性在胸痛后 3～8 小时即升高，10～24 小时达峰值，3～4 天恢复正常；CK－MM 亚型对早期诊断更为敏感。

五、变构酶

机体内一些代谢物与酶活性中心外的某个部位以非共价键可逆结合，使酶发生构象变化而改变其催化活性，这种调节方式称为变构调节。受变构调节的酶称为变构酶。使酶发生变构调节的代谢物称为变构效应剂。有时底物本身就是变构效应剂。使酶活性增高的变构效应剂称为变构激活剂；反之，称为变构抑制剂。变构效应剂导致酶构象变化，影响酶－底物复合物的形成而改变变构酶的催化活性，从而改变物质代谢的速度和代谢途径的方向。变构酶是物质代谢适应细胞内外环境变化的需要，是细胞的一种基本调节方式。

六、维生素与辅酶

维生素是机体维持正常生理功能所必需，但在体内不能合成或合成量很少，必须由食物供给的一类低分子有机化合物。维生素的重要性主要在于它参与和调节物质代谢，维持机体生理功能，一旦缺乏将导致物质代谢障碍，生理功能改变，乃至引起疾病。维生素的种类繁多，按其溶解性不同可分为脂溶性和水溶性两大类。脂溶性维生素包括维生素 A、D、E、K 等，其活性形式及功能见表 3－3。

表 3－3　脂溶性维生素

名称	活性形式	主要生理功能	缺乏症
维生素 A	11－顺视黄醛/视黄醇	1. 参与视网膜视紫红质的合成，与暗视觉有关	夜盲症
		2. 保持上皮组织结构与功能健全	眼干燥症
		3. 促进生长发育	
维生素 D	1,25－$(OH)_2$－D_3	1. 促进钙磷吸收，调节钙磷代谢	儿童佝偻病
		2. 促进骨盐代谢与骨的正常生长	成人软骨病
维生素 E		1. 抗氧化作用，维持生物膜结构与功能	
		2. 维持生殖功能	
维生素 K	2－甲基1,4－萘醌	参与肝凝血因子的合成	

水溶性维生素包括 B 族维生素和维生素 C。B 族维生素主要包括维生素 B_1、B_2、B_6、B_{12}、PP、生物素、泛酸、叶酸。它们在体内常常作为辅酶或辅基的构成成分而参加物质代谢。

（一）维生素 B_1 与焦磷酸硫胺素

维生素 B_1 又名硫胺素，是由含硫的噻唑环和嘧啶环组成的化合物。维生素 B_1 的活性形式是焦磷酸硫胺素（thiamine pyrophosphate，TPP）（图 3-5）。TPP 作为 α-酮酸氧化脱羧酶的辅酶和磷酸戊糖途径中转酮醇酶的辅酶与糖代谢密切相关，同时 TPP 还有抑制胆碱酯酶活性的作用。

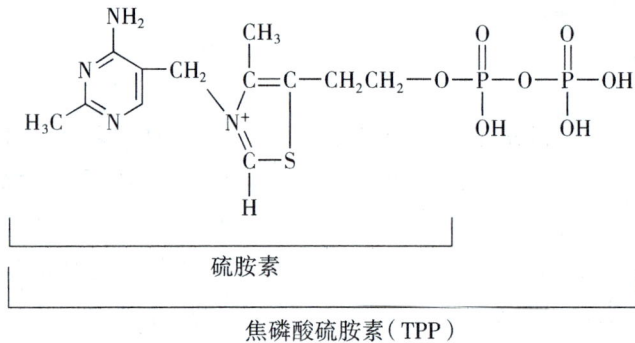

图 3-5 维生素 B_1 及活化形式 TPP 结构

（二）维生素 B_2 与黄素辅基

维生素 B_2 又名核黄素，是核醇与 7，8-二甲基异咯嗪的缩合物，呈黄色。在体内，维生素 B_2 的活性形式是黄素单核苷酸（FMN）和黄素腺嘌呤二核苷酸（FAD）（图 3-6）。FMN 和 FAD 是体内多种氧化还原酶（如黄嘌呤氧化酶、细胞色素 C 还原酶、L-氨基酸氧化酶、琥珀酸脱氢酶等）的辅基，主要起传递氢的作用。

（三）维生素 PP 与尼克酰胺辅酶

维生素 PP 又名抗癞皮病因子，是吡啶的衍生物，包括尼克酸（烟酸）和尼克酰胺（烟酰胺）两种，两者在体内可相互转化。尼克酰胺在体内的活性形式是尼克酰胺腺嘌呤二核苷酸（NAD^+）和尼克酰胺腺嘌呤二核苷酸磷酸（$NADP^+$）（图 3-7）。NAD^+（CoⅠ）和 $NADP^+$（CoⅡ）在体内是多种不需氧脱氢酶的辅酶，分子中尼克酰胺部分具有可逆地加氢和脱氢的特性，在氧化还原反应中是重要的递氢物质。维生素 PP 还具有扩张血管和降低胆固醇的作用。

FAD的结构

FMN的结构

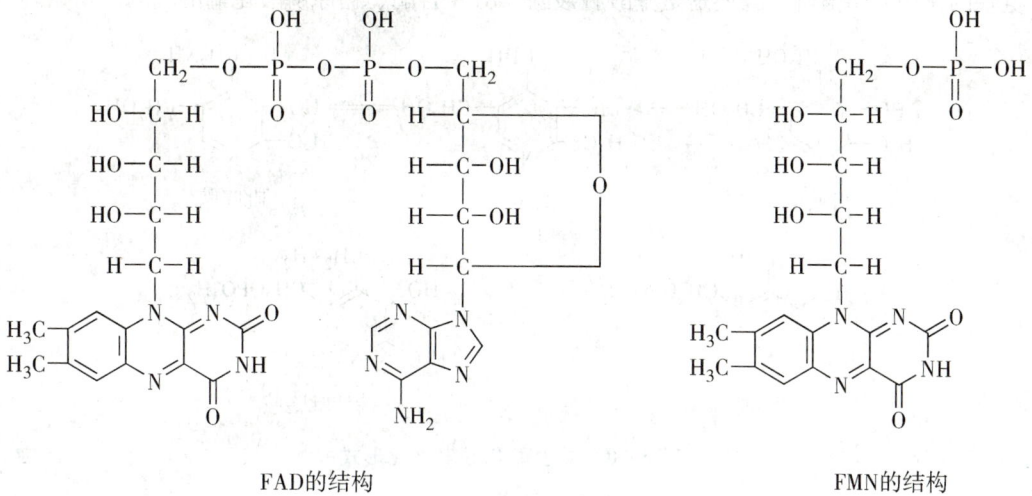

图 3-6 FMN 与 FAD 的结构

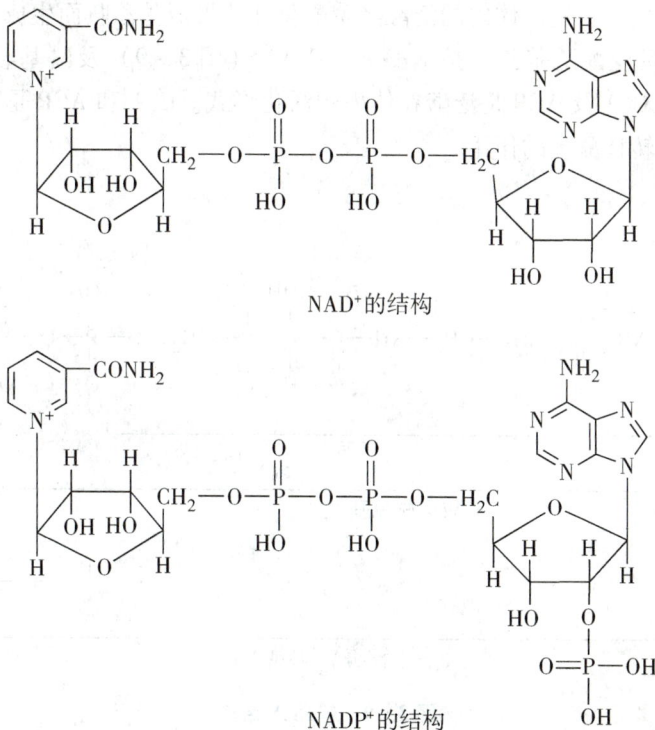

NAD⁺的结构

NADP⁺的结构

图 3-7 NAD⁺ 和 NADP⁺ 的结构

（四）维生素 B_6 与磷酸吡哆醛

维生素 B_6 是吡啶衍生物，包括吡哆醇、吡哆醛及吡哆胺。吡哆醇在体内可转变成吡哆醛和吡哆胺，后两者在体内可互相转变。维生素 B_6 在体内的活性形式是磷酸吡哆醛和磷酸吡哆胺（图 3-8）。磷酸吡哆醛和磷酸吡哆胺是转氨酶的辅酶，通过两者的互变起传递氨基的作用。磷酸吡哆醛还是氨基酸脱羧酶、ALA 合酶、糖原磷酸化酶的辅酶。

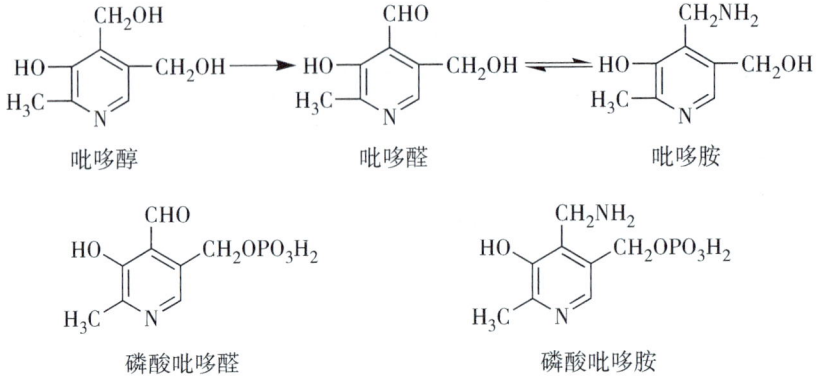

图 3-8　维生素 B_6 及其活化形式

（五）泛酸与辅酶 A

泛酸又称遍多酸。进入体内的泛酸经磷酸化并获得巯基乙胺而生成 4′-磷酸泛酰巯基乙胺，4′-磷酸泛酰巯基乙胺是辅酶 A（CoA）（图 3-9）及酰基载体蛋白（ACP）的组成成分，故 CoA 及 ACP 是泛酸在体内的活化形式。CoA 和 ACP 是酰基转移酶的辅酶，在反应中起转移酰基的作用。

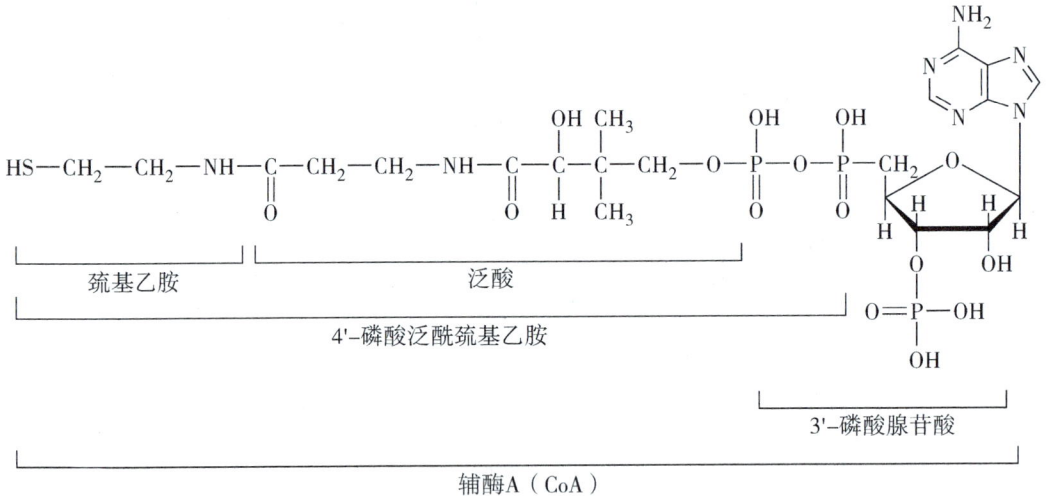

图 3-9　辅酶 A 结构

（六）生物素

生物素本身即具有生物学活性，是噻吩和尿素相结合的骈环并带有戊酸侧链的化合物（图 3-10）。生物素是体内多种羧化酶的辅酶，参与羧化作用。

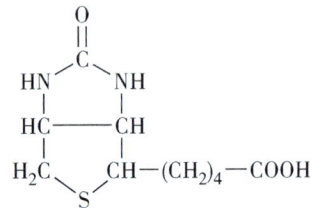

图 3-10　生物素结构

（七）叶酸与四氢叶酸

叶酸又称蝶酰谷氨酸，因绿叶蔬菜中含量十分丰富而得名，由蝶呤啶、对氨基苯甲酸和谷氨酸三部分组成（图3－11）。叶酸在体内的活性形式是四氢叶酸（FH_4）。FH_4是体内一碳单位转移酶的辅酶，对红细胞的发育和成熟具有促进作用。

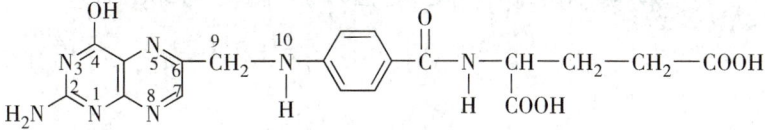

图 3－11 叶酸结构

（八）维生素 B_{12}

维生素 B_{12} 又称钴胺素，是唯一含金属元素的维生素（图3－12），在体内有多种存在形式，如氰钴胺素、羟钴胺素、甲基钴胺素和 $5'$ － 腺苷钴胺素。后两者具有辅酶功能，是维生素 B_{12} 在体内的活性形式，也是血液中存在的主要形式。甲基钴胺素是 N^5 － 甲基四氢叶酸转甲基酶的辅酶，可提高四氢叶酸的利用率，促进红细胞的发育成熟。$5'$ － 腺苷钴胺素是 L － 甲基丙二酰 CoA 变位酶的辅酶，催化 L － 甲基丙二酰 CoA 转变为琥珀酰 CoA，促进脂肪酸代谢。

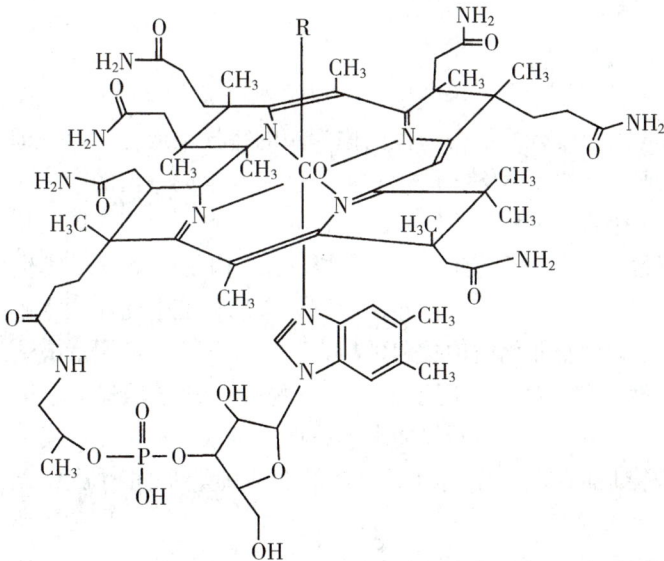

图 3－12 维生素 B_{12} 结构

（九）维生素 C

维生素 C 又称抗坏血酸，是一种含六碳原子不饱和酸性多羟基化合物，分子上2、

3 位碳原子的烯醇式羟基易脱氢生成脱氢维生素 C，是较强的还原剂。其主要功能有：①羟化反应：参与胶原蛋白的合成、胆固醇转变胆汁酸、苯丙氨酸的代谢等。②氧化还原反应：保护巯基、维生素 A、维生素 E 等不被氧化；使食物 Fe^{3+} 变 Fe^{2+} 易于吸收；抗病毒作用。

第二节　酶促反应的特点与机制

一、酶促反应的特点

酶具有一般催化剂的共性，即少量催化剂存在，可大大加快反应的速度，但不能改变反应的平衡常数；只能催化热力学上允许的化学反应；在化学反应前后其本身没有质与量的改变。但酶还具有一般催化剂所没有的特性。

（一）高度的催化效率

酶的催化效率极高，当作用于同一化学反应时，酶的催化效率比无催化剂的自发反应高 $10^8 \sim 10^{20}$ 倍，比一般无机催化剂高 $10^7 \sim 10^{13}$ 倍。例如脲酶水解尿素的速度是 H^+ 水解尿素速度的 7×10^{12} 倍；又如蔗糖酶催化蔗糖水解的速度是 H^+ 催化作用的 2.5×10^{12} 倍。研究表明，酶比一般催化剂能更有效地降低反应的活化能，使参与反应的活化分子数量显著增加，从而大大提高了酶的催化效率。因此，在生物细胞内虽然各种酶含量很少，但仍可催化大量的底物发生反应。

（二）高度的特异性

酶对其催化的底物具有严格的选择性称为酶的特异性或专一性，即一种酶仅作用于一种或一类底物或一定的化学键，催化一定的反应并生成一定的产物。根据酶对其作用的底物分子结构选择的严格程度不同，酶的特异性大致可分为 3 种类型：

1. 绝对特异性　有些酶只能催化某一种特定结构的底物分子发生反应，生成特定的产物，这种严格的选择称为绝对特异性。例如脲酶只能催化尿素水解，对其衍生物无作用；琥珀酸脱氢酶只能催化琥珀酸和延胡索酸之间的氧化还原反应。

2. 相对特异性　有些酶可作用于一类化合物或一种化学键，这种不太严格的选择性称为相对特异性。例如蔗糖酶不仅能水解蔗糖，也水解棉子糖中同一种糖苷键；磷酸酶对一般的磷酸酯键都有水解作用，可水解甘油或酚等不同物质所形成的相同的磷酸酯键。

3. 立体异构特异性　有些酶仅作用于底物的一种立体异构体，这种对底物立体异构体的选择性称为立体异构特异性。例如乳酸脱氢酶仅催化 L - 乳酸脱氢，而对 D - 乳酸无作用；精氨酸酶只能催化 L - 精氨酸水解，而对 D - 精氨酸无作用。

（三）高度的不稳定性

由于酶的化学本质是蛋白质，凡能使蛋白质变性的因素如强酸、强碱、高温、高压、重金属盐、紫外线、剧烈震荡等均能使酶变性而影响其催化作用，甚至使其完全失活。因此，酶作用一般都要求比较温和的条件，如常温、常压、接近中性环境等。

（四）酶活性的可调节性

机体为适应不断变化的内、外环境和生命活动需要，通过多种因素的调控来改变酶的催化活性达到目的。例如对酶生成和降解量的调节；代谢物对关键酶、变构酶的激活和抑制；酶共价修饰的级联调节以及酶在细胞内区域化分布等。

二、酶促反应的机制

有关酶作用机制，目前常用酶－底物结合的诱导契合假说来解释。

酶和一般催化剂加速化学反应的原理相同，都是降低反应发生所需要的活化能，但酶通过其特有的作用机制，比一般化学催化剂更有效地降低反应的活化能，故表现为高度的催化效率（图3－13）。研究表明，酶在催化底物转化为产物之前，往往先与底物结合，形成酶－底物复合物（ES）中间产物，再分解为产物。反应式如下：

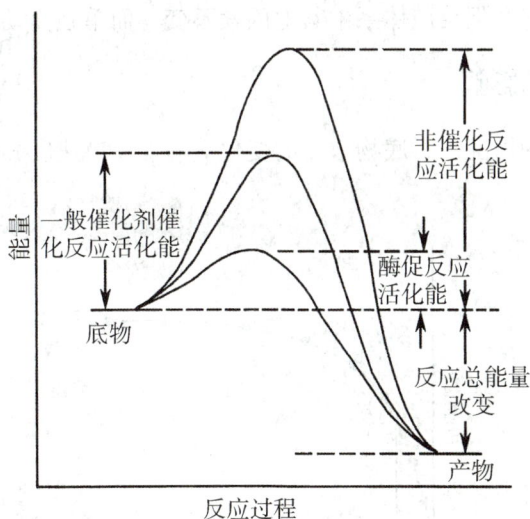

$$E + S \rightleftharpoons ES \longrightarrow E + P$$

图3－13 酶促反应活化能的改变

中间产物ES的形成，不是锁与钥匙式的简单机械关系，而是酶与底物相互接近时，其结构相互诱导、变形和适应，进而相互结合的结果。两者相互改变而结合的过程称酶－底物结合的诱导契合假说（图3－14）。中间产物ES的形成，改变了原来的反应途径，从而大大地降低了反应的活化能，加快了反应速度。

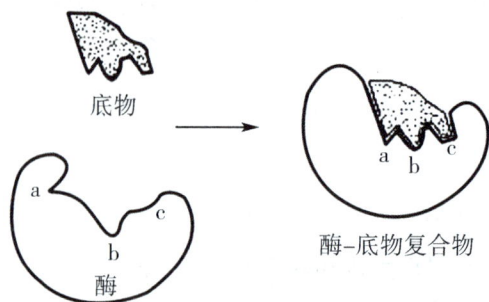

图 3 - 14　酶与底物结合的诱导契合假说示意图

第三节　影响酶促反应速度的因素

有关酶活性研究，均以观察酶促反应的速度为依据，即用酶促反应速度的大小来反映酶的活性。酶促反应速度是指单位时间内底物的减少量或产物的生成量。它受多种因素的影响，主要有底物浓度、酶浓度、温度、pH、激活剂和抑制剂等。研究酶促反应速度总是取酶促反应开始时的初速度，因为只有初速度才与酶的浓度成正比，且反应产物及其他因素对酶促反应速度的影响较小。需要强调的是，当研究某一因素对酶促反应速度的影响时，要保持酶促反应体系中其他因素不变，而单独变动所要研究的因素。

一、底物浓度的影响

在其他因素不变的情况下，底物浓度的变化对酶促反应速度影响的作图呈矩形双曲线（图 3 - 15）。

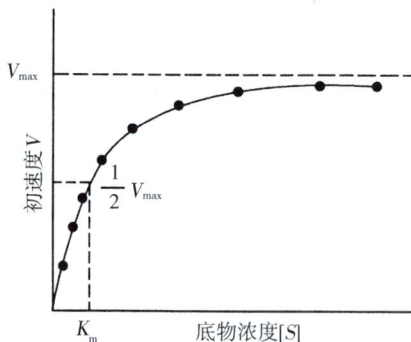

图 3 - 15　底物浓度对酶促反应速度的影响

由图 3 - 15 可知，当底物浓度很低时，反应速度随底物浓度的增加而成正比上升，表现为一级反应；随着底物浓度的进一步增加，反应速度不再成正比增高，反应速度增加的幅度不断下降；如果继续加大底物浓度，反应速度将不再增加，而是趋于恒定，此时达到的最大反应速度称为酶促反应的最大速度（V_{max}），表现为零级反应，说明酶的活性中心已被底物饱和。

上述饱和现象可用中间产物学说解释。当底物浓度很低时，酶的活性中心没有全部与底物结合，中间产物 ES 的多少是随着底物浓度的增加而成正比增多。当底物增加到一定浓度时，所有的酶均被底物结合形成了中间产物 ES，此时再增加底物浓度也不会使中间产物 ES 增加，反应速度趋于恒定，达到最大。

解释酶促反应速度与底物浓度关系是依据1913年由 Leonor Michaelis 和 MaudL Menten 提出的著名的米-曼数学方程式，简称米氏方程式。

$$V = \frac{V_{max}[S]}{K_m + [S]}$$

式中的 Km 称为米氏常数，V_{max} 为最大反应速度，$[S]$ 为底物浓度，V 是在不同 $[S]$ 时的反应速度。

K_m 值是酶学研究中很重要的一个特征性常数，有重要的意义。

1. K_m 值的定义　K_m 值等于酶促反应速度为最大速度一半时的底物浓度。

2. K_m 值可表示酶与底物的亲和力　K_m 值愈小，酶与底物的亲和力愈大；反之亦然。这表示不需要很高的底物浓度便可达到最大反应速度。

3. K_m 值是酶的特征性常数之一　K_m 值与酶的结构、底物和反应环境（如温度、pH、离子强度）有关，而与酶的浓度无关。各种酶的 K_m 值大致在 $10^{-6} \sim 10^{-2}$ mol/L 之间。有多种底物的酶对于不同的底物有不同的 K_m 值，各种同工酶的 K_m 值也不同。如两个来源不同而催化相同化学反应的酶，若 K_m 值相同则为同一种酶，若 K_m 值不同则为同工酶。

二、酶浓度的影响

在酶促反应体系中，当底物浓度大大超过酶的浓度，使酶被底物饱和时，酶促反应速度与酶的浓度变化成正比关系（图3-16）。因此，可在底物浓度足够大的情况下，测定酶促反应速度的大小来算出酶浓度。

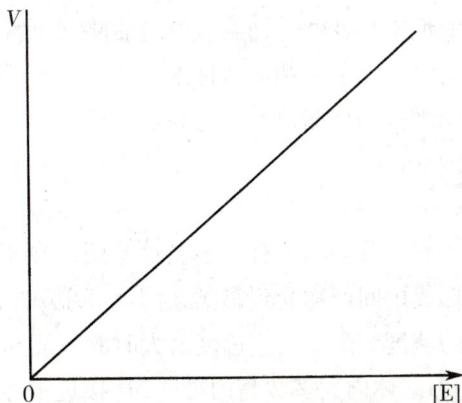

图3-16　酶浓度对酶促反应速度的影响

三、温度的影响

酶是生物催化剂，其本质是蛋白质，温度对酶促反应速度具有双重影响（图3-17）。升高温度一方面可使酶促反应速度加快，另一方面也增加了酶变性失活的机会。一般来说，在较低温度范围内（<40℃），酶的活性随着温度的升高而逐步增加，以致达到最大反应速度。当温度升高到60℃以上时，大多数酶开始变性；80℃时，多数酶的变性已不可逆转，酶的活性降低或丧失。将酶促反应速度最大时的环境温度称为酶的最适温度。温血动物组织中酶的最适温度多在35℃~40℃之间。

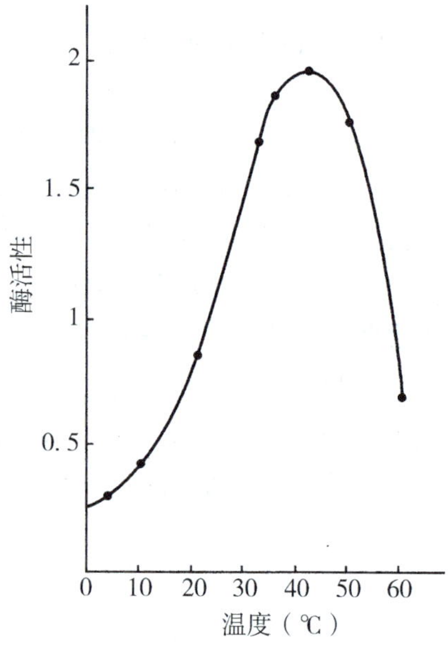

图3-17　温度对酶促反应速度的影响

酶的最适温度不是酶的特征性常数，它与酶促反应进行的时间长短有关。酶可以在短时间内耐受较高的温度。相反，延长反应时间，酶的最适温度降低。

低温可使酶的活性降低但不易变性，当温度回升后酶又可恢复其活性。临床上常利用酶的这一性质低温保存酶制品、菌种和血清标本。脑及心脏手术的患者，常采用物理降温、低温麻醉以减慢组织细胞的代谢速率，提高机体对氧和营养物质缺乏的耐受。

四、pH的影响

酶促反应体系中的酶、底物及辅酶中有许多极性基团，在不同的pH条件下解离状态不同，使酶与底物结合形成中间产物受到影响，因此环境pH的改变可以通过影响其解离状态来影响酶促反应的速度。酶促反应速度最大时的环境pH称为酶的最适pH。每一种酶都有其各自的最适pH。体内大多数酶的最适pH接近中性，但也有例外，如肝中精氨酸酶的最适pH为9.8，胃蛋白酶的最适pH为1.8（图3-18）。临床上用的胃蛋白酶合剂中含有一定量盐酸，目的是使胃蛋白酶处于最佳解离状态，更好地发挥作用。

最适 pH 不是酶的特征性常数，底物浓度、酶的纯度以及缓冲液的种类与浓度均对其产生一定的影响。因此，测定酶活性时，应选用适宜的缓冲液以保持酶活性的相对恒定。

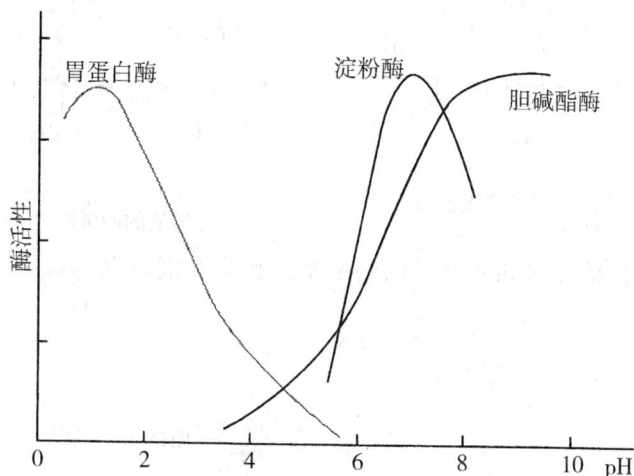

图 3 – 18　pH 对某些酶活性的影响

五、激活剂的影响

使酶从无活性变为有活性或使酶活性增加的物质称为酶的激活剂。例如 Mg^{2+}、K^+、Mn^{2+}、Cl^- 及胆汁酸盐均为酶的激活剂。大多数金属离子激活剂对酶促反应是不可缺少的，否则就不能发生酶促反应，这类激活剂称为必需激活剂。例如，Mg^{2+} 为大多数激酶的必需激活剂。有些酶在没有激活剂存在时，仍有一定的催化活性，但加入激活剂后可使酶活性提高，这类激活剂称为非必需激活剂。例如，Cl^- 是唾液淀粉酶的非必需激活剂，胆汁酸盐是胰脂肪酶的非必需激活剂。

六、抑制剂的影响

凡能与酶结合而使酶的催化活性下降或消失但又不引起酶变性的物质称为酶的抑制剂（inhibitor，I）。抑制剂多与酶的活性中心内、外的必需基团相结合，从而抑制酶的催化活性。除去抑制剂后酶的活性得以恢复。根据抑制剂与酶是否共价结合及抑制效果的不同，可将酶的抑制作用分为可逆性抑制与不可逆性抑制两大类。

（一）不可逆性抑制

有些抑制剂与酶活性中心的必需基团以共价键结合，不能用透析、超滤或稀释等方法将其除去，这种抑制作用称为不可逆性抑制。酶活性被抑制后，可用某些药物解毒，使酶恢复活性。

1. 羟基酶抑制剂　必需基团中含有羟基（ - OH）的一类酶称为羟基酶，如胆碱酯酶是催化乙酰胆碱水解的羟基酶。美曲膦酯（敌百虫）、敌敌畏、1059 等有机磷农药都是羟基酶抑制剂。它们能特异地与胆碱酯酶活性中心丝氨酸残基上的羟基结合，使酶活性受到抑制，造成胆碱能神经末梢分泌的乙酰胆碱不能及时分解而堆积，产生如心率变慢、肌痉挛、呼吸困难、流涎等迷走神经毒性症状。

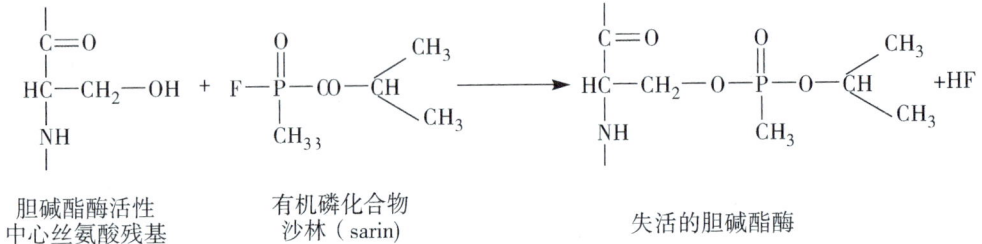

胆碱酯酶活性　　　　　　有机磷化合物　　　　　　　　　　失活的胆碱酯酶
中心丝氨酸残基　　　　　　沙林（sarin）

解磷定（PAM）能夺取和酶结合的磷酰基，解除有机磷农药对胆碱酯酶的抑制作用，使酶恢复活性。

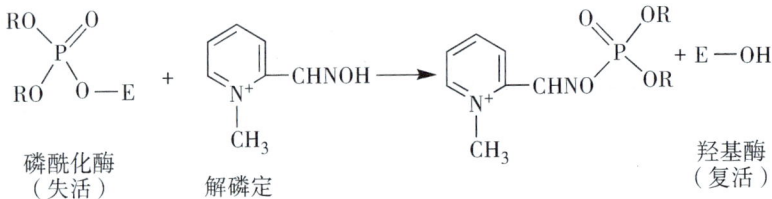

磷酰化酶　　　　　　　　　解磷定　　　　　　　　　　　　　　羟基酶
（失活）　　　　　　　　　　　　　　　　　　　　　　　　　（复活）

2. 巯基酶抑制剂　必需基团中含有巯基（–SH）的一类酶称为巯基酶。通常将能与巯基酶分子中的巯基结合并使其失活的某些金属离子（如 Hg^{2+}、Ag^+、Pb^{2+} 等）及 As^{3+} 称为巯基酶抑制剂。如路易士气是一种含砷的有毒化合物，它能抑制体内的巯基酶而使人畜中毒。

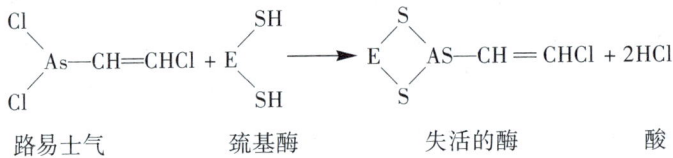

路易士气　　　　　　巯基酶　　　　　　失活的酶　　　　　　　酸

富含巯基的二巯丙醇（BAL），在体内达到一定浓度后，可与毒剂结合，使酶恢复活性。

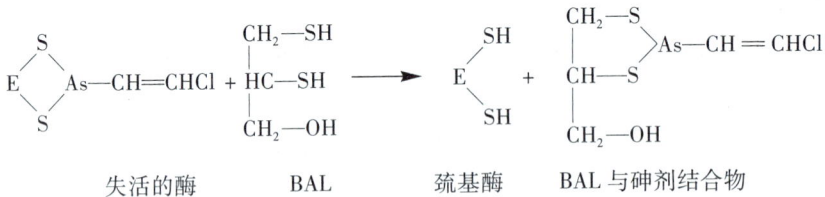

失活的酶　　　　　BAL　　　　　巯基酶　　　BAL与砷剂结合物

（二）可逆性抑制

可逆性抑制剂与酶分子以非共价键结合，可以用透析、超滤或稀释等方法将抑制剂除去，使酶恢复活性，这种抑制作用称为可逆性抑制。根据抑制剂在酶分子上结合位置的不同，又将其分为竞争性抑制、非竞争性抑制和反竞争性抑制。

1. 竞争性抑制　有些抑制剂的结构与底物的结构相似或部分相似，可与底物共同竞争与酶的活性中心结合，抑制了酶的活性，这种抑制作用称为竞争性抑制。如丙二酸、草酰乙酸、苹果酸与琥珀酸的结构相似，能竞争性地结合琥珀酸脱氢酶的活性中心，使该酶的活性降低。由于底物、抑制剂与酶的结合均是可逆的，当加大底物浓度时，抑制作用可解除。所以抑制剂的抑制作用强弱取决于它与酶的相对亲和力以及与底物浓度的相当比例。在抑制剂浓度不变的情况下，增加底物浓度能降低抑制剂的抑制作用。在底物浓度不变的情况下，抑制剂只有达到一定浓度才起抑制作用。

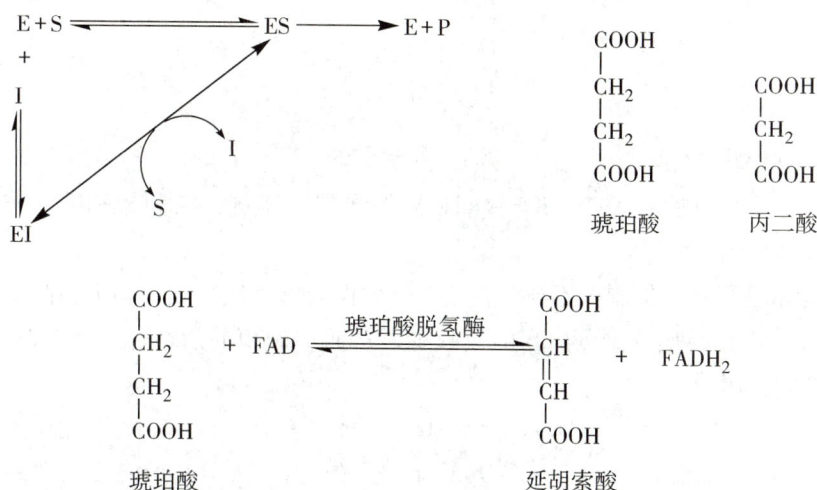

$$E+S \rightleftharpoons ES \longrightarrow E+P$$

琥珀酸 $\begin{matrix} COOH \\ | \\ CH_2 \\ | \\ CH_2 \\ | \\ COOH \end{matrix}$ 丙二酸 $\begin{matrix} COOH \\ | \\ CH_2 \\ | \\ COOH \end{matrix}$

$$\begin{matrix} COOH \\ | \\ CH_2 \\ | \\ CH_2 \\ | \\ COOH \end{matrix} + FAD \xrightarrow{琥珀酸脱氢酶} \begin{matrix} COOH \\ | \\ CH \\ \| \\ CH \\ | \\ COOH \end{matrix} + FADH_2$$

琥珀酸   延胡索酸

竞争性抑制作用的原理被广泛应用于药品研发和疾病治疗。磺胺类药物是典型的代表。对磺胺类药物敏感的细菌在生长、繁殖时，不能利用环境中的叶酸，必须利用菌体内的对氨基苯甲酸（PABA）、二氢蝶呤及谷氨酸在二氢叶酸合成酶的作用下合成二氢叶酸（FH_2）进而还原成四氢叶酸（FH_4），才能参与核酸合成。磺胺类药物的基本结构与对氨基苯甲酸相似，可竞争性抑制二氢叶酸合成酶，从而抑制二氢叶酸的合成，抑制细菌的生长繁殖。人体能直接利用食物中的叶酸，核酸的合成不受磺胺类药物的干扰。根据竞争性抑制的特点，在使用磺胺类药物时，应使血液中的药物迅速达到有效浓度，才能较好地发挥竞争性抑菌作用。

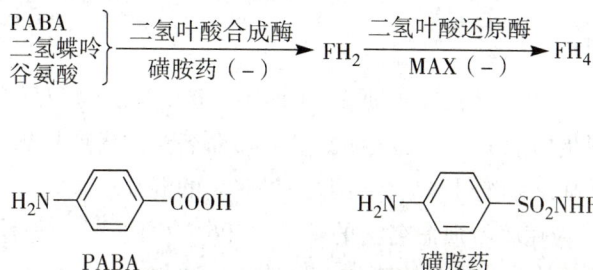

$$\begin{matrix} PABA \\ 二氢蝶呤 \\ 谷氨酸 \end{matrix} \Big\} \xrightarrow[磺胺药（-）]{二氢叶酸合成酶} FH_2 \xrightarrow[MAX（-）]{二氢叶酸还原酶} FH_4$$

H_2N—⬡—COOH H_2N—⬡—SO_2NHR

PABA   磺胺药

许多抗代谢类的抗肿瘤药物，如 6－巯嘌呤（6－MP）、5－氟尿嘧啶（5－FU）、甲氨蝶呤（MTX）等，是一些嘌呤、氨基酸及叶酸的类似物，作为核苷酸合成过程中酶的竞争性抑制剂，分别抑制嘌呤核苷酸、脱氧胸苷酸及四氢叶酸的合成，从而抑制肿瘤细胞的生长。需要指出的是，体内一些代谢旺盛的正常组织也可受到抗代谢药物的影响产生副作用。

2. 非竞争性抑制 一些抑制剂不影响底物与酶的活性中心结合，而是与酶活性中心外必需基团结合，从而抑制酶的活性。底物与抑制剂之间无竞争关系，但酶－底物－抑制剂复合物（ESI）不能进一步释放出产物，这类抑制作用称为非竞争性抑制作用，其反应过程如下：

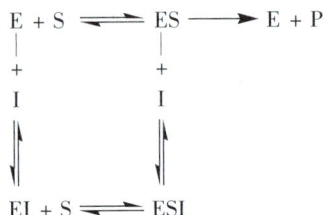

$$
\begin{array}{ccccc}
E+S & \rightleftharpoons & ES & \longrightarrow & E+P \\
+ & & + & & \\
I & & I & & \\
\updownarrow & & \updownarrow & & \\
EI+S & \rightleftharpoons & ESI & &
\end{array}
$$

毒毛花苷是细胞膜上 $Na^+ - K^+ - ATP$ 酶的强烈抑制剂，与利尿和强心作用有关，属于非竞争性抑制剂。

3. 反竞争性抑制 抑制剂不与酶直接结合，仅与酶－底物复合物 ES 结合生成不能转变成产物的 ESI，使中间产物 ES 的量减少，从而抑制酶的活性，这类抑制作用称为反竞争性抑制作用。

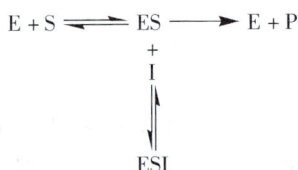

$$
\begin{array}{ccccc}
E+S & \rightleftharpoons & ES & \longrightarrow & E+P \\
& & + & & \\
& & I & & \\
& & \updownarrow & & \\
& & ESI & &
\end{array}
$$

苯丙氨酸对胎盘型碱性磷酸酶的抑制属于反竞争性抑制。

第四节　酶与医学的关系

一、酶的命名与分类

（一）酶的命名

1. 习惯命名法 习惯命名法多根据酶的来源、催化的底物和反应性质由发现者确定。如胰淀粉酶、胃蛋白酶、乳酸脱氢酶等。习惯命名法的优点是酶的名称用字少，简单易记。不足之处是缺乏系统性，常常导致一酶多名的混乱现象。

2. 系统命名法 为克服习惯命名法的弊端，1961 年国际生化学会酶学委员会根据酶的分类、酶催化的整体反应，提出系统命名法。该法规定每个酶有一个系统名称和编号。名称标明了酶的底物和反应性质，底物名称之间以 ":" 分隔；编号由 4 个阿拉伯数字组成，前面冠以 EC（enzyme commission）。系统命名较繁琐，适合从事酶学及相关专业工作人员使用。

3. 推荐名称 推荐名称是国际酶学委员从每一个酶的常用习惯名称中挑选出来的，

非常简便，适宜非专业人员应用。

（二）酶的分类

国际酶学委员会根据酶促反应的性质，将酶分为 6 大类，排序如下：

1. 氧化还原酶类　包括催化传递电子/氢以及加氧反应的酶类，如乳酸脱氢酶、琥珀酸脱氢酶、细胞色素氧化酶、过氧化氢酶、过氧化物酶等。

2. 转移酶类　包括催化底物分子之间某种基团的交换或转移的酶类，如转氨酶、甲基转移酶等。

3. 水解酶类　包括催化底物发生水解反应的酶类，如淀粉酶、脂肪酶、蛋白酶、脲酶等。

4. 裂合酶类　包括催化一种底物非水解地裂解成两种产物并产生双键的反应或其逆反应的酶类，如醛缩酶、碳酸酐酶、柠檬酸合酶等。

5. 异构酶类　包括催化各种同分异构体之间相互转变的酶，如异构酶、变位酶等。

6. 合成酶类　又称连接酶类，包括催化两分子底物合成为一分子底物，同时伴有 ATP 分子中的高能磷酸键水解断裂释能的酶类，如谷氨酰胺合成酶、氨基酰 – tRNA 合成酶、DNA 连接酶等。

二、酶与疾病的关系

酶与疾病的关系密切，许多疾病与酶的质与量异常有关或伴随着体液酶的变化。临床上有许多酶用于疾病的诊断和鉴别诊断，有些酶还可作为临床药物用于疾病的治疗。

（一）酶与疾病的发生

由于基因突变造成一些酶的先天性缺陷是导致先天性疾病发生的重要原因之一。例如酪氨酸酶缺陷引起白化病；葡萄糖 6 – 磷酸脱氢酶缺陷引起溶血性贫血；苯丙氨酸羟化酶缺陷引起苯丙酮尿症。

酶活性异常改变和酶原异常激活也可成为某些疾病的病因。例如胰蛋白酶原在胰腺中被提前激活，使胰腺细胞被水解破坏造成急性胰腺炎；有机磷农药可抑制体内胆碱酯酶的活性，使乙酰胆碱堆积，产生神经毒性反应；氰化物中毒是抑制了细胞色素氧化酶的活性。

（二）酶与疾病的诊断

临床上检测体液中某些酶活性的改变有助于疾病的诊断、鉴别诊断和预后判断。例如急性肝炎时，肝细胞膜的通透性增强，导致血清丙氨酸氨基转移酶活性升高；成骨肉瘤或佝偻病时，成骨细胞中碱性磷酸酶合成增加，使血清中碱性磷酸酶活性升高；肝功能障碍时，肝细胞的合成功能下降，血液中凝血酶原减少等。

（三）酶与疾病的治疗

酶可作为药物用于疾病的治疗，如最早用于治疗消化不良的胃蛋白酶片；外科清创使用的胰蛋白酶、溶菌酶、木瓜蛋白酶等；治疗心脑血管栓塞的链激酶、尿激酶及纤溶酶等。

有些药物通过影响体内某些酶的活性起到治疗作用。例如抗抑郁药通过抑制单胺氧化酶而减少儿茶酚胺的灭活，治疗抑郁症；新生儿服用苯巴比妥可诱导肝细胞 UDP – 葡萄糖醛酸基转移酶的合成，减轻新生儿黄疸，防止胆红素脑病。

三、酶在其他学科的应用

（一）酶可作为试剂用于生物化学分析

酶作为指示酶用于临床生化指标的检测，如测定血糖使用的酶偶联法中，过氧化物酶是被葡萄糖氧化酶偶联的酶，即指示酶。

临床以酶标记代替以往的放射性核素标记进行微量分子的检测。例如酶联免疫吸附测定（ELISA）法就是将标记酶与抗体偶联，对抗原和抗体作出检测的一种方法。常用的标记酶有葡萄糖氧化酶、碱性磷酸酶、辣根过氧化物酶等。

酶作为工具酶在基因工程常规操作中应用，如 DNA 连接酶、反转录酶、Ⅱ型限制性内切核酸酶、DNA 聚合酶等。

（二）酶分子工程

酶分子工程是对酶进行改造的新型应用技术，简称酶工程。它是利用物理、化学或分子生物学方法对酶的结构、理化性质进行改造或研发新的酶分子，使之具有更高的催化效率、高度稳定性，更容易提取、纯化，便于工业、农业和医药卫生等领域应用的一门技术，包括对酶分子中功能基团进行化学修饰、酶的固定化、抗体酶、模拟酶等，以适应医药行业、工业、农业等领域的某种需要。

另外，酶在日常生活、食品加工、轻化工业、能源开发和环境工程等领域均有广泛的应用，如含有超氧化物歧化酶（SOD）成分的护肤品、加酶洗衣粉和用特定酶合成抗生素等。

同步训练

一、单项选择题

1. 酶活性是指（　　　）
   A. 酶的催化反应　　　　　　　　B. 酶与底物结合力
   C. 酶的催化能力　　　　　　　　D. 酶必需基团的解离
   E. 无活性的酶原转变成有活性的酶

2. 酶的辅酶是（　　　）
   A. 经透析不能与酶蛋白分开者
   B. 与酶蛋白结合牢固的 B 族维生素衍生物

C. 与酶蛋白结合较牢固的金属离子

D. 与酶蛋白共价结合成寡聚酶

E. 在反应中发挥传递电子、质子或转移一些基团的作用

3. 酶具有高度的催化效率，原因是（　　）

    A. 升高反应的活化能　　　　　　B. 降低反应的活化能

    C. 减少反应的自由能化　　　　　D. 升高反应的能量水平

    E. 降低反应的能量水平

4. 酶的特征性常数是（　　）

    A. 最适 pH　　　　　　　　B. 最适温度　　　　　　　C. V_{max}

    D. K_m　　　　　　　　　　E. Tm

5. 磺胺药的抑菌作用属于（　　）

    A. 不可逆性抑制　　　　　　B. 竞争性抑制　　　　　　C. 非竞争性抑制

    D. 反竞争性抑制　　　　　　E. 抑制强弱不取决于底物与抑制剂浓度的相对比例

6. 酶在催化反应中决定专一性的部分是（　　）

    A. 酶蛋白　　　　　　　　　B. 辅基或辅酶　　　　　　C. 金属离子

    D. 底物的解离程度　　　　　E. B 族维生素

二、多项选择题

1. 酶活性中心的作用是（　　）

    A. 结合底物催化反应

    B. 决定特异性和催化能力

    C. 是酶分子中各种亚基的集中部位

    D. 保持调节亚基和催化亚基紧密结合

    E. 维持酶的空间构象

2. 影响酶促反应的因素有（　　）

    A. 酶的浓度　　　　　　　　B. 底物的浓度　　　　　　C. 溶液的 pH

    D. 反应的温度和激动剂　　　E. 抑制剂

3. 同工酶的共同特点是（　　）

    A. 催化反应相同　　　　　　B. 分子结构相同　　　　　C. 理化性质相同

    D. 免疫学性质不同　　　　　E. 理化性质不同

4. 用下列哪种方法说明酶的本质是蛋白质（　　）

    A. 水解产物是氨基酸

    B. 有与蛋白质相同的颜色反应

    C. 凡是使蛋白质变性的因素，均可使其变性

    D. 其最大的吸收峰是 280nm

    E. 其最大的吸收峰是 260nm

5. 因体内酶的缺陷造成的疾病是（　　）

    A. 白化病　　　　　　　　　B. 糖尿病　　　　　　　　C. 高血压

    D. 苯丙酮尿症　　　　　　　E. 佝偻病

6. K_m 值的意义是（　　）

A. K_m 是酶的特征性常数

B. K_m 值越小，酶的活性越高

C. 不同的酶对同一底物反应时，K_m 相同

D. 一种酶有几种底物时，K_m 值不同

E. $1/K_m$ 可近似表示酶与底物亲和力的大小

三、填空题

1. 酶的化学本质是_____或_____。

2. 酶分子中能直接与底物分子结合，并催化底物化学反应的部位，称为酶的_____。

3. 酶对_____的严格选择性称为酶的专一性，一般可分为_____、_____和_____。

4. 结合酶是由_____和_____两部分组成，其中任何一部分单独存在都_____催化活性，只有_____才有催化活性。

5. 影响酶促反应速度的主要因素有_____、_____、_____、_____和_____。

6. 磺胺类药物能抑制细菌生长，因为它是_____结构类似物，能_____性地抑制_____酶活性。

四、问答题

1. 酶促反应有哪些特点？

2. 何谓酶原激活？酶原激活的本质和意义是什么？

3. 影响酶促反应的因素有哪些？分别说明各产生了怎样的影响？

4. 举例说明竞争性抑制作用在临床上的应用。

第四章　生物氧化

1. 掌握生物氧化和呼吸链的概念；体内 ATP 和水的生成方式及特点。
2. 熟悉生物氧化的特点，高能化合物和线粒体外 NADH 的氧化。
3. 了解体内其他不生成 ATP 的氧化体系。

营养物质（糖、脂肪、蛋白质）在生物体内彻底氧化分解生成 CO_2 和 H_2O 并释放能量的过程称为生物氧化。由于这一过程是在组织细胞内进行，消耗 O_2 产生 CO_2，因此又称为组织呼吸或细胞呼吸。生物氧化的重要意义在于为生物体提供生命活动所需的能量。

营养物质在体内外的彻底氧化均是消耗 O_2、生成 CO_2 和 H_2O 并释放能量的过程，但与营养物质体外氧化如燃烧相比，生物氧化具有如下特点：①反应条件温和：生物氧化是在体温 37℃、pH 近中性的体液中，经过一系列酶催化逐步进行的。②逐步释放能量：生物氧化的能量逐步释放，其中一部分以热能的形式散发维持体温，另一部分则以高能化合物的形式储存，能量利用率高。③CO_2 是通过有机酸的脱羧基反应生成的产物。④生物氧化的方式是以脱氢（失电子）为主，代谢物脱下的氢主要通过氧化呼吸链传递给 O_2 生成 H_2O。

生物氧化中产生的 CO_2 是通过有机酸的脱羧反应生成的。根据脱去的羧基在有机酸分子中的位置不同，可将脱羧反应分为 α - 脱羧和 β - 脱羧；又根据有机酸在脱羧的同时是否伴有脱氢，可将脱羧反应分为单纯脱羧和氧化脱羧。因此，体内 CO_2 的生成方式有 4 种：α - 单纯脱羧、α - 氧化脱羧、β - 单纯脱羧和 β - 氧化脱羧。

α - 单纯脱羧：如氨基酸脱羧酶催化下的氨基酸脱羧反应：

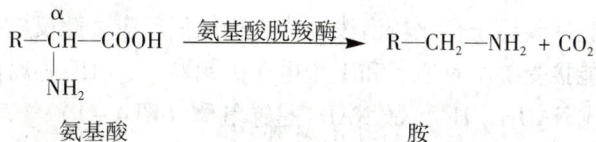

$$\overset{\alpha}{R-CH-COOH} \xrightarrow{\text{氨基酸脱羧酶}} R-CH_2-NH_2 + CO_2$$
$$\underset{NH_2}{|}$$

氨基酸　　　　　　　　　　　　　　　　胺

β - 单纯脱羧：如草酰乙酸脱羧酶催化下的草酰乙酸脱羧反应：

$$\begin{matrix} \beta \\ CH_2{-}COOH \\ | \\ CO{-}COOH \end{matrix} \xrightarrow{\text{草酰乙酸脱羧酶}} \begin{matrix} CH_3 \\ | \\ CO{-}COOH \end{matrix} + CO_2$$

草酰乙酸   丙酮酸

α–氧化脱羧：如丙酮酸脱氢酶复合体系催化下的丙酮酸氧化脱羧反应：

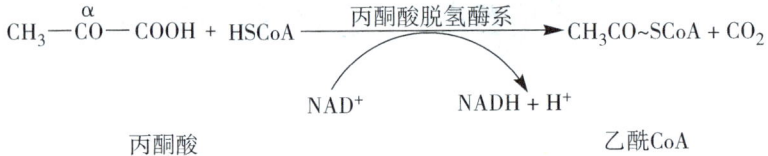

$$CH_3 \overset{\alpha}{-} CO{-}COOH + HSCoA \xrightarrow{\text{丙酮酸脱氢酶系}} CH_3CO{\sim}SCoA + CO_2$$

NAD$^+$ NADH + H$^+$

丙酮酸   乙酰CoA

β–氧化脱羧：如苹果酸酶催化下的苹果酸氧化脱羧反应：

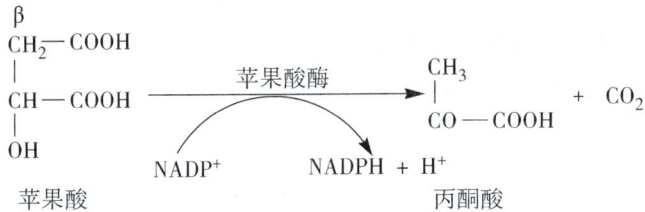

$$\begin{matrix} \beta \\ CH_2{-}COOH \\ | \\ CH{-}COOH \\ | \\ OH \end{matrix} \xrightarrow{\text{苹果酸酶}} \begin{matrix} CH_3 \\ | \\ CO{-}COOH \end{matrix} + CO_2$$

NADP$^+$ NADPH + H$^+$

苹果酸   丙酮酸

第一节　生成 ATP 的氧化磷酸化体系

线粒体在生物氧化过程中具有特殊的重要性，它是营养物质进行彻底氧化的重要场所。

一、电子传递链

在线粒体内膜上排列着一系列许多酶和辅酶组成的递氢体和递电子体，能将代谢物上脱下的两个氢原子（2H）通过一个连续进行的链式反应逐步传递给 O_2 生成 H_2O。这种按一定顺序排列在线粒体内膜上的递氢体和递电子体构成的链式反应体系称为呼吸链，又称为电子传递链。呼吸链与细胞对 O_2 的利用、生物体内 H_2O 和能量的生成密切相关。

（一）呼吸链的组成

线粒体中呼吸链的组成成分基本上分为 5 大类：

1. 尼克酰胺腺嘌呤二核苷酸（NAD$^+$）　又称辅酶 I，是维生素 PP 参与构成的辅酶类核苷酸，其分子中尼克酰胺（烟酰胺）的氮为五价，能接受 1 个电子及双键共轭后成为三价氮，其对侧的碳原子也比较活泼，能进行加氢反应，此反应是可逆的。尼克酰胺在加氢反应时只能接受 1 个氢原子和 1 个电子，另将一个 H$^+$ 游离出来，因此将形成还原型的 NAD$^+$ 写成 NADH + H$^+$。故 NAD$^+$ 是递氢体（图 4–1）。

2. 黄素蛋白类　线粒体内的黄素蛋白有两类，分别以黄素单核苷酸（FMN）和黄素腺嘌呤二核苷酸（FAD）为辅基。FMN 和 FAD 都是由维生素 B$_2$ 参与构成的辅酶类核苷酸，其结构中的异咯嗪环能进行可逆的加氢和脱氢反应，是重要的递氢体（图 4–2）。

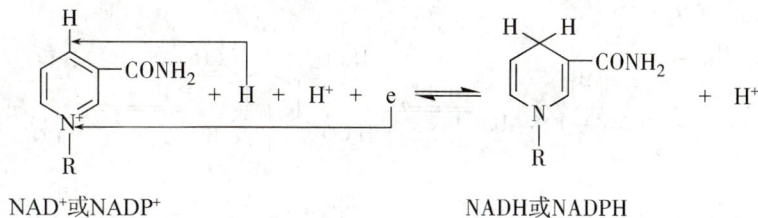

图 4-1 NAD$^+$ 和 NADP$^+$ 的递氢机制

NAD$^+$或NADP$^+$ + H + H$^+$ + e ⇌ NADH或NADPH + H$^+$

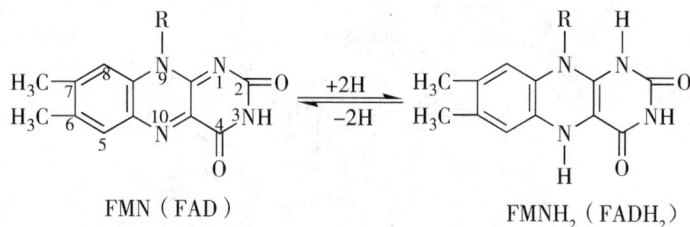

FMN（FAD） +2H / −2H FMNH$_2$（FADH$_2$）

图 4-2 FMN 及 FAD 的递氢机制

3. 铁硫蛋白（Fe-S） 铁硫蛋白分子中含有非血红素铁和对酸不稳定的硫，通过其活性部位的 Fe^{2+}（还原型）和 Fe^{3+}（氧化型）的互变达到传递电子的作用（图 4-3）。在呼吸链中铁硫蛋白多和黄素蛋白或细胞色素 b 结合存在。

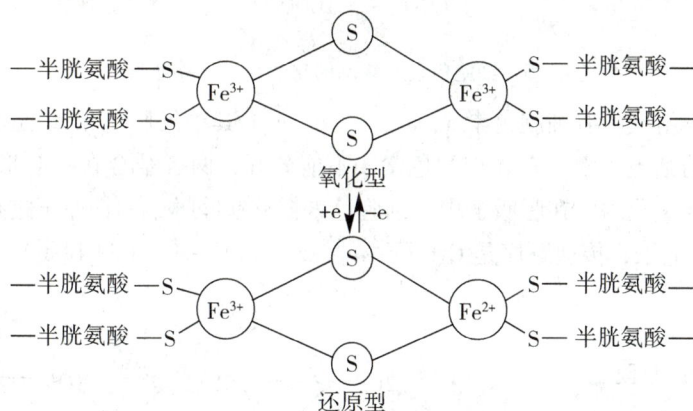

图 4-3 铁硫蛋白电子传递机制

4. 辅酶 Q 又称泛醌，是一种脂溶性的醌类衍生物，其分子中的苯醌结构能接受两个氢原子还原成二氢泛醌（CoQH$_2$），然后迅速传递电子给细胞色素，并把 2H$^+$ 释放入线粒体膜间隙（图 4-4）。

5. 细胞色素 细胞色素（Cyt）是以铁卟啉为辅基的一类结合蛋白（图 4-5），在动、植物细胞内已发现有 30 多种，根据吸收光谱不同，可将细胞色素分为 a、b、c（Cyta、Cytb、Cytc）3 类，3 类下又分为不同亚类。

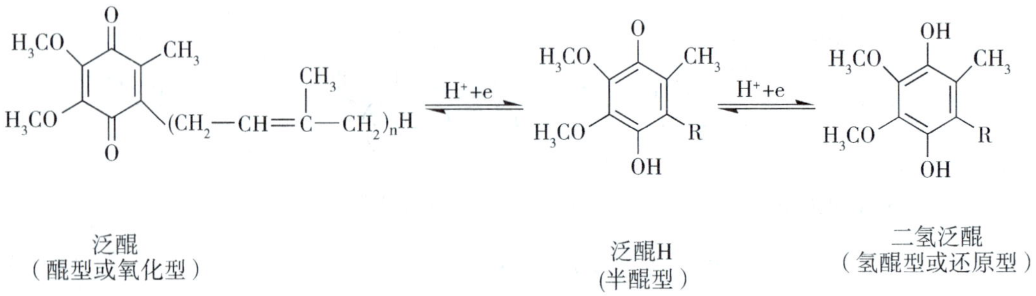

泛醌
（醌型或氧化型）

泛醌H
（半醌型）

二氢泛醌
（氢醌型或还原型）

图 4-4　辅酶 Q 递氢作用机理

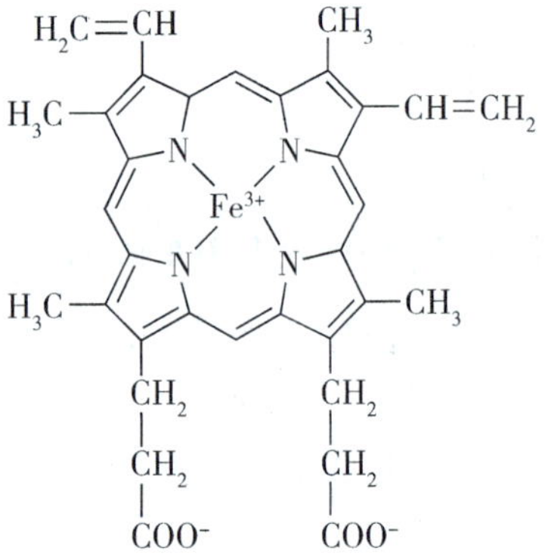

图 4-5　细胞色素 b 辅基的化学结构（铁卟啉）

参与呼吸链组成的有细胞色素 a、a_3、b、c、c_1，其中细胞色素 a_3 是唯一能将电子传递给氧分子的细胞色素，它和细胞色素 a 不能分开，两者结合在一起形成酶复合体，又称为细胞色素氧化酶。在呼吸链中，细胞色素依靠铁卟啉中的铁原子进行 $Fe^{2+} \leftrightarrow Fe^{3+} + e$ 反应而传递电子，传递顺序是 Cyt（b$\rightarrow c_1 \rightarrow c \rightarrow aa_3$）$\rightarrow O_2$（图 4-6）。

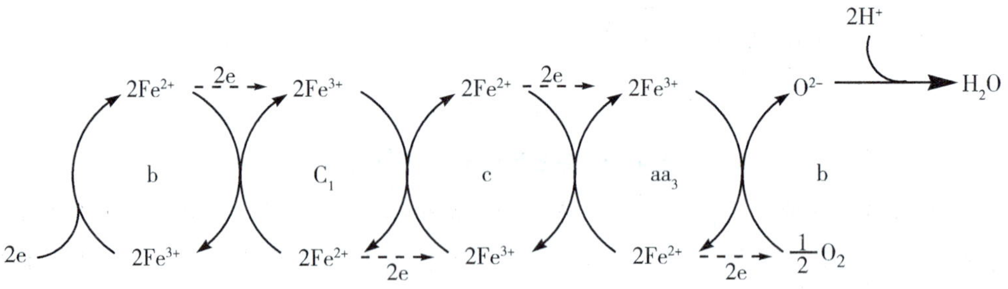

图 4-6　细胞色素系统传递电子的过程

这些递氢体和递电子体都是结合酶类，在线粒体内膜上大多以复合体的形式存在，主要形成 4 种复合体（表 4-1）。

表 4 – 1 呼吸链中的复合体及组成

复合体种类	复合体名称	复合体组成
复合体 I	NADH – CoQ 还原酶	黄素蛋白（辅基 FMN）、铁硫蛋白
复合体 II	琥珀酸 – CoQ 还原酶	黄素蛋白（辅基 FAD）、铁硫蛋白
复合体 III	细胞色素 C 还原酶	$Cytb$、$Cytc_1$、铁硫蛋白
复合体 IV	细胞色素 C 氧化酶	$Cytaa_3$

（二）呼吸链中氢和电子的传递

呼吸链各组分的排列顺序是根据研究各组分标准氧化还原电位、体外呼吸链拆开和重组、抑制剂阻断氧化还原过程和各组分特有吸收光谱情况的实验来确定的。目前认为线粒体内重要的呼吸链有两条，即 NADH 氧化呼吸链和琥珀酸氧化呼吸链（$FADH_2$氧化呼吸链）。

1. NADH 氧化呼吸链　NADH 氧化呼吸链是线粒体中的主要呼吸链。生物氧化中大多数代谢物（如丙酮酸、苹果酸、异柠檬酸、α – 酮戊二酸等）被以 NAD^+ 为辅酶的脱氢酶催化时，脱下的 2H 由 NAD^+ 接受生成 NADH + H^+，后者再将 2H 传给 FMN 生成 $FMNH_2$。接着 $FMNH_2$又将 2H 传给 CoQ 生成 $CoQH_2$。$CoQH_2$在细胞色素体系催化下脱氢，脱下的 2H 分解成 $2H^+$ 和 2e，$2H^+$ 游离于介质中，2e 先由细胞色素 b 接受，然后通过 $c_1 \rightarrow c \rightarrow aa_3$ 的顺序传递，最后交给分子氧，氧被激活生成氧离子与基质中的 $2H^+$ 结合生成 H_2O（图 4 – 7）。

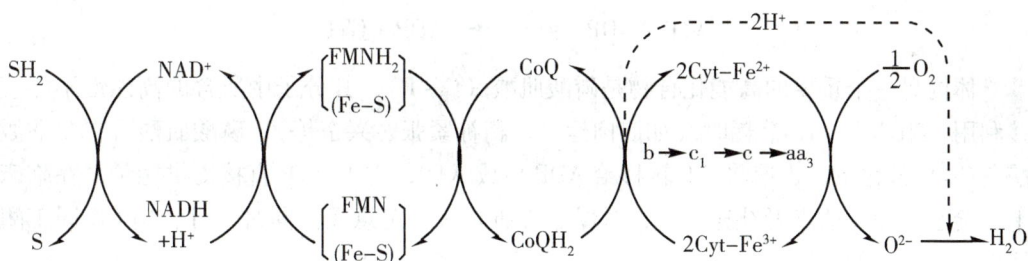

图 4 – 7　NADH 氧化呼吸链

2. 琥珀酸氧化呼吸链（$FADH_2$氧化呼吸链）　生物氧化中代谢物（如琥珀酸、脂肪酰 CoA 等）被以 FAD 为辅基的脱氢酶催化时，代谢物脱下 2H，由 FAD 接受生成 $FADH_2$，然后将 2H 传递给 CoQ 生成 $CoQH_2$，接下来的传递过程和 NADH 氧化呼吸链完全相同（图4-8），即两条呼吸链的汇合点是 CoQ。此呼吸链要比 NADH 氧化呼吸链稍短一些。

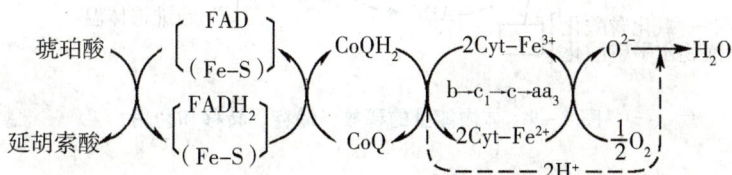

图 4 – 8　琥珀酸氧化呼吸链

二、氧化磷酸化—ATP 的生成

（一）高能化合物

高能化合物是指在水解反应中释放的能量高于 20.9kJ/mol 的化合物。习惯上把高能化合物发生水解反应的化学键称为高能键，并以"～"表示。常见的高能键是高能磷酸键（～P），主要存在于多磷酸核苷酸的第二和第三个磷酸键中，如 ATP、ADP、GTP、GDP 等。体内最重要的高能化合物是 ATP，可被机体组织细胞直接利用，此外还有一些高能硫酯键（～S）存在于营养物质代谢过程的中间产物中，如乙酰 CoA、琥珀酰 CoA 等。

ATP 是生物界普遍存在的直接供能物质。在正常生理情况下，能量的转移和利用主要通过 ATP 与 ADP 的相互转变来实现。在机体活动需要时，ATP 水解为 ADP 和 Pi，释放的能量可以满足各种生理活动的需要，如肌肉收缩、神经传导等。ADP 又可以通过磷酸化获得高能磷酸再生成 ATP。ATP 和 ADP 两者的相互转换非常迅速，是体内能量转换的基本方式。

在体内某些合成代谢过程需要其他的三磷酸核苷作为直接能源提供能量，但这些高能化合物分子中的高能磷酸键又来自于 ATP。

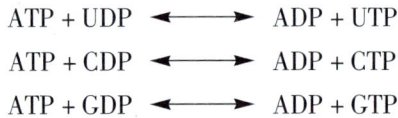

$$ATP + UDP \longleftrightarrow ADP + UTP$$
$$ATP + CDP \longleftrightarrow ADP + CTP$$
$$ATP + GDP \longleftrightarrow ADP + GTP$$

体内另一个重要的高能化合物是磷酸肌酸（C～P），其分子中所含的高能键不能直接利用，当体内 ATP 消耗时（如肌肉运动、精神紧张、兴奋等），磷酸肌酸可在肌酸激酶（CK）催化下，迅速将 ～P 转移给 ADP 生成 ATP，再由 ATP 直接提供能量。在临床上，给心肌梗死的患者补充 ATP，对保护心肌具有一定意义。同时，可利用 CK 同工酶协助心肌梗死的早期诊断。

ATP 的生成、储存及利用总结如图 4 - 9 所示：

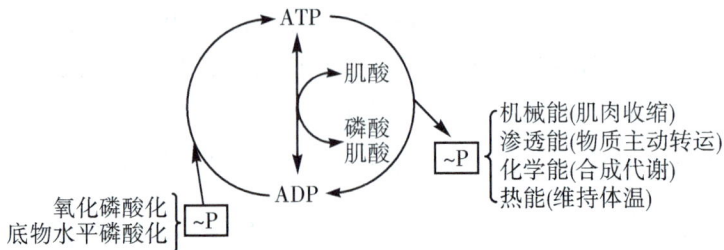

图 4 - 9　体内能量的释放、储存、转移和利用

(二) ATP 的生成方式

ATP 是人体能量的直接供应者,但 ATP 在人体内不能储存,体内 ATP 是由 ADP 磷酸化生成的,根据反应所需的能量来源不同,可将 ATP 的生成方式分为两种:底物水平磷酸化和氧化磷酸化。

1. 底物水平磷酸化 代谢物由于脱氢或脱水引起的分子内部能量聚集,所形成的高能磷酸键在酶的作用下,直接转移给 ADP 生成 ATP 的方式称为底物水平磷酸化 (substrate level phosphorylation)。如:

$$琥珀酰 CoA + H_3PO_4 + GDP \xrightarrow{\text{琥珀酰CoA合成酶}} 琥珀酸 + HSCoA + GTP$$

$$GTP + ADP \longleftrightarrow GDP + ATP$$

2. 氧化磷酸化 代谢物脱下的氢经呼吸链的传递交给氧生成水的过程(物质氧化放能的反应)与 ADP 磷酸化生成 ATP 的过程(吸能反应)相偶联的作用称为氧化磷酸化 (oxidative phosphorylation)。氧化磷酸化是体内生成 ATP 的主要方式,只能在线粒体中有氧的条件下才能进行,体内约80%的 ATP 是通过这种方式生成的。

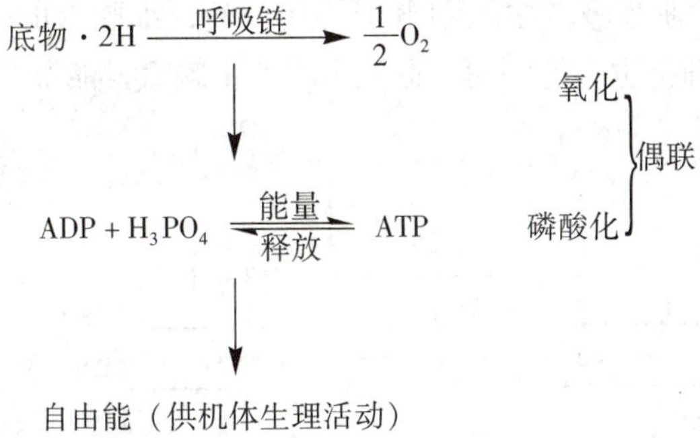

$$底物 \cdot 2H \xrightarrow{\text{呼吸链}} \frac{1}{2}O_2$$

ADP + H_3PO_4 $\xrightarrow[\text{释放}]{\text{能量}}$ ATP

氧化 ⎱ 偶联
磷酸化 ⎰

自由能(供机体生理活动)

经实验证明,当氢和电子从 NADH 开始通过呼吸链传递给氧生成水时,有 3 个部位释放的能量大于 30.5KJ/mol,大约可使 2.5 分子 ADP 磷酸化生成 ATP。这种在呼吸链上氧化释放较高的能量,能使 ADP 磷酸化生成 ATP 的部位称为氧化磷酸化偶联部位。代谢物脱下的氢经过 NADH 氧化呼吸链传递给氧过程中,有三个偶联部位,生成 2.5 分子 ATP,而经过 $FADH_2$ 氧化呼吸链传递过程中有两个偶联部位,生成 1.5 分子 ATP (图 4 – 10)。

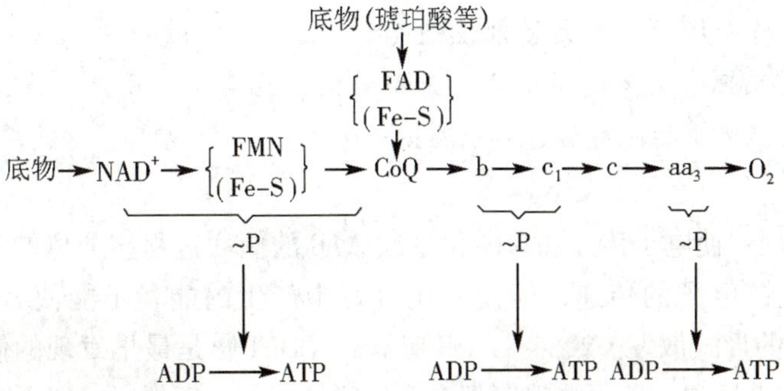

图 4 – 10 氧化磷酸化偶联部位示意图

3. 影响氧化磷酸化的因素

（1）［ATP］／［ADP］的调节作用　当机体的运动量增加使 ATP 的消耗增多时，导致线粒体内［ATP］／［ADP］值降低，促使氧化磷酸化速度加快，生成 ATP 增多；反之，氧化磷酸化速度则减慢。这种调节作用可改变体内物质氧化的速度，使体内 ATP 的生成速度适应生理需要，这对机体合理地利用能源、避免能源的浪费具有重要的意义。

（2）甲状腺素的调节作用　甲状腺素是调节机体能量代谢的重要激素，它可以诱导许多组织、细胞膜 $Na^+ - K^+ - ATP$ 酶的生成，使 ATP 水解生成 ADP 和 Pi 的速度加快，从而促进氧化磷酸化的进行。由于 ATP 的合成和分解都加快，机体耗氧量的产热量都增加。所以甲状腺功能亢进患者出现基础代谢率增高，表现出多食易饥、体重下降、心动过速及呼吸加快、体温增高、怕热多汗等现象。

（3）抑制剂的作用　某些药物或毒物对氧化磷酸化有抑制作用，根据其作用机制可分为电子传递抑制剂和解偶联剂。

1）电子传递抑制剂：指阻断呼吸链上某部位电子传递的物质，也称为呼吸链抑制剂，如阿米妥、鱼藤酮、抗霉素 A、CO 和氰化物等。常见电子传递抑制剂的抑制部位如图 4 – 11。这类物质使呼吸链中氢和电子传递中断，细胞内的呼吸作用停止。此时，即使氧的供应充足，细胞也不能利用，造成组织严重缺氧，能源断绝，甚至危及生命。

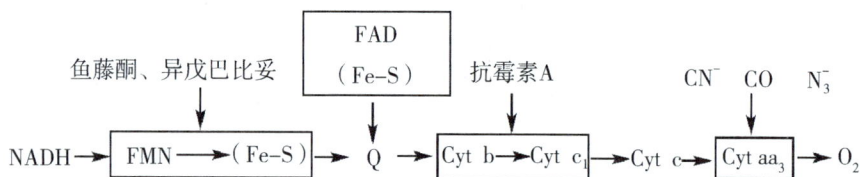

图 4 – 11　呼吸链抑制剂的作用部位

知识链接

氰化物中毒

　　氰化物中毒在临床上的病例较为常见，如误食过量含有氰化物的苦杏仁、桃仁、白果、木薯等或在生产生活中因为氰化物使用不当、通风不良和管理不善，导致作业场所产生大量氰化氢气体，造成人员急性中毒。中毒者的抢救可通过吸入亚硝酸异戊酯和注射亚硝酸钠，最后注射硫代硫酸钠，使氰化物转化成毒性较小的硫氰酸盐随尿液排出体外。

2）解偶联剂：使电子传递和磷酸化生成 ATP 的偶联过程相分离的一类物质。这类物质不影响呼吸链电子的传递，但使氧化过程中产生的能量不能使 ADP 磷酸化生成 ATP，而以热能的形式散发。2，4 –二硝基苯酚（DNP）是最早发现的偶联剂，某些药物如双香豆素、水杨酸、苯丙咪唑等都有解偶联作用。在解偶联状态下，线粒体内 ADP 不能生成 ATP，以致体内 ADP 堆积，刺激细胞呼吸，氧化过程加速，细胞耗氧量增加，氧化时释放的能量大部分以热能的形式损失，机体得不到可利用的能量。冬眠动物棕色脂肪组织的解偶联作用可有助于其保持体温。少量的解偶联剂如阿司匹林在体内分解后产生的水杨酸可通过增加体内产热使机体大量排汗而加速散热，达到降温的目的。感冒和传染性疾病时，病毒或细菌可产生一种解偶联物质，使患者体温升高。

知识链接

新生儿硬肿症

人（尤其是新生儿）、哺乳类动物中存在棕色脂肪组织，该组织含有大量线粒体，且在线粒体内膜中存在解偶联蛋白。后者在内膜上形成质子通道，H^+ 可经过此通道返回线粒体基质中并释放热能。因此，棕色脂肪组织具有产热御寒的作用。当其缺乏时，可引起体温下降而使皮下脂肪凝固硬化，最终导致新生儿硬肿症。

三、胞浆中 NADH 的氧化

物质代谢过程中，线粒体内生成的 NADH 可直接进入呼吸链进行氧化磷酸化过程。但在细胞质中生成的 NADH 必须借助穿梭机制将 NADH 转运至线粒体内，再进行氧化磷酸化过程。体内穿梭机制主要有两种：α-磷酸甘油穿梭和苹果酸-天冬氨酸穿梭。

（一）α-磷酸甘油穿梭

胞质中的 NADH 在 α-磷酸甘油脱氢酶催化下，将 2H 传递给磷酸二羟丙酮生成 α-磷酸甘油，后者可通过线粒体外膜，再经位于线粒体内膜表面的 α-磷酸甘油脱氢酶（辅基为 FAD）催化，生成磷酸二羟丙酮和 $FADH_2$。磷酸二羟丙酮返回胞质继续进行穿梭，$FADH_2$ 则进入 $FADH_2$ 氧化呼吸链进行氧化磷酸化，可产生 1.5 分子 ATP。此穿梭机制主要存在于脑和骨骼肌中（图 4-12）。

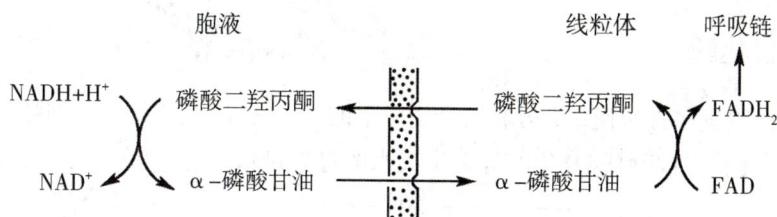

图 4-12 α-磷酸甘油穿梭作用

（二）苹果酸-天冬氨酸穿梭

胞质中的 NADH 在苹果酸脱氢酶催化下，将 2H 传递给草酰乙酸生成苹果酸。苹果酸借助线粒体内膜上的 α-酮戊二酸转运蛋白进入线粒体，在线粒体内苹果酸脱氢酶

（辅酶为 NAD^+）的作用下，脱氢氧化生成草酰乙酸和 $NADH + H^+$，$NADH + H^+$ 进入 NADH 氧化呼吸链，可产生 2.5 分子 ATP。草酰乙酸不能透过线粒体内膜，经谷草转氨酶作用生成天冬氨酸，后者经酸性氨基酸载体运出线粒体再转变成草酰乙酸，继续重复穿梭。此穿梭机制主要存在于肝、肾和心肌中（图 4 – 13）。

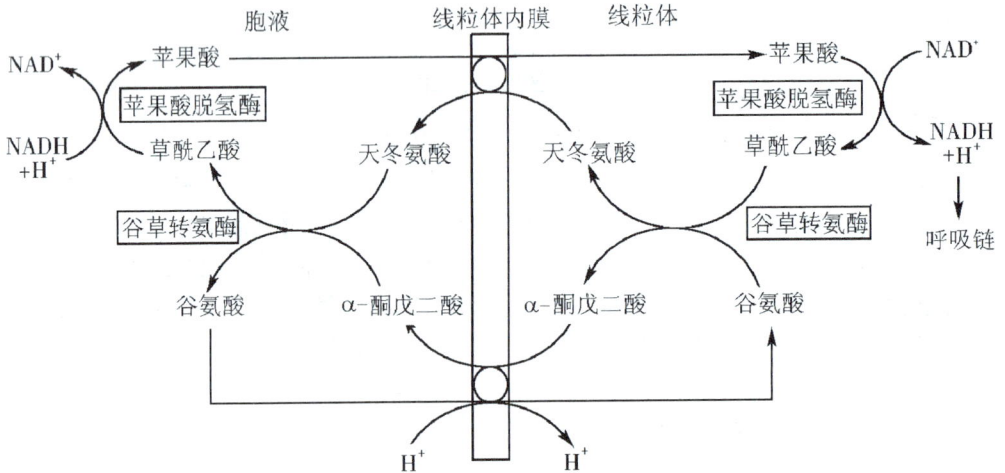

图 4 – 13　苹果酸－天冬氨酸穿梭作用

第二节　其他不生成 ATP 的氧化体系

生物氧化过程主要在细胞的线粒体内进行，但线粒体外也有其他的氧化体系，其中以微粒体和过氧化物酶体最为重要。其特点是水的生成不经过呼吸链电子传递，氧化过程中也不伴有 ADP 的磷酸化，因此不是产生 ATP 的方式。这些氧化体系与体内许多重要生理活性物质的合成以及某些药物和毒物的生物转化有关。

一、氧化酶与需氧脱氢酶

（一）氧化酶

催化底物脱氢并直接使 2H 与氧结合生成水的酶，辅基中含 Cu^{2+}，如呼吸链中的细胞色素 C 氧化酶、抗坏血酸氧化酶等。生成水的过程是：

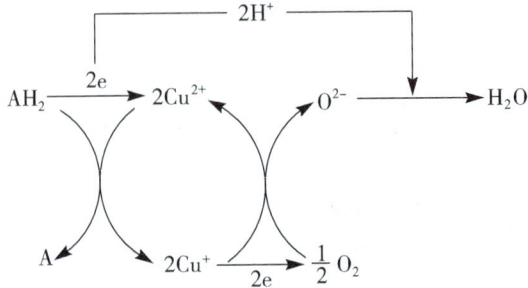

（二）需氧脱氢酶

催化底物脱氢并使 2H 与 O_2 结合生成 H_2O_2 的酶，辅基是 FMN 或 FAD，如氨基酸氧化酶、黄嘌呤氧化酶等。

$$R-\underset{\underset{NH_2}{|}}{\overset{\overset{H}{|}}{C}}-COOH + O_2 + H_2O \xrightarrow{\text{D-氨基酸氧化酶}} R-\underset{\underset{O}{\|}}{C}-COOH + H_2O_2 + NH_3$$

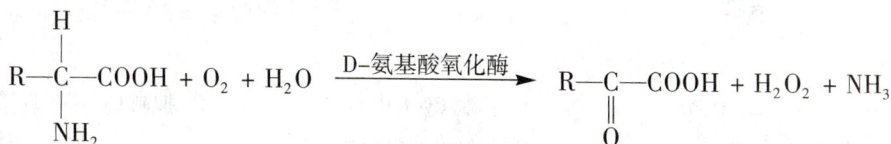

生成的在过氧化氢酶或过氧化物酶催化下分解。

临床上常用白细胞氧化无色联苯胺成蓝色联苯胺蓝的反应做隐血试验以协助诊断。

二、过氧化氢酶与过氧化物酶

过氧化氢有极强的氧化性，可以氧化蛋白分子上的巯基，使以巯基为必需基团的酶蛋白失去活性，使不饱和脂肪酸氧化造成磷脂结构异常，使生物膜受损害而失去正常功能，如红细胞膜易破裂而发生溶血，线粒体氧化磷酸化不能正常进行。所以过氧化氢对人体有毒性。但过氧化氢在一定条件下也具有生理作用，如在中性粒细胞中产生的过氧化氢可消灭吞噬的细菌；在甲状腺细胞内过氧化氢使 I^- 氧化成 I_2，后者能使酪氨酸碘化以合成甲状腺激素。

人体的肝、肾、中性粒细胞及小肠黏膜细胞等的过氧化物酶体含有丰富的过氧化氢酶和过氧化物酶，是细胞内过氧化氢代谢的场所。

（一）过氧化氢酶

过氧化氢酶是一种含铁血红素辅基的结合酶，能催化 H_2O_2 分解为 H_2O 和 O_2，过氧化氢酶的催化效率极高，所以在正常情况下，人体内不会有 H_2O_2 的蓄积。

（二）过氧化物酶

过氧化物酶催化 H_2O_2 分解生成 H_2O 并放出氧原子直接氧化酚类、胺类、抗坏血酸等物质，从而既消除了过氧化氢，又可使体内对人体有害的酚类等化合物易于排出。

三、超氧化物歧化酶

呼吸链电子传递过程可产生反应活性氧类（ROS），包括氧自由基及其活性衍生物。其化学性质活泼，氧化性强，能催化磷脂分子中不饱和脂肪酸氧化生成过氧化脂质。后者可损伤生物膜，与肿瘤、心血管疾病及组织老化等密切相关。超氧化物歧化酶（SOD）是一种体内普遍存在的金属酶，可催化超氧离子（O_2^-）发生歧化反应生成 O_2 和 H_2O_2，生成的 H_2O_2 可继续被过氧化氢酶分解。SOD 是人体防御内、外环境中超氧离子损伤的重要酶。

$$2\,O_2^- + 2H \xrightarrow{\text{SOD}} H_2O_2 + O_2$$

同步训练

一、单项选择题

1. CO 和氰化物中毒致死的原因是（　　）
   A. 抑制 Cyt aa_3 中 Fe^{3+}　　　　B. 抑制 Cyt c 中 Fe^{3+}　　　　C. 抑制 Cyt b 中 Fe^{3+}
   D. 抑制 Cyt c_1 中 Fe^{3+}　　　　E. 抑制血红蛋白中的 Fe^{3+}

2. 体育运动消耗大量 ATP 时，体内会发生下列哪些变化（　　）
   A. ADP 减少，ATP/ADP 比值增大，呼吸加快
   B. ADP 磷酸化，维持 ATP/ADP 比值不变
   C. ADP 增加，ATP/ADP 比值下降，呼吸加快
   D. ADP 减少，ATP/ADP 比值恢复
   E. 以上都不对

3. 甲状腺功能亢进代谢率增高症候群不包括（　　）
   A. 食欲亢进　　　　B. 多汗　　　　C. 低热
   D. 体重增加　　　　E. 腹泻

4. 肌肉或神经组织细胞质内 NADH 进入呼吸链的穿梭作用主要是（　　）
   A. α - 磷酸甘油穿梭　　　　B. 柠檬酸穿梭　　　　C. 肉毒碱穿梭
   D. 丙酮酸穿梭　　　　E. 苹果酸 - 天冬氨酸穿梭

5. Cyt 在呼吸链中的排列顺序是（　　）
   A. $b{\rightarrow}c{\rightarrow}c_1{\rightarrow}aa_3{\rightarrow}O_2$　　　　B. $c{\rightarrow}b_1{\rightarrow}c_1{\rightarrow}aa_3{\rightarrow}O_2$
   C. $b{\rightarrow}c_1{\rightarrow}c{\rightarrow}aa_3{\rightarrow}O_2$　　　　D. $c_1{\rightarrow}c{\rightarrow}b{\rightarrow}aa_3{\rightarrow}O_2$
   E. $c{\rightarrow}c_1{\rightarrow}b{\rightarrow}aa_3{\rightarrow}O_2$

6. 体内生成 ATP 的主要方式是（　　）
   A. 有机酸脱酸　　　　B. 氧化磷酸化　　　　C. 糖酵解
   D. 底物水平磷酸化　　　　E. 糖的有氧氧化

7. 人体活动主要的直接供能物质是（　　）
   A. 脂肪酸　　　　B. 葡萄糖　　　　C. 磷酸肌酸
   D. GTP　　　　E. ATP

8. 经过呼吸链氧化的终产物是（　　）
   A. H_2O　　　　B. H_2O_2　　　　C. CO_2
   D. O_2^-　　　　E. H^+

9. 一般不参与呼吸链的物质是（　　）
   A. Cyt　　　　B. CoQ　　　　C. $FADH_2$
   D. NADH　　　　E. NADPH

二、多项选择题

1. 以下物质属于高能化合物的是（　　）
   A. ATP　　　　B. ADP　　　　C. AMP

D. 乙酰辅酶 A　　　　　　　　E. 磷酸肌酸

2. 生物氧化与一般体外氧化的不同之处有（　　）

　　A. 在 37℃，接近中性的环境中进行

　　B. 在一系列酶催化下进行

　　C. 经递氢、递电子反应逐步进行氧化

　　D. 产生的能量逐步释放

　　E. 释放的部分能量转移到生成的 ATP 高能磷酸键中

3. 在呼吸链中，偶联磷酸化可以发生在下列哪些部位（　　）

　　A. Cyt b—Cyt c　　　　　B. NADH—CoQ　　　　　C. FAD—CoQ

　　D. CoQ—Cyt b　　　　　E. Cyt aa$_3$—O$_2$

4. 非线粒体的生物氧化特点主要是（　　）

　　A. 可产生 O$_2^-$ 自由基

　　B. 主要包括微粒体氧化体系和过氧化物酶体氧化体系

　　C. 参与药物、毒物和代谢物的生物转化

　　D. 仅存在于肝脏

　　E. 不伴有磷酸化

5. 下列物质中哪些是呼吸链抑制剂（　　）

　　A. 一氧化碳　　　　　　B. 氰化物　　　　　　C. 抗霉素 A

　　D. 寡霉素　　　　　　E. 2,4 - 二硝基苯酚

三、填空题

1. 营养物质在生物体内彻底氧化生成 _____ 和 _____，并释放能量的过程称为 _____，又称为 _____ 或 _____。

2. 体内重要的两条呼吸链是 _____ 和 _____，两条呼吸链生成的 ATP 数目分别是 _____ 和 _____。

3. ATP 产生的方式有两种，一种是 _____，另一种是 _____。其中体内生成 ATP 的主要方式是 _____。

4. 氧化磷酸化作用是指代谢物脱下的氢经 _____ 的传递交给 _____ 生成 _____ 的过程与 _____ 磷酸化生成 _____ 的过程相偶联的作用。

5. 生物氧化中 CO$_2$ 的生成是通过有机酸的 _____ 反应而来的，根据脱羧基位置的不同，可分为 _____ 和 _____。

6. 过氧化物酶体中的氧化酶类主要有 _____ 和 _____。

四、问答题

患者，女，55 岁，冬季在家用蜂窝煤炉烤火时紧闭门窗，遂感觉头痛、四肢无力且视物不清，伴有恶心、呕吐，而后发生晕倒。入院时患者口唇黏膜呈樱桃红色，脉快，多汗，神志不清和低热。请问：患者晕倒的原因是什么？应采取什么样的急救措施？

第五章　糖 代 谢

学习目标

1. 掌握糖酵解、有氧氧化的概念和生理意义；磷酸戊糖途径的生理意义；糖原合成、糖原分解及糖异生的概念和生理意义；血糖及血糖的来源和去路。

2. 熟悉糖的生理功能，糖在体内的代谢概况，高血糖和低血糖。

3. 了解糖的消化、吸收。

第一节　概　　述

糖是组成人体的重要成分之一，虽然含量仅占人体干重的2%，但每日进食的糖量远比蛋白质和脂肪多。它的主要功能是氧化功能。一般来说，人体所需能量的60%左

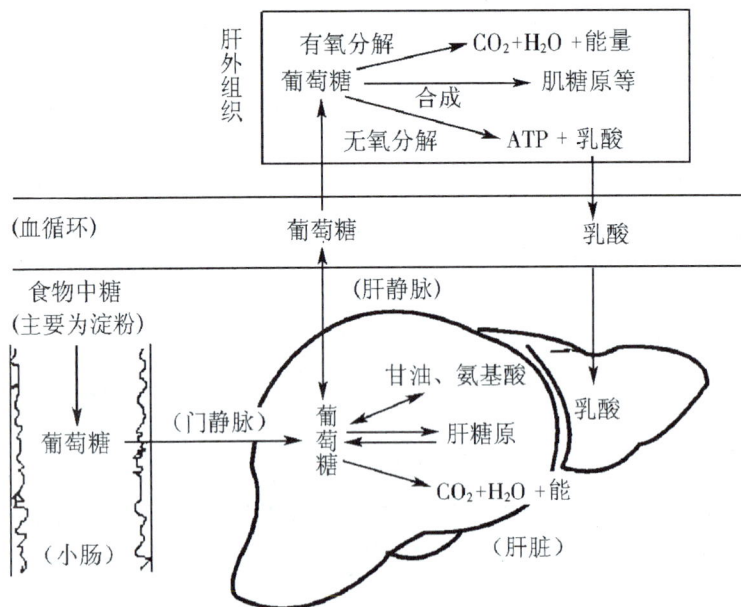

图5-1　糖在体内的动态变化

右是由糖氧化分解提供的。1mol 的葡萄糖在体内完全氧化成水和二氧化碳，可释放 2840kJ 的能量。此外，糖也是组织细胞的组成成分。例如，糖蛋白和糖脂是构成神经组织与细胞膜的成分；蛋白多糖是构成软骨、结缔组织的基质；核糖可构成核酸、核苷酸；体内一些糖蛋白还具有重要的生理功能，如某些酶、免疫球蛋白、受体和激素等。

人类从食物中摄取的糖类主要是淀粉，其次还有少量的蔗糖、麦芽糖、乳糖、果糖、葡萄糖等。多糖和二糖在消化道经各种消化酶作用被水解成单糖，在小肠上部被吸收入血。吸收入体内的单糖主要是葡萄糖，经门静脉入肝，其中一部分在肝内贮存和代谢；另一部分经肝静脉进入体循环，运输到全身各组织器官。上述糖在体内的动态变化如图 5-1 所示。

第二节　糖的分解代谢

糖分解代谢有 3 条途径：糖酵解（anaerobic glycolysis）、有氧氧化（aerobic oxidation）、磷酸戊糖途径（pentose phosphate pathway）。其中以有氧氧化最为主要，在一般生理条件下，糖主要通过有氧氧化途径分解供能。

一、糖酵解

葡萄糖或糖原在无氧或缺氧条件下，分解生成乳酸并释放少量能量的过程称为糖的无氧氧化。由于这一过程与酵母菌使糖生醇发酵的过程基本相似，又称为糖酵解。

（一）糖酵解的反应过程

糖酵解的反应过程全部在细胞液中进行，分为 4 个阶段：

1. 活化阶段　葡萄糖在己糖激酶或葡萄糖激酶（后者主要在肝中存在，有较高的专一性）催化下，消耗 1 分子 ATP 磷酸化生成 6-磷酸葡萄糖。如果从糖原开始，在磷酸化酶催化下生成 1-磷酸葡萄糖，再由磷酸葡萄糖变位酶催化生成 6-磷酸葡萄糖。

6-磷酸葡萄糖在磷酸己糖异构酶催化下，异构成 6-磷酸果糖，再在磷酸果糖激酶作用下，再消耗 1 分子 ATP 磷酸化生成 1,6-二磷酸果糖。上述反应从葡萄糖开始消耗 2 分子 ATP，从糖原开始只消耗 1 分子 ATP。

2. 裂解阶段　1,6-二磷酸果糖经醛缩酶的催化，裂解成 2 分子磷酸丙糖，即 3-磷酸甘油醛和磷酸二羟丙酮，两者互为同分异构体，在磷酸丙糖异构酶催化下，互相转变，由于 3-磷酸甘油醛不断进入下一步反应，所以磷酸二羟丙酮很容易异构为 3-磷酸甘油醛。

3. 氧化产能阶段　3-磷酸甘油醛在 3-磷酸甘油醛脱氢酶催化下，以辅酶 I（NAD$^+$）为受氢体进行脱氢氧化和磷酸化，生成含有高能磷酸键的 1,3-二磷酸甘油酸。这是糖酵解中唯一的氧化反应。1,3-二磷酸甘油酸再经磷酸甘油酸激酶催化，将高能磷酸键转移给 ADP 形成 ATP，本身则转变为 3-磷酸甘油酸。3-磷酸甘油酸在变位酶的催化下，形成 2-磷酸甘油酸，烯醇化酶使 2-磷酸甘油酸脱水，经过一系列分子重排，将普通的磷酸键变成高能磷酸键，生成磷酸烯醇式丙酮酸。后者在丙酮酸激酶催化下，将高能磷酸键转移给 ADP 生成 ATP 和烯醇式丙酮酸，烯醇式丙酮酸可自发转变为丙酮酸。上述将底物分子中的高能磷酸键直接转移给 ADP 使之磷酸化生成 ATP 的产能方式叫底物水平磷酸化。

4. 丙酮酸还原为乳酸　在缺氧情况下，丙酮酸经乳酸脱氢酶的催化还原成乳酸。反应中所需的氢由 3 - 磷酸甘油醛脱氢反应生成的 NADH + H$^+$ 提供。由于乳酸的生成使还原型 NADH + H$^+$ 又重新恢复成氧化型的 NAD$^+$，这样就保证了糖酵解在缺氧条件下不断进行。

己糖激酶、磷酸果糖激酶和丙酮酸激酶是糖酵解的 3 个限速酶，他们催化的反应是不可逆的，调节这 3 个酶活性可影响糖酵解的进行速度和方向。1mol 葡萄糖经糖酵解净生成 2mol ATP，1mol 糖原单位经糖酵解净生成 3mol ATP。

糖酵解过程如图 5 - 2 所示：

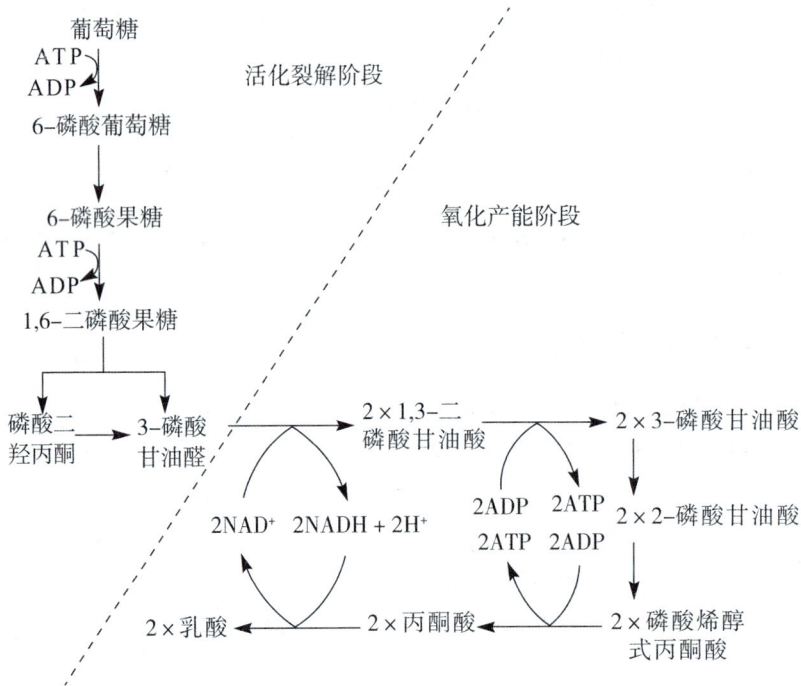

图 5 - 2　糖酵解过程

（二）2,3 - 二磷酸甘油酸（2,3 - DPG）支路

成熟红细胞的代谢特点：成熟红细胞没有线粒体，不能进行有氧氧化，糖酵解是获得能量的唯一途径。红细胞中生成的 ATP 主要用于维持红细胞膜上离子泵（钠泵、钙泵）的正常功能，以保持红细胞膜内外离子平衡，维持细胞膜的可塑性。缺乏 ATP 则红细胞膜内外离子平衡失调，红细胞内 Na$^+$ 进入多于 K$^+$ 排出、Ca^{2+} 进入增多，红细胞因吸入过多水分发生膨胀甚至破裂。同时由于 ATP 缺乏，可使红细胞膜可塑性下降，硬度增高，这样当红细胞流经狭窄的脾窦时，易被阻滞而遭受破坏，造成溶血。糖酵解

生成的 $NADH + H^+$ 是高铁血红蛋白还原酶的辅助因子，该酶可催化高铁血红蛋白还原为有载氧功能的正常血红蛋白。

红细胞酵解时，1,3-二磷酸甘油酸（1,3-DPG）有 15% ~ 50% 在二磷酸甘油酸变位酶催化下生成 2,3-DPG，后者再经 2,3-DPG 磷酸酶催化生成 3-磷酸甘油酸。经此 2,3-DPG 的侧支循环称为 2,3-DPG 支路（图 5-3）。

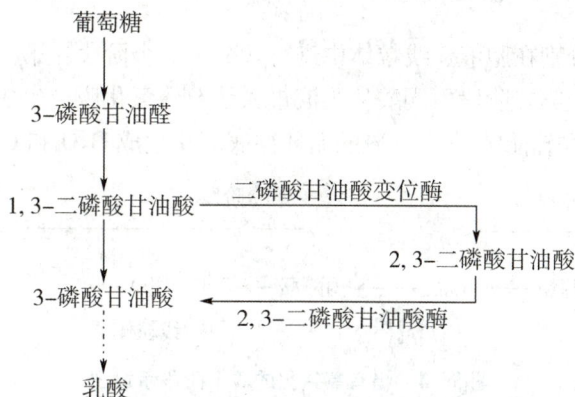

葡萄糖
↓
3-磷酸甘油醛
↓
1,3-二磷酸甘油酸 ————二磷酸甘油酸变位酶————
2,3-二磷酸甘油酸
3-磷酸甘油酸 ←———2,3-二磷酸甘油酸酶———
┊
乳酸

图 5-3 2,3-二磷酸甘油酸（2,3-DPG）支路

形成的 2,3-DPG，可以降低血红蛋白与氧气的亲和力，从而提高供氧能力。贫血、肺气肿或由平原到高原的人，可以通过红细胞中 2,3-DPG 浓度的改变来调节组织获氧量。正常情况下，由于 2,3-DPG 磷酸酶活性较低，因此 2,3-DPG 的生成大于分解，所以红细胞内 2,3-DPG 含量较高，可达 4mmol/L，2,3-DPG 主要作用是调节血红蛋白的运氧功能。当血液流经氧分压（PO_2）高的肺部时，2,3-DPG 影响不大。当流经 PO_2 较低的组织时，2,3-DPG 降低红细胞对氧的亲和力，释放 O_2，供组织需求。所以说，2,3-DPG 具有重要生理意义。但 2,3-DPG 的生成是以减少 1 个 ATP 的生成为代价的。

（三）糖酵解的生理意义

1. 糖酵解是机体在缺氧条件下迅速获得能量的有效方式，且可供机体急需。例如在剧烈运动时，虽然呼吸循环加快，但骨骼肌仍处于缺氧状态，糖酵解加强可迅速补充运动所需的能量。在某些病理情况下（如休克、呼吸循环功能障碍、大量失血、严重贫血）或从平原进入高原，由于机体缺氧，糖酵解作用加强。若糖酵解过度可导致乳酸堆积，发生酸中毒。临床上抢救患者时，要注意纠正酸中毒。

2. 有些组织细胞（如肿瘤细胞、睾丸、视网膜、皮肤等）即便供氧充足，也主要靠糖酵解获得能量。

3. 成熟红细胞无线粒体，则仅靠糖酵解获得能量。糖酵解的中间产物 2,3-二磷酸甘油酸（2,3-DPG）能特异地与脱氧血红蛋白结合，降低血红蛋白对氧的亲和力，促使氧合血红蛋白释放氧，特别是在缺氧条件下，能适应组织对氧的需要。例如严重阻塞性肺气肿患者，红细胞内 2,3-DPG 的浓度可代偿性增加，有利于组织获得更多的氧。

二、糖的有氧氧化

葡萄糖或糖原在有氧条件下彻底氧化生成二氧化碳和水并释放大量能量的过程称为糖的有氧氧化。它是体内糖分解供能的主要途径。

(一) 糖的有氧氧化反应过程

糖的有氧氧化分别在胞液、线粒体中进行。分为 3 个阶段：第一阶段在胞液中葡萄糖氧化生成丙酮酸；第二阶段丙酮酸从胞液进入线粒体氧化脱羧生成乙酰辅酶 A（乙酰 CoA）；第三阶段乙酰辅酶 A 进入三羧酸循环彻底氧化生成 H_2O 和 CO_2（图 5–4）。

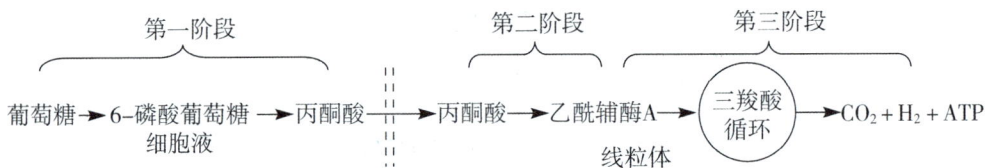

图 5–4　糖有氧氧化的 3 个阶段示意图

1. 丙酮酸的生成　葡萄糖或糖原经糖酵解分解生成丙酮酸，这一过程与糖酵解过程基本相同，但是在有氧条件下，生成的 NADH + H^+ 不参与丙酮酸还原为乳酸的反应，而是进入线粒体通过呼吸链将氢传递给氧生成水和 ATP。

2. 丙酮酸氧化脱羧生成乙酰辅酶 A　丙酮酸进入线粒体后，受丙酮酸脱氢酶复合体催化，脱氢脱羧，并与辅酶 A 结合生成乙酰辅酶 A，反应不可逆。

多酶复合体包括丙酮酸脱氢酶（辅酶是 TPP）；二氢硫辛酸乙酰转移酶（辅酶是硫辛酸和辅酶 A）；二氢硫辛酸脱氢酶（含有辅基 FAD 和辅酶 NAD^+）。三者组成一个有一定构型的复合体，使酶的催化效率和调节能力显著提高。在多酶复合体中，TPP 是维生素 B_1 的衍生物，HSCoA 含有泛酸，FAD 含有维生素 B_2 及 NAD^+ 含有尼克酰胺。体内这些维生素缺乏，影响丙酮酸的氧化脱羧，进而使糖代谢受阻，导致体内能量不足。如维生素 B_1 缺乏，体内 TPP 不足，丙酮酸氧化脱羧受阻，丙酮酸及乳酸堆积，则发生多发性神经炎。

3. 乙酰 CoA 彻底氧化　循环从草酰乙酸开始，草酰乙酸加上乙酰 CoA 缩合生成含 3 个羧基的柠檬酸，故称三羧酸循环，又称柠檬酸循环。经过一系列的脱氢和脱羧反应后，又重新生成草酰乙酸构成一个循环。每一次循环的目的是把乙酰基上的 2 个碳原子彻底氧化成 2 分子的 CO_2。三羧酸循环的全过程如图 5–5 所示。

（1）在柠檬酸合成酶催化下，2 碳的乙酰 CoA 与 4 碳的草酰乙酸缩合生成 6 碳的含 3 个羧基的柠檬酸。这是一个需能的不可逆反应。反应所需能量来自乙酰 CoA 的高能硫酯键。

（2）柠檬酸在顺乌头酸酶作用下，先脱水再加水，异构生成 6 碳 3 羧酸的异柠

$2\times$乙酰CoA　2HSCoA
$+H_2O$

$2\times COOH$
|
$C=O$
|
CH_2
|
$COOH$
　$2\times$草酰乙酸

柠檬酸合成酶
（1）

$2\times CH_2-COOH$
|
$HO-C-COOH$
|
CH_2-COOH
　$2\times$柠檬酸

$-2\times 2H$

（8）

$2\times HO-CH-COOH$
|
CH_2-COOH
　$2\times$苹果酸

（7）
$+2\times H_2O$

$-H_2O$
$+H_2O$
（2）

$2\times CH_2-COOH$
|
$H-C-COOH$
|
$HO-CH_2-COOH$
　$2\times$异柠檬酸

异柠檬酸脱氢酶
$-2CO_2$
$-2\times 2H$
（3）

$2\times CH-COOH$
||
$CH-COOH$
　$2\times$延胡索酸

$2\times CH_2-COOH$
|
CH_2
|
$O=C-COOH$
　$2\times \alpha$-酮戊二酸

（6）
$-2\times 2H$

$2\times COOH$
|
CH_2
|
CH_2
|
$COOH$
　$2\times$琥珀酸

（5）
琥珀酸硫激酶
Ⓟ OH

$2HSCoA$　$2GDP+2Pi$
$2GTP$

脱氢酶
$-2CO_2$
$-2\times 2H$
$+2HSCoA$
（4）

$2\times COOH$
|
CH_2
|
CH_2
|
$O=C\sim SCoA$
　$2\times$琥珀酰CoA

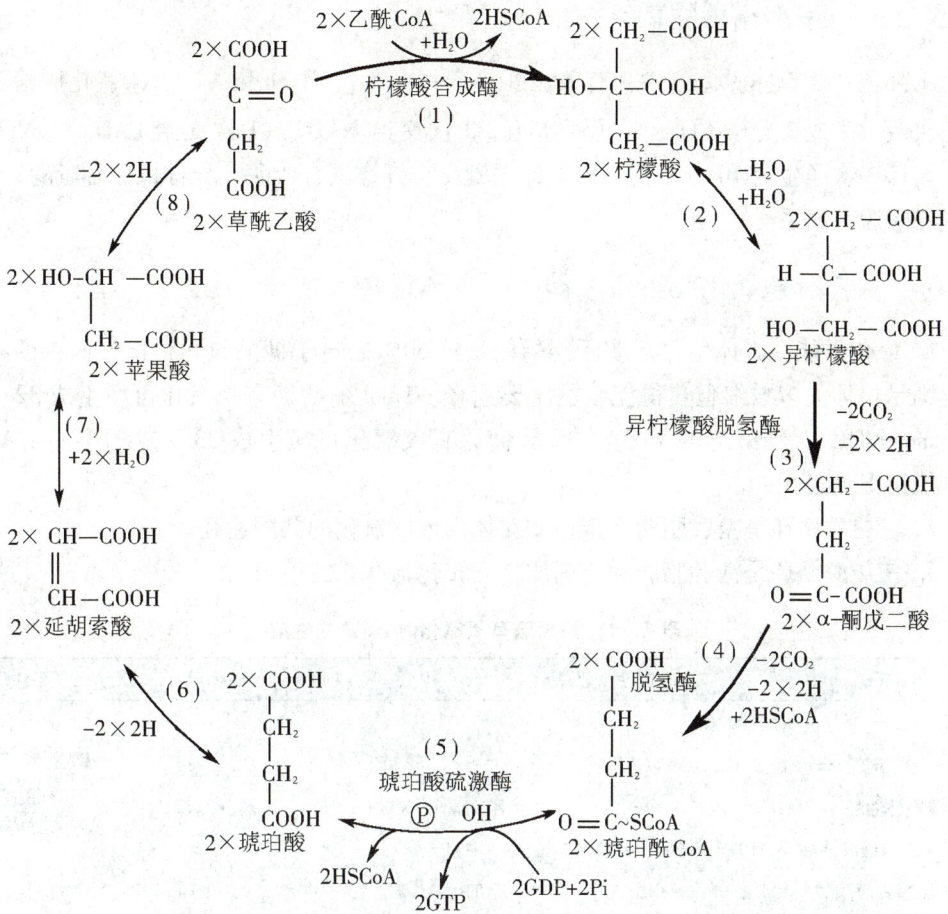

图 5-5　三羧酸循环

檬酸。

（3）从异柠檬酸开始，在异柠檬酸脱氢酶的催化下，脱氢脱羧生成5碳2羧酸的 α-酮戊二酸和 CO_2。此反应在生理条件下为不可逆反应。

（4）α-酮戊二酸在 α-酮戊二酸脱氢酶复合体的催化下，再次脱氢脱羧生成4碳的琥珀酰CoA和 CO_2。这一反应与丙酮酸氧化脱羧反应相同，也是不可逆反应。至此，乙酰基上的2个碳原子被氧化成2分子的 CO_2 的任务完成。从琥珀酰CoA开始重新生成草酰乙酸构成一个循环。

（5）琥珀酰CoA在琥珀酸硫激酶的催化下，生成琥珀酸和GTP，GTP除可直接利用外，也可将高能磷酸键转移给ADP生成ATP。

（6）琥珀酸在琥珀酸脱氢酶催化下脱氢生成延胡索酸。

（7）延胡索酸在延胡索酸酶的催化下加水生成苹果酸。

（8）苹果酸在苹果酸脱氢酶催化下脱氢重新生成草酰乙酸，参与下一次循环。

（二）三羧酸循环的特点

①部位：线粒体。②条件：有氧。③终产物：CO_2、H_2O 和 ATP。④氧化脱羧：脱了 2 次羧，生成 2 分子 CO_2；脱了 4 次氢，3 次交给 NAD^+，1 次交给 FAD。⑤ATP 生成：循环一次净生成 10 分子的 ATP。⑥关键酶：柠檬酸合成酶、异柠檬酸脱氢酶、α - 酮戊二酸脱氢酶系。

（三）糖有氧氧化及三羧酸循环的生理意义

1. 氧化供能：人体生命活动所需的能量约 60% 来自于糖的氧化供能，而糖的有氧氧化则是机体大多数细胞获得能量的主要途径。1mol 葡萄糖有氧氧化可净生成 32（或 30）mol ATP，是糖酵解的 16 倍。1mol 糖原有氧氧化可净生成 33（或 31）mol ATP。其产能情况见表 5 - 1。

2. 三羧酸循环是糖、脂肪和蛋白质在体内彻底氧化的共同途径。

3. 三羧酸循环是糖、脂肪和蛋白质相互转化与联系的枢纽。

表 5 - 1　葡萄糖有氧氧化时 ATP 的生成

反 应 过 程	生成 ATP 数	备注
葡萄糖 ⟶ 6 - 磷酸葡萄糖	-1	每分子葡萄糖生成 2 分子磷酸丙糖，故以下都 ×2
6 - 磷酸葡萄糖 ⟶ 1,6 - 二磷酸葡萄糖	-1	
3 - 磷酸甘油醛 + NAD^+ + Pi ⟶ 1,3 - 二磷酸甘油酸 + $NADH + H^+$	2×2.5	
1,3 - 二磷酸甘油酸 + ADP ⟶ 3 - 磷酸甘油酸 + ATP	2×1	
磷酸烯醇式丙酮酸 + ADP ⟶ 烯醇式丙酮酸 + ATP	2×1	
丙酮酸 + NAD^+ ⟶ 乙酰辅酶 A + $NADH + H^+$	2×2.5	
异柠檬酸 + NAD^+ ⟶ α - 酮戊二酸 + $NADH + H^+$	2×2.5	
α - 酮戊二酸 + NAD^+ ⟶ 琥珀酰辅酶 A + $NADH + H^+$	2×2.5	
琥珀酰辅酶 A + ADP + Pi ⟶ 琥珀酸 + ATP	2×1	
琥珀酸 + FAD ⟶ 延胡索酸 + $FADH_2$	2×1.5	
苹果酸 + NAD^+ ⟶ 草酰乙酸 + $NADH + H^+$	2×2.5	
总计	32	

三、磷酸戊糖途径

糖酵解与有氧氧化是生物体内糖分解代谢的主要途径，但在肝、脂肪组织、红细胞、泌乳期乳腺、肾上腺皮质、性腺等组织细胞液中尚有磷酸戊糖途径。

（一）反应过程

1. 第一阶段（图 5 - 6）　磷酸戊糖途径的起始物是 6 - 磷酸葡萄糖，它在 6 - 磷酸葡萄糖脱氢酶（辅酶为 $NADP^+$）作用下，氧化生成 6 - 磷酸葡萄糖酸，后者再经 6 - 磷酸葡萄糖酸脱氢酶（辅酶为 $NADP^+$）催化脱氢并脱羧生成 5 - 磷酸核酮糖。这一阶段包括 2 次脱氢和 1 次脱羧，1 分子葡萄糖转变为 1 分子 5 - 磷酸核酮糖，生成 2 分子 $NADPH + H^+$ 和 1 分子 CO_2。

5 - 磷酸核酮糖在异构酶的催化下，转化成 5 - 磷酸木酮糖及 5 - 磷酸核糖。

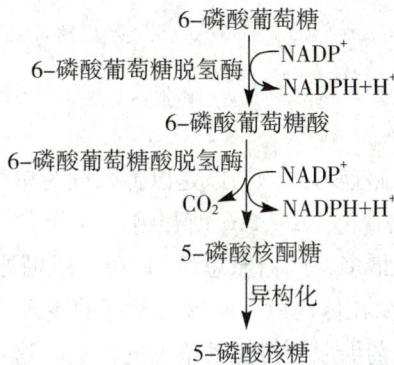

6-磷酸葡萄糖
　　6-磷酸葡萄糖脱氢酶 $\begin{array}{c}NADP^+\\ \searrow NADPH+H^+\end{array}$
6-磷酸葡萄糖酸
　　6-磷酸葡萄糖酸脱氢酶 $\begin{array}{c}NADP^+\\ CO_2 \searrow NADPH+H^+\end{array}$
5-磷酸核酮糖
　　异构化
5-磷酸核糖

图 5 - 6　磷酸戊糖途径第一阶段反应过程

2. 第二阶段　分子重排，超过核酸生物合成需要的 5 - 磷酸核糖经过一系列的转酮基及转醛基的反应，最终生成 6 - 磷酸果糖及 3 - 磷酸甘油醛进入糖酵解途径继续氧化。

磷酸戊糖途径与糖酵解及糖的有氧氧化的相互联系概括如图 5 - 7。

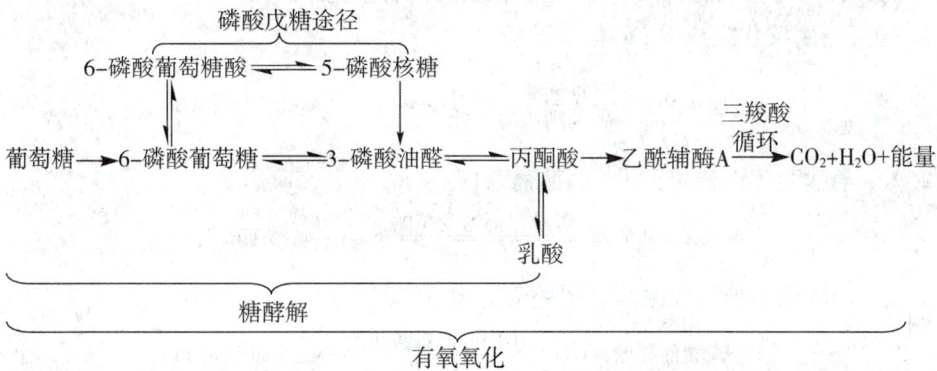

磷酸戊糖途径
6-磷酸葡萄糖酸 ⇌ 5-磷酸核糖
葡萄糖→6-磷酸葡萄糖→3-磷酸油醛→丙酮酸→乙酰辅酶A →三羧酸循环→ CO_2+H_2O+能量
乳酸
糖酵解
有氧氧化

图 5 - 7　磷酸戊糖途径与糖酵解及糖的有氧氧化的相互联系

（二）磷酸戊糖途径生理意义

1. 生成 5 - 磷酸核糖　5 - 磷酸核糖是体内合成核苷酸及核酸的原料。由于核酸参与蛋白质的合成，因此凡是损伤后修补再生作用强烈的组织，磷酸戊糖途径往往进行得比较活跃。体内的核糖并不依靠从食物中获取，而是源于磷酸戊糖途径生成。

2. 生成 $NADPH + H^+$　$NADPH + H^+$ 的主要生理作用有：①脂肪酸、胆固醇等物质的合成需要 $NADPH + H^+$ 作为供氢体，因而在脂类及类固醇合成旺盛的组织中，磷酸戊糖途径活跃。②$NADPH + H^+$ 是谷胱甘肽还原酶的辅酶，这对于维持细胞中还原型谷胱甘肽（G - SH）的正常含量具有重要作用。G - SH 可以与氧化剂如 H_2O_2 起反应，从而保护含巯基酶和膜蛋白免受氧化剂的损害，对维持红细胞膜完整性有重要作用。遗传性6－磷酸葡萄糖脱氢酶缺乏的患者，不能产生足够的 $NADPH + H^+$，$G - SH$ 含量减少，在某些因素（食入蚕豆或服用某些抗疟药）诱发下，患者红细胞很容易破裂而发生溶血，并可发生溶血性黄疸。他们常在吃蚕豆后发病，故称为蚕豆病。③ $NADPH + H^+$ 参与肝内的生物转化反应。

第三节　糖原的合成与分解

糖原是葡萄糖在体内的储存形式。糖原是以葡萄糖为单位聚合成有分支结构的大分子多糖，$\alpha - 1,4$ 糖苷键构成直链，$\alpha - 1,6$ 糖苷键形成分支。体内多数组织细胞都含有糖原，其中肝和肌肉中含量最多，肝糖原总量约 70g，肌糖原总量约 250g，脑组织中糖原含量最少，只有 0.1%。糖在体内以糖原形式贮存的生理意义在于：当血糖浓度降低时，肝糖原能直接分解为葡萄糖以维持血糖浓度的恒定，这对依赖葡萄糖为能源的大脑和红细胞尤为重要；肌糖原主要供肌肉收缩时能量的需要。

一、糖原的合成

葡萄糖可在肝、肌肉等组织中合成糖原。由单糖（葡萄糖、果糖、半乳糖等）合成糖原的过程称为糖原的合成。葡萄糖合成糖原的过程如下：

1. 葡萄糖磷酸化生成 6－磷酸葡萄糖

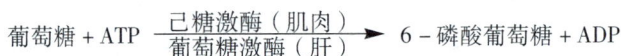

$$葡萄糖 + ATP \xrightarrow[葡萄糖激酶（肝）]{己糖激酶（肌肉）} 6－磷酸葡萄糖 + ADP$$

2. 6－磷酸葡萄糖转变为 1－磷酸葡萄糖

$$6－磷酸葡萄糖 \xrightarrow{磷酸葡萄糖变位酶} 1－磷酸葡萄糖$$

3. 1－磷酸葡萄糖生成尿苷二磷酸葡萄糖（UDPG）

$$1－磷酸葡萄糖 + UTP \xrightarrow{UDPG焦磷酸化酶} UDPG + PPi$$

4. 从 UDPG 合成糖原　糖原合成时需要体内原有的糖原分子作引物，在糖原合成酶催化下，将 UDPG 中的葡萄糖转移至糖原引物上，新加入的葡萄糖残基以 1,4－糖苷键和糖原引物连接，每反应一次，糖原引物即增加一个葡萄糖单位。

$$UDPG + 糖原（Gn）\xrightarrow{糖原合成酶} 糖原（Gn+1）+ UDP$$

其中，（Gn）表示糖原引物中葡萄糖数目。

糖原合成酶只能延长糖链，不能形成分支。当糖链延长至 12～18 个葡萄糖残基时，分支酶就将链长约 7 个葡萄糖残基的糖链转移至邻近糖链上以 $\alpha - 1,6$－糖苷键连接，从而形成糖原的分支。多分支的形成不仅增加糖原的水溶性，有利于储存，更重要的是增加非还原端数目，有利于磷酸化酶分解糖原。

从葡萄糖合成糖原是一个耗能的过程，每增加 1 个葡萄糖单位，需消耗 2 分子 ATP。

二、糖原的分解

糖原分解为葡萄糖的过程称为糖原分解。糖原分解并不是糖原合成的逆过程。其反应过程如下：

1. 糖原分解为 1 – 磷酸葡萄糖　磷酸化酶作用于 α – 1,4 – 糖苷键，脱支酶作用于 α – 1,6 – 糖苷键，在两种酶的作用下，糖原分子逐渐缩小，分支不断减少，糖原分解为 1 – 磷酸葡萄糖和少量自由葡萄糖。

$$糖原（Gn）+ H_3PO_4 \xrightarrow{\text{磷酸化酶}} 糖原（Gn-1）+ 1 – 磷酸葡萄糖$$

2. 1 – 磷酸葡萄糖转变为 6 – 磷酸葡萄糖　在变位酶作用下，1 – 磷酸葡萄糖生成 6 – 磷酸葡萄糖。

3. 6 – 磷酸葡萄糖水解为葡萄糖

$$6 – 磷酸葡萄糖 + H_2O \xrightarrow{\text{葡萄糖-6-磷酸酶}} 葡萄糖 + H_3PO_4$$

葡萄糖 – 6 – 磷酸酶只存在于肝和肾中，肌肉中无此酶，故肝糖原可直接分解为葡萄糖补充血糖，而肌糖原不能直接分解为葡萄糖，只能通过酵解生成乳酸经血液到肝，再经糖异生作用合成葡萄糖或肝糖原。糖原合成与分解全过程如图 5 – 8。

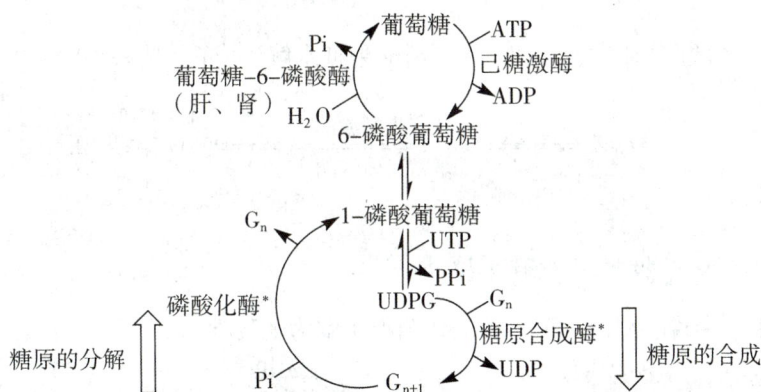

图 5 – 8　糖原合成与分解

第四节　糖异生

由非糖物质（乳酸、丙酮酸、甘油和生糖氨基酸等）转变为葡萄糖或糖原的过程称为糖异生作用。在生理情况下，空腹时肝是糖异生的主要器官，长期饥饿和酸中毒时，肾脏也成为糖异生的重要器官。

一、糖异生途径

糖异生途径基本上是糖酵解途径的逆过程。但是，在糖酵解途径中有三步反应是不可逆的，所以糖异生途径必须通过另外的酶催化生成葡萄糖或糖原。

（一）丙酮酸羧化支路

丙酮酸在丙酮酸羧化酶的催化下生成草酰乙酸，再由磷酸烯醇式丙酮酸羧激酶催化生成磷酸烯醇式丙酮酸（图 5 - 9）。

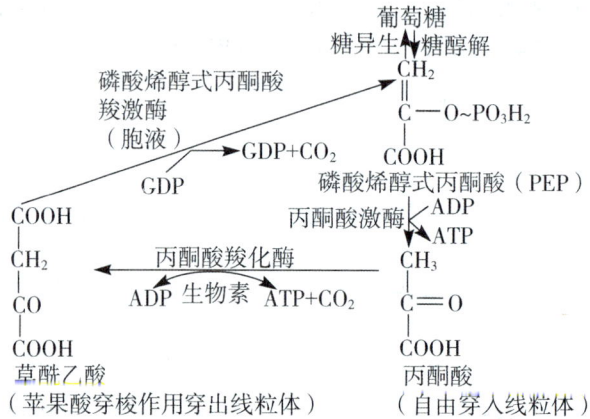

图 5 - 9　丙酮酸羧化支路

（二）1,6 - 二磷酸果糖转变为 6 - 磷酸果糖

在果糖二磷酸酶的催化下，1,6 - 二磷酸果糖水解生成 6 - 磷酸果糖。

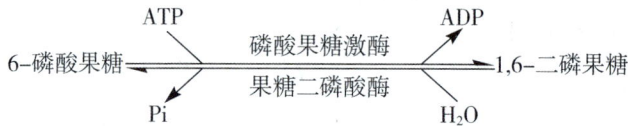

（三）6 - 磷酸葡萄糖水解生成葡萄糖

在葡萄糖 6 - 磷酸酶催化下，磷酸葡萄糖水解为葡萄糖。

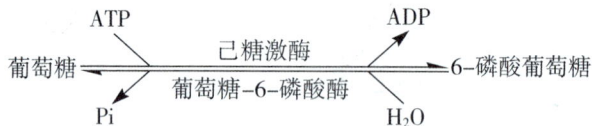

二、糖异生的生理意义

1. 维持空腹和饥饿时血糖浓度的相对恒定。在禁食时，靠肝糖原分解产生的葡萄糖仅能维持 8~12 小时（即被全部耗净），此时机体主要靠糖异生来维持血糖浓度的相对恒定，这对保证脑等重要组织器官的正常功能有重要意义。

2. 有利于乳酸的利用，肌肉剧烈运动时，产生大量乳酸进入肝脏异生成糖，防止酸中毒。

第五节 血 糖

血液中的葡萄糖称为血糖。全身各组织都需利用糖作为能源，但脑与红细胞中很少糖原贮存，必须由血糖随时供应，血糖浓度下降时会严重妨碍这些组织的代谢而影响其功能。因此，保持血糖浓度相对恒定具有重要意义。

正常人空腹血糖浓度为 3.9~6.1mmol/L（70~110mg/dl）。24 小时内略有波动，如餐后由于大量葡萄糖被吸收，血糖浓度暂时升高，约 2 小时后即可恢复正常。正常人短时间内不进食，血糖可稍降低，但由于糖原分解和糖异生作用的不断进行，血糖仍维持在正常水平。血糖浓度的恒定主要是由血糖的来源和去路两方面的动态平衡决定的。

一、血糖的来源和去路

1. 血糖的来源 ①食物中消化吸收的葡萄糖，这是血糖的主要来源。②肝糖原分解。③非糖物质转变成糖。

2. 血糖的去路 ①氧化分解供能，这是血糖的主要去路。②合成肝糖原和肌糖原。③转变为非糖物质，如非必需氨基酸、脂肪、核糖等。

血糖浓度正常时，肾小管细胞能将原尿中的葡萄糖几乎全部重吸收入血。当血糖浓度超过 8.8~9.9mmol/L 时，超过肾小管重吸收能力，出现糖尿，此血糖值称为肾糖阈。血糖的来源和去路如图 5-10。

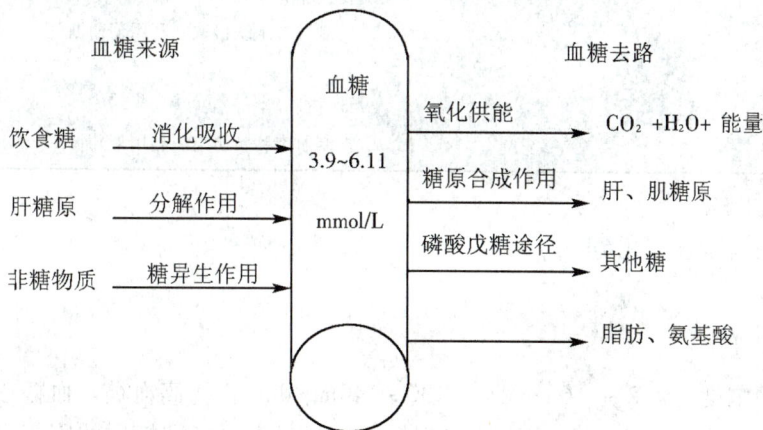

图 5-10 血糖的来源和去路

二、血糖浓度的调节

（一）器官的调节

肝是调节血糖的主要器官。当餐后血糖浓度升高时，肝糖原合成加强，调节血糖浓度不致过度增高；空腹时血糖浓度降低，肝糖原分解加强，葡萄糖进入血液补充血糖；饥饿时，肝糖原几乎被耗尽，肝中糖异生作用加强；长期饥饿时，肾的异生作用也加强，以维持血糖浓度的恒定。

（二）激素的调节

调节血糖浓度的激素很多，使血糖浓度降低的激素是胰岛素，使血糖浓度升高的激素是肾上腺素、胰高血糖素、糖皮质激素和生长素。这两类激素的作用相互对立，相互制约。当血糖浓度低于正常时，一方面通过交感神经兴奋，肾上腺素分泌增加，使血糖浓度升高；另一方面，低血糖本身又可刺激胰岛 α 细胞分泌胰高血糖素，结果血糖升高。当血糖浓度升高时，高血糖可直接刺激胰岛 β 细胞分泌胰岛素，使血糖降低。各种激素调节糖代谢的机制见表 5 - 2。

表 5 - 2　激素对血糖浓度的调节机制

降低血糖的激素	升高血糖的激素
胰岛素	胰高血糖素
1. 促进血中葡萄糖进入组织细胞内	1. 促进肝糖原分解，抑制肝糖原合成
2. 促进糖的有氧氧化	2. 促进糖异生
3. 促进糖原合成，抑制糖原分解	3. 促进脂肪动员
4. 抑制糖异生作用	肾上腺素
5. 抑制脂肪动员	1. 促进肝糖原、肌糖原分解
6. 促进糖转变成脂肪	2. 促进糖异生
	糖皮质激素
	1. 促进糖异生
	2. 抑制肝外组织摄取和利用葡萄糖
	生长素
	1. 促进糖异生
	2. 抑制肌肉和脂肪组织利用葡萄糖

三、高血糖和低血糖

（一）高血糖

空腹血糖浓度为 7.2 ~ 7.6mmol/L（130 ~ 140mg/dl）称为高血糖。血糖浓度超过肾糖阈时（8.8mmol/L）（160mg/dl）则出现糖尿。引起高血糖和糖尿的因素很多，正常人偶尔也可出现糖尿。例如，在进食大量糖以后，由于血糖浓度大幅度升高，可出现一时性糖尿，称为饮食性糖尿；情绪激动时，由于交感神经兴奋，肾上腺素分泌增加，加速肝糖原分解，引起糖尿，称为情感性糖尿；临床上静脉点滴葡萄糖速度过快，也会引起高血糖及糖尿。这些都属于生理性高血糖及糖尿，是暂时的，而且空腹血糖浓度正常。

病理性高血糖及糖尿多见于糖尿病。胰岛 β 细胞功能障碍，胰岛素的分泌不足，糖不能正常地被细胞摄取和利用，导致血糖升高，出现糖尿。由于糖氧化供能障碍，细胞内能量供应不足，患者有饥饿感，想吃，结果多吃导致血糖升高，血浆晶体渗透压升高，导致患者口渴、多饮。由于机体不能从糖获得能量，于是脂肪动员加强，酮体生成增多，严重时出现酮症酸中毒。蛋白质分解代谢增多，导致体重减轻和抵抗力降低。临床上患者表现三多一少症状：多食、多饮、多尿和体重减少。

（二）低血糖

血糖浓度为 3.3 ~ 3.9mmol/L（60 ~ 70mg/dl）称为低血糖。低血糖时，可表现为头晕、心悸、出冷汗、饥饿感等症状。当血糖浓度低于 2.5mmol/L（45mg/dl）时，可发生低血糖昏迷。此时，只需给患者输入葡萄糖溶液，症状即缓解。引起低血糖的因素很多，例如饥饿时间过长、持续地剧烈活动、使用胰岛素过量等，都可引起低血糖。

病理性低血糖发生于胰岛 β 细胞增生或肿瘤等，导致胰岛素分泌过多；垂体前叶或肾上腺皮质功能减退，使生长素、糖皮质激素分泌不足；严重肝脏疾病，肝糖原储存及糖异生作用降低，肝不能有效地调节血糖。

同步训练

一、单项选择题

1. 糖酵解的终产物是（　　）
　　A. 甘油　　　　　　　　　B. 丙酮酸　　　　　　　C. 乳酸
　　D. 生糖氨基酸　　　　　　E. $CO_2 + H_2O$
2. 肌糖原不能直接分解成葡萄糖，是因为肌肉中缺乏（　　）
　　A. 6 - 磷酸葡萄糖脱氢酶　　B. 葡萄糖 - 6 - 磷酸酶　　C. 磷酸化酶
　　D. 糖原合成酶　　　　　　E. 丙酮酸激酶
3. 1mol 葡萄糖有氧氧化净生成多少 mol ATP（　　）
　　A. 2　　　　　　　　　　B. 3　　　　　　　　　　C. 10
　　D. 32　　　　　　　　　　E. 39
4. 糖有氧氧化的主要生理意义是（　　）
　　A. 是机体在缺氧条件下迅速获得能量以供急需的有效方式
　　B. 是成熟红细胞获得能量的主要方式
　　C. 为合成核酸提供磷酸核糖
　　D. 糖氧化供能的主要途径
　　E. 与药物、毒物、某些激素的生物转化有关

二、多项选择题

1. 影响血糖浓度的因素有（　　）
　　A. 肝的功能　　　　　　　B. 胰岛素　　　　　　　C. 肾上腺素
　　D. 胰高血糖素　　　　　　E. 糖皮质激素
2. 糖异生作用的原料有（　　）
　　A. 甘油　　　　　　　　　B. 丙酮　　　　　　　　C. 乳酸

    D. 丙酮酸   E. 生糖氨基酸

3. 糖分解代谢的途径有（   ）

    A. 糖酵解   B. 糖异生作用   C. 有氧化

    D. 磷酸戊糖途径   E. 糖原的合成

4. 血糖来源于（   ）

    A. 食物中糖   B. 糖异生   C. 肝糖原分解

    D. 磷酸戊糖途径   E. 脂肪

三、填空题

1. 糖分解代谢的途径有_____、_____、_____。

2. 正常情况下，空腹血糖浓度为_____ mmol/L，血糖的来源有_____、_____、_____，糖的正常去路有_____、_____、_____，异常去路是_____。

3. 糖尿病患者由于体内_____相对或绝对不足，引起_____性_____血糖，甚至出现_____。

4. 磷酸戊糖途径的重要意义在于生成重要的_____和_____。体内缺乏6 - 磷酸葡萄脱氢酶，会得_____病。

四、问答题

1. 剧烈运动后，肌肉为什么会有酸痛感？

2. 临床上抢救休克、呼吸障碍、心血管功能衰竭等情况的患者时，要注意什么？

3. 肝脏是如何调节血糖浓度的？

4. 红细胞糖酵解过程中生成的 2,3 - DPG 有何生理意义？

第六章　脂类代谢

　　1. 掌握脂肪动员的概念、脂肪酸β－氧化的特点；酮体的概念、代谢特点和生理意义；胆固醇的转化与排泄；血浆脂蛋白的分类和生理功能。

　　2. 熟悉脂类的生理功能；甘油的代谢过程；甘油三酯的合成代谢；磷脂的组成及生理功能；胆固醇的生物合成；血脂的组成与含量。

　　3. 了解脂类的消化吸收与分布；甘油磷脂的代谢；高脂血症。

　　脂类又称脂质，包括脂肪和类脂。脂肪即三酰甘油（triglyceride，TG），又称为甘油三酯，是由一分子甘油和三分子脂肪酸脱水缩合而成的酯。类脂包括磷脂（PL）、糖脂（GL）、胆固醇（Ch）及胆固醇酯（CE）。脂类物质都难溶于水而易溶于有机溶剂，是生物体的重要组成成分。

第一节　概　　述

一、脂类的消化吸收与分布

（一）脂类的消化吸收

　　脂类物质主要在小肠消化和吸收。小肠上段是脂类消化的主要场所，脂类的消化需要胆汁酸盐参与。膳食中的脂类主要是甘油三酯，此外含有少量磷脂、胆固醇等。进入肠道的胆汁富含胆汁酸盐，胆汁酸盐是较强的乳化剂，可使脂类乳化为细小微粒，使消化酶接触脂类物质的面积增加，便于消化酶的消化。胰液中有胰脂酶、辅脂酶、磷脂酶及胆固醇酯酶等消化酶，可水解相应的脂类物质生成甘油、甘油一酯、溶血磷脂、胆固醇、脂肪酸及不完全水解产物。

　　脂类的消化产物主要在十二指肠下段及空肠上段吸收。这些水解产物与胆汁酸盐形成更小的混合微团，被肠黏膜细胞吸收。吸收的甘油及短、中链脂肪酸（2～10 个 C）经门静脉进入血循环；长链脂肪酸（12～26 个 C）在小肠黏膜上皮细胞内再合成为脂肪，并与磷脂、胆固醇及载脂蛋白结合成乳糜微粒，进入淋巴循环，最终汇入静脉。

（二）脂类的分布

人体内的脂肪主要储存于脂肪组织，分布于皮下、大网膜、肠系膜、肾脏周围等部位。储存脂肪的部位称为脂库，成年男子的脂肪含量占体重的 10% ~20%，女子稍高。人体内脂肪含量常受营养状况、机体活动量等因素的影响而有较大变化，故脂肪又称为可变脂。不同个体间脂肪含量有较大差异，同一个体的不同时期也可明显不同。

类脂是生物膜组成的基本成分，分布于各组织中，不同组织类脂的含量不同，以神经组织最多。人体内类脂含量约占体重的 5%，含量比较固定，不易受营养状况、机体活动的影响，故类脂又称为固定脂或基本脂。

二、脂类的生理功能

（一）脂肪的生理功能

1. 储能与供能 脂肪在体内最重要的生理功能是储能和供能。脂肪组织储存的脂肪能满足机体在饥饿状态下的能量消耗需要，1g 脂肪在体内彻底氧化分解可产生 38.94kJ 热量，是同等重量糖和蛋白质的二倍多；正常人体生理活动所需要的能量 20% ~30% 由脂肪提供。

2. 提供必需脂肪酸 机体自身不能合成、必须由食物提供的多不饱和脂肪酸，称为必需脂肪酸，包括亚油酸、亚麻酸和花生四烯酸。油脂营养价值的高低取决于其必需脂肪酸的含量。植物油以油酸、亚油酸、亚麻酸等不饱和脂肪酸为主，必需脂肪酸含量高，熔点低，在室温呈液态；动物脂肪以饱和脂肪酸为主，必需脂肪酸含量低，熔点高，在室温呈固态。所以植物油营养价值一般高于动物脂肪。

3. 维持体温 皮下脂肪不易导热，可以延缓热量的散失，维持体温恒定。

4. 保护和固定内脏 位于皮下和内脏处的脂肪组织较为柔软，对机械撞击有缓冲作用，故可以保护内脏器官。另外，内脏周围脂肪可起到固定内脏作用。

5. 协助脂溶性维生素的吸收 食物脂肪在肠道内可协助脂溶性维生素的吸收。

（二）类脂的生理功能

1. 维持生物膜的结构和功能 生物膜主要由类脂和蛋白质组成。组成生物膜的类脂有磷脂、糖脂、胆固醇等，约占生物膜重量的一半，在维持生物膜的正常结构和功能中起重要作用。磷脂是血浆脂蛋白的组成成分，在脂类的运输中有重要作用，同时磷脂也能提供必需脂肪酸。

2. 转变成多种重要的活性物质 体内的胆固醇可转化为胆汁酸、维生素 D_3、类固醇激素；花生四烯酸可转变为前列腺素、白三烯、血栓素等多种重要的生物活性物质。

3. 作为第二信使参与代谢调节 磷酸酰肌醇 4,5 – 二磷酸可水解生成三磷酸肌醇（IP_3）和甘油二酯（DAG），均可作为第二信使传递信息。

第二节 甘油三酯的代谢

一、甘油三酯的分解代谢

（一）甘油三酯的水解（脂肪动员）

贮存在脂肪组织中的甘油三酯在脂肪酶催化下逐步水解为游离脂肪酸和甘油并释放入血，以供其他组织氧化利用的过程称为脂肪动员。

参与脂肪动员的脂肪酶包括甘油三酯脂肪酶、甘油二酯脂肪酶及甘油一酯脂肪酶。其中甘油三酯脂肪酶的活性最低，是脂肪动员的限速酶；该酶的活性受多种激素的调控，故又称为激素敏感性甘油三酯脂肪酶（HSL）。

$$甘油三酯 \xrightarrow[\text{甘油三酯脂肪酶}]{H_2O \quad 脂肪酸} 甘油二酯 \xrightarrow[\text{甘油二酯脂肪酶}]{H_2O \quad 脂肪酸} 甘油一酯 \xrightarrow[\text{甘油一酯脂肪酶}]{H_2O \quad 脂肪酸} 甘油$$

肾上腺素、去甲肾上腺素、促肾上腺皮质激素、胰高血糖素等能提高 HSL 活性，促进脂肪动员，称为脂解激素；胰岛素、前列腺素 E_2 等能降低 HSL 活性，抑制脂肪动员，称为抗脂解激素。当饥饿、禁食或交感神经兴奋时，肾上腺素、胰高血糖素等脂解激素分泌增加，脂肪动员增强。

（二）甘油的代谢

1. 氧化分解供能或异生成糖 脂肪动员产生的甘油随血液循环运输到肝、肾等组织被摄取利用。甘油主要在细胞内经甘油激酶的催化生成 3 - 磷酸甘油，然后脱氢生成磷酸二羟丙酮，可进入到糖分解代谢途径继续氧化分解生成 CO_2 和 H_2O 并释放能量。也可经糖异生作用转化为葡萄糖或糖原。

$$\begin{array}{l} CH_2-OH \\ | \\ CH-OH \\ | \\ CH_2-OH \\ 甘油 \end{array} \xrightarrow[\text{甘油激酶}]{ATP \quad ADP} \begin{array}{l} CH_2-OH \\ | \\ CH-OH \\ | \\ CH_2-O-\textcircled{P} \\ \alpha-磷酸甘油 \end{array} \xrightarrow[\text{α-磷酸甘油脱氢酶}]{NAD^+ \quad NADH+H^+} \begin{array}{l} CH_2-OH \\ | \\ C=O \\ | \\ CH_2-O-\textcircled{P} \\ 磷酸二羟丙酮 \end{array} \begin{array}{l} 有氧氧化或 \\ 糖酵解 \\ \\ 糖异生 \end{array}$$

2. 合成脂肪 甘油经甘油激酶催化生成的 3 - 磷酸甘油可作为合成脂肪的原料。

（三）脂肪酸的 β - 氧化

除脑组织和成熟红细胞外，大多数组织都能利用脂肪酸氧化供能，以肝和肌肉组织最为活跃。线粒体是脂肪酸氧化的主要部位。脂肪酸的氧化过程可分为 4 个阶段：脂肪酸的活化、脂酰 CoA 进入线粒体、脂酰 CoA 的 β - 氧化过程及乙酰 CoA 的彻底氧化。

1. 脂肪酸的活化 脂肪酸的活化在胞质中进行，内质网和线粒体外膜上存在脂酰

CoA 合成酶。脂肪酸在脂酰 CoA 合成酶催化下生成脂酰 CoA 的过程称为脂肪酸的活化。反应过程需要 ATP、HSCoA、Mg^{2+} 参加，反应中 ATP 供能后生成 AMP 和焦磷酸，故 1 分子脂肪酸活化实际上消耗了 2 个高能磷酸键（相当于 2 个 ATP）。

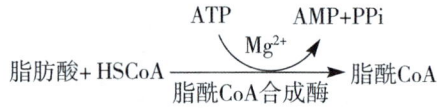

$$\text{脂肪酸} + \text{HSCoA} \xrightarrow[\text{脂酰CoA合成酶}]{\overset{\text{ATP} \qquad \text{AMP+PPi}}{\underset{Mg^{2+}}{\searrow \nearrow}}} \text{脂酰CoA}$$

2. 脂酰 CoA 进入线粒体　催化脂酰 CoA 氧化分解的酶系存在于线粒体基质中，而在胞质中生成的脂酰 CoA 必须进入线粒体才能进行氧化分解。脂酰 CoA 不能直接通过线粒体内膜，而需要借助线粒体内膜上的肉碱（肉毒碱）携带才能进入线粒体基质（图 6-1）。此过程限制脂肪酸 β-氧化的速度，脂酰肉碱转移酶 I 是脂肪酸 β-氧化的限速酶。

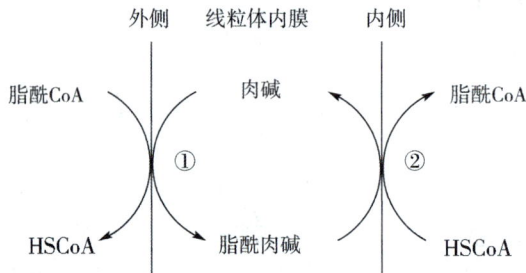

图 6-1　脂酰 CoA 进入线粒体

3. 脂酰 CoA 的 β-氧化过程　进入线粒体基质的脂酰 CoA，在脂肪酸 β-氧化酶系的催化下氧化分解。因氧化发生在脂酰基的 β 碳原子上，每氧化一次断裂两个碳原子，故又称为脂肪酸的 β-氧化。每一次 β-氧化过程包括脱氢、加水、再脱氢、硫解四步连续反应，脂酰基从 α-、β-碳原子之间断裂，生成 1 分子乙酰 CoA 和 1 分子比原来少 2 个碳原子的脂酰 CoA（图 6-2）。脂酰 CoA 的 β-氧化的过程如下：

(1) 脱氢　在脂酰 CoA 脱氢酶催化下，脂酰 CoA 的 α、β 碳原子各脱下一氢原子生成 α、β 烯脂酰 CoA，脱下的 2H 由 FAD 接受生成 $FADH_2$。

(2) 加水　α、β 烯脂酰 CoA 在 α、β 烯脂酰 CoA 水化酶的催化下，加上 1 分子水，生成 β-羟脂酰 CoA。

(3) 再脱氢　β-羟脂酰 CoA 在 β-羟脂酰 CoA 脱氢酶催化下，β-碳原子脱下 2H 生成 β-酮脂酰 CoA，脱下的 2H 由 NAD^+ 接受生成 $NADH + H^+$。

(4) 硫解　β-酮脂酰 CoA 在 β-酮脂酰 CoA 硫解酶的催化下和 1 分子 HSCoA 作用，使其碳链断裂，生成 1 分子乙酰 CoA 和 1 分子比原来少 2 个碳原子脂酰 CoA。

脂酰 CoA 的 β-氧化每进行一次，可产生 1 分子乙酰 CoA、1 分子 $FADH_2$、1 分子 $NADH + H^+$ 和比原来少 2 个碳原子的脂酰 CoA，如此重复脱氢、加水、再脱氢、硫解的循环，直至长链脂酰 CoA 完全分解成乙酰 CoA。可见 β-氧化的终产物是乙酰 CoA。

脂肪酸 β-氧化生成的乙酰 CoA，一部分在线粒体内经三羧酸循环彻底氧化分解成 CO_2 和水，并释放出能量。另一部分在肝细胞线粒体中缩合成酮体后经血液循环运送至肝外组织氧化利用。

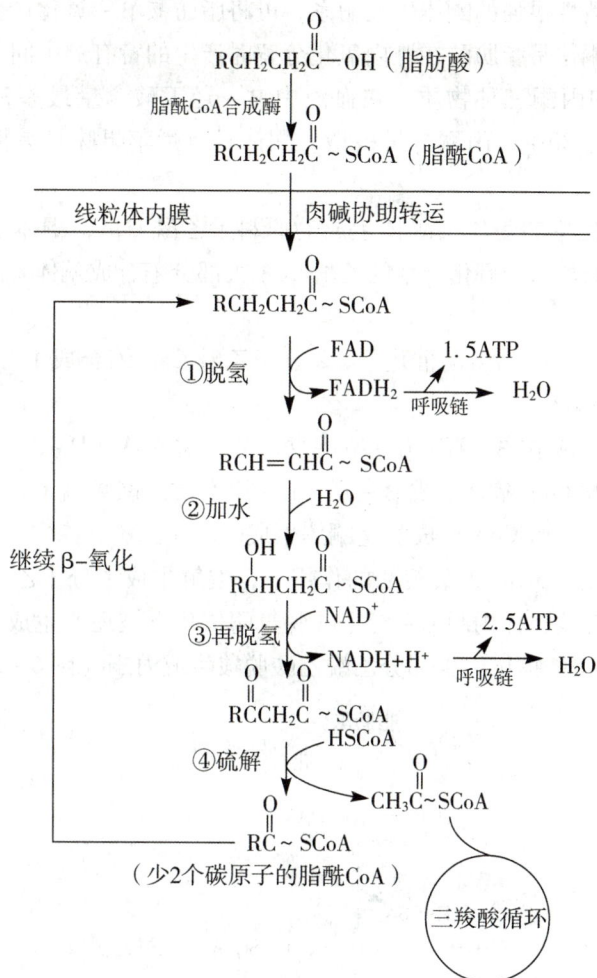

$$RCH_2CH_2\overset{\overset{O}{\|}}{C}—OH（脂肪酸）$$

脂酰CoA合成酶 $\downarrow$

$$RCH_2CH_2\overset{\overset{O}{\|}}{C}\sim SCoA（脂酰CoA）$$

线粒体内膜 ┃ 肉碱协助转运

$$RCH_2CH_2\overset{\overset{O}{\|}}{C}\sim SCoA$$

①脱氢　FAD　1.5ATP
　　　　FADH₂ → H₂O（呼吸链）

$$RCH=CH\overset{\overset{O}{\|}}{C}\sim SCoA$$

②加水　H₂O

继续β-氧化

$$RCHCH_2\overset{\overset{O}{\|}}{C}\sim SCoA$$
OH

③再脱氢　NAD⁺　2.5ATP
　　　　NADH+H⁺ → H₂O（呼吸链）

$$RC CH_2\overset{\overset{O}{\|}}{C}\sim SCoA$$

④硫解　HSCoA

$$CH_3\overset{\overset{O}{\|}}{C}\sim SCoA$$

$$R\overset{\overset{O}{\|}}{C}\sim SCoA$$
（少2个碳原子的脂酰CoA）

三羧酸循环

图 6-2　脂酰 CoA 的 β-氧化过程

4. 乙酰 CoA 彻底氧化　脂肪酸 β-氧化生成的乙酰 CoA 进入三羧酸循环和氧化呼吸链彻底氧化分解成 CO_2 和水。脂肪酸氧化过程中释放的能量，一部分以热能形式散失，一部分以化学形式储存，供机体生理活动的需要。以 1 分子 16 碳的软脂酸为例，共通过 7 次 β 氧化，产生 7 分子 $FADH_2$、7 分子 $NADH+H^+$ 和 8 分子乙酰 CoA。每分子 $FADH_2$ 和 $NADH+H^+$ 进入呼吸链氧化分别产生 1.5 分子 ATP 和 2.5 分子 ATP；每分子乙酰 CoA 通过三羧酸循环和氧化呼吸链产生 10 分子 ATP。故 1 分子软脂肪酸彻底氧化产生 $1.5×7+2.5×7+10×8=108$ 分子 ATP，减去脂肪酸活化时消耗的 2 分子 ATP，净生成 106 分子 ATP。由此可见脂肪酸是体内重要的能源物质。脂肪酸氧化是体内能量的重要来源。

（四）酮体的生成和利用

1. 酮体的概念　脂肪酸在心肌、骨骼肌等肝外组织线粒体内氧化生成的乙酰 CoA

可直接进入三羧酸循环彻底氧化分解供能。而在肝脏往往不能彻底氧化而生成酮体。肝细胞线粒体中具有活性很强的酮体生成酶系，可将脂肪酸 β – 氧化产生的大量乙酰 CoA 催化转变为酮体。酮体是脂肪酸在肝内氧化分解时产生的特有的中间代谢物，包括乙酰乙酸、β – 羟丁酸和丙酮三种物质。在血液中 β – 羟丁酸含量最多，约占酮体总量的 70%，乙酰乙酸约占 30%，丙酮含量极微。酮体具有烂苹果味且易挥发，可随呼吸道呼出。

2. 酮体在肝细胞中的生成　酮体生成的原料是乙酰 CoA，酮体生成的部位是肝细胞线粒体，肝内脂肪酸 β – 氧化产生的乙酰 CoA 大部分缩合成酮体。酮体的生成的过程如下：

（1）在乙酰乙酰 CoA 硫解酶催化下，2 分子乙酰 CoA 缩合成 1 分子乙酰乙酰 CoA，并释放出 1 分子 HSCoA。

（2）乙酰乙酰 CoA 在 β – 羟 – β – 甲基戊二酸单酰 CoA（HMGCoA）合成酶的催化下，再与 1 分子乙酰 CoA 缩合生成 β – 羟 – β – 甲基戊二酸单酰 CoA（HMGCoA），并释出 1 分子 HSCoA。HMGCoA 合成酶是酮体生成的限速酶。

（3）HMGCoA 在 HMGCoA 裂解酶的作用下，裂解生成 1 分子乙酰乙酸和 1 分子乙酰 CoA。乙酰乙酸在线粒体内膜 β – 羟丁酸脱氢酶催化下被还原生成 β – 羟丁酸，还原所需的氢由 NADH + H$^+$ 提供。少部分乙酰乙酸脱羧生成丙酮（图 6 – 3）。

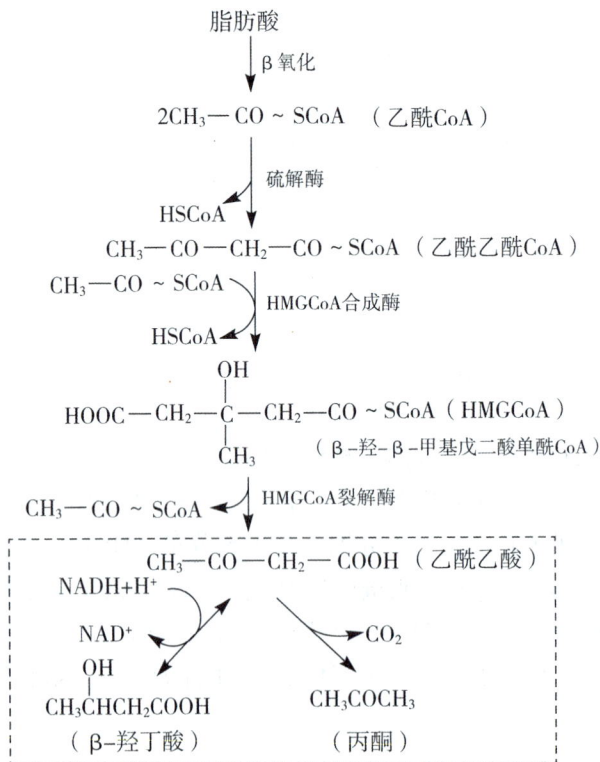

图 6 – 3　酮体的生成

3. 酮体在肝外组织的利用 肝缺少氧化利用酮体的酶系，不能利用酮体；而许多肝外组织（如脑、肾、骨骼肌、心肌等）具有活性很强的利用酮体的酶系，故酮体代谢特点是"肝内生酮肝外用"。在这些组织中，乙酰乙酸可在乙酰乙酸硫激酶或琥珀酰CoA 转硫酶的催化下生成乙酰乙酰 CoA，然后乙酰乙酰 CoA 在乙酰乙酰 CoA 硫解酶催化下通过消耗 1 分子 HSCoA 硫解生成 2 分子乙酰 CoA，乙酰 CoA 进入三羧酸循环彻底氧化分解。β-羟丁酸可在 β-羟丁酸脱氢酶催化下脱去 2 个氢生成乙酰乙酸，再经上述途径氧化（图 6 - 4）。正常情况下丙酮的量极微，可随尿液排出，也可经呼吸道呼出。

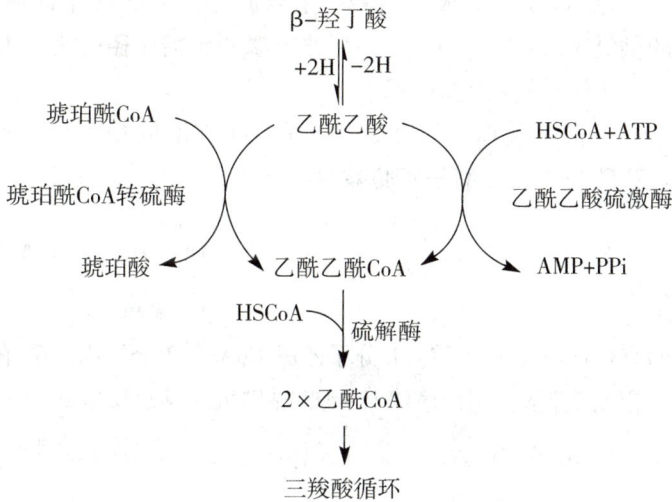

图 6 - 4 酮体的利用

4. 酮体生成的生理意义 酮体是肝内氧化脂肪酸的一种正常的中间产物，是肝输出脂类能源的一种重要形式。与脂肪酸相比，由于酮体具有许多特点，分子小、极性大、水溶性好、便于运输，容易通过血脑屏障和肌肉的毛细血管壁，因此酮体是肌肉组织，尤其是大脑的重要能源物质。长期饥饿或糖供给不足时脑组织所需能量的75% 约由酮体提供，酮体利用的增加可减少糖的利用，有利于维持血糖浓度的恒定，减少蛋白质的消耗。严重饥饿或糖尿病时可替代葡萄糖成为脑组织的主要能源。

正常人血液中酮体含量很少，为 0.03 ~ 0.5mmol/L（0.3 ~ 5mg/dl）。在过度饥饿、高脂低糖膳食及糖尿病患者，脂肪动员增强，酮体产生过多。当酮体生成超过肝外组织利用能力时就会引起血液中酮体含量升高，称为酮血症。如果尿中排出酮体，称为酮尿症。酮体主要是乙酰乙酸、β-羟丁酸，两者都是酸性物质。酮体在血液中的增多可导致血液 pH 值下降，引起酮症酸中毒。丙酮具有挥发性，可由肺呼出，体内含量过高时，呼气中会出现丙酮味（烂苹果味）。严重糖尿病患者血酮体可超出正常人的数十倍，且丙酮量剧增，约占酮体总量的 50%。

二、甘油三酯的合成代谢

体内许多组织都能合成甘油三酯，以肝和脂肪组织最活跃。甘油三酯的合成主要在细胞质进行，以脂酰 CoA 和 α - 磷酸甘油为原料合成。

（一）脂肪酸的生物合成

1. 合成部位 人体肝、肾、脑、肺、乳腺及脂肪等组织的胞液中都含有脂肪酸合成的酶系，能合成脂肪酸，其中以肝的合成能力最强。

2. 合成原料 乙酰 CoA 是合成脂肪酸的主要原料，主要来自葡萄糖的氧化分解；合成过程中需要的供氢体 NADPH + H$^+$，主要来自磷酸戊糖途径；此外还需要 ATP 提供能量。

3. 合成途径 丙二酸单酰 CoA 的合成，乙酰 CoA 在乙酰 CoA 羧化酶催化下羧化成丙二酸单酰 CoA。乙酰 CoA 羧化酶是脂肪酸生物合成过程中的限速酶。

$$CH_3CO \sim SCoA + HCO_3^- + ATP \xrightarrow[\text{生物素、Mg}^{2+}]{\text{乙酰CoA羧化酶}} HOOCCH_2CO \sim SCoA + ADP + Pi$$

乙酰 CoA   丙二酸单酰 CoA

脂肪酸合成的直接产物是软脂酸。1 分子乙酰 CoA 和 7 分子丙二酸单酰 CoA 在脂肪酸合成酶系催化下合成软脂酸，由 NADPH + H$^+$ 提供氢。其总反应式为：

$$CH_3CO \sim SCoA + 7HOOCCH_2CO \sim SCoA + 14NADPH + 14H^+ \xrightarrow{\text{脂肪酸合成酶系}}$$

乙酰 CoA   丙二酸单酰 CoA

$$CH_3(CH_2)_{14}COOH + 6H_2O + 7CO_2 + 8HSCoA + 14NADP^+$$

软脂酸

脂肪酸合成酶系只能催化合成软脂酸。体内碳链长短不一的脂肪酸是在软脂酸基础上加工形成的。碳链的延长是在肝细胞的内质网或线粒体上通过特殊的酶系催化完成，碳链的缩短在线粒体内通过 β - 氧化完成。体内合成的脂肪酸在 ATP、HSCoA 参与下，由硫激酶催化形成脂酰 CoA，再参与甘油三酯的合成。

（二）α - 磷酸甘油的生成

1. 由糖分解代谢产生的磷酸二羟丙酮还原生成，这是体内 α - 磷酸甘油的主要来源。

2. 由甘油在甘油激酶催化下，消耗 ATP 生成。肝、肾等组织含有甘油激酶，能将游离甘油磷酸化生成 α - 磷酸甘油；脂肪细胞缺乏甘油激酶，不能将游离甘油磷酸化生成 α - 磷酸甘油，故脂肪细胞不能利用甘油合成脂肪。

（三）甘油三酯的合成

1. 合成部位 肝、脂肪组织及小肠是甘油三酯合成的主要部位，但以肝和脂肪组织最为活跃。

2. 合成原料　α-磷酸甘油和脂酰 CoA。

3. 合成过程　在细胞内质网中的脂酰转移酶催化下，以 α-磷酸甘油和脂酰 CoA 为原料合成甘油三酯（图 6-5）。合成甘油三酯的 3 分子脂肪酸可相同也可不同。

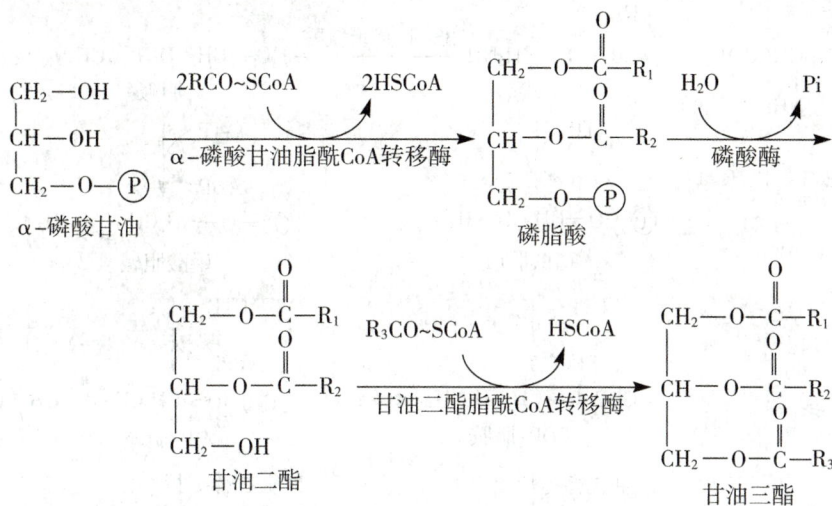

图 6-5　甘油三酯的合成

第三节　磷脂的代谢

一、磷脂的组成及分类

磷脂是指含磷酸的脂类，主要由甘油或鞘氨醇与脂肪酸、磷酸及含氮化合物等组成。

根据组成，磷脂分为甘油磷脂和鞘磷脂两大类，以甘油磷脂含量最多。甘油磷脂按分子内含氮化合物不同分为磷脂酰胆碱、磷脂酰乙醇胺、磷脂酰丝氨酸等，以磷脂酰胆碱（又名卵磷脂）和磷脂酰乙醇胺（又名脑磷脂）最重要。其中磷脂酰胆碱的含量约占磷脂总量的 50%。

二、甘油磷脂的代谢

（一）甘油磷脂的合成

1. 合成部位　人体全身组织细胞的内质网均含有甘油磷脂合成酶系，因此都能合成甘油磷脂，但以肝、肾及肠等组织最为活跃。

2. 合成原料　合成甘油磷脂的主要原料是甘油二酯、胆碱（合成卵磷脂）、乙醇氨（合成脑磷脂）、丝氨酸等。甘油二酯主要由糖代谢提供；胆碱和乙醇氨可由食物提供，也可由丝氨酸脱羧生成；此外，甘油磷脂的合成还需要 ATP 和 CTP 参加。

3. 合成过程　胆胺和胆碱分别在其激酶催化下，生成磷酸胆胺和磷酸胆碱。磷酸胆胺和磷酸胆碱与 CTP 作用生成胞苷二磷酸胆胺（CDP - 胆胺）和胞苷二磷酸胆碱（CDP - 胆碱）。CDP - 胆胺和 CDP - 胆碱再与甘油二酯结合，生成脑磷脂和卵磷脂（图 6 - 6）。

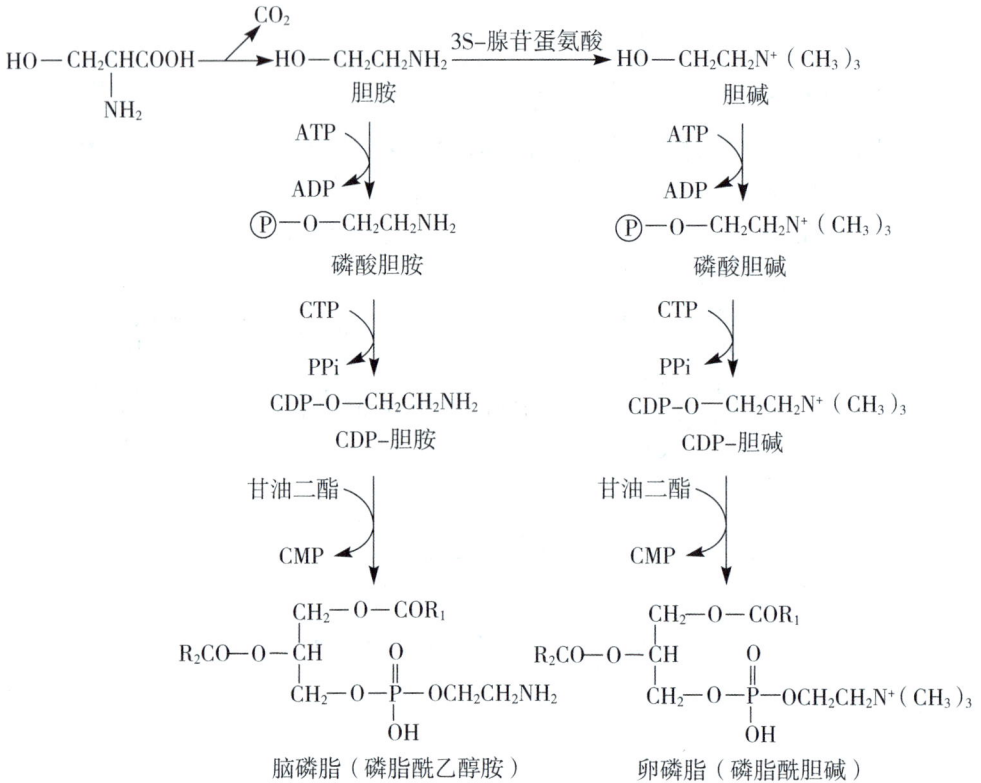

图 6 - 6　甘油磷脂的合成过程

（二）甘油磷脂的分解

人体内含有催化甘油磷脂水解的多种磷脂酶类（A_1、A_2、C、D），可分别作用于甘油磷脂的不同酯键，使甘油磷脂水解生成甘油、脂肪酸、胆碱（或胆胺）和磷酸。这些产物可重新利用或继续氧化分解（图 6 - 7）。

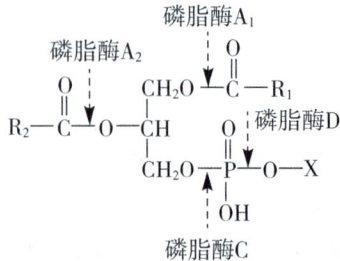

图 6 - 7　磷脂的氧化分解

（三）甘油磷脂与脂肪肝

当人体肝中脂类含量超过 10%，且主要是甘油三酯堆积，肝实质细胞脂肪化超过 30% 时即形成脂肪肝。极低密度脂蛋白（VLDL）能将肝合成的甘油三酯转运至肝外组织，而甘油磷脂是合成极低密度脂蛋白的主要成分。如果甘油磷脂合成减少及合成甘油磷脂的原料（胆碱或胆胺等）供给不足，肝合成的甘油磷脂就会减少，使极低密度脂蛋白合成障碍，导致脂肪在肝细胞堆积，形成脂肪肝。临床上常用甘油磷脂或合成甘油磷脂的原料（如蛋氨酸、胆碱、胆胺等）及相关的辅助因子（ATP、CTP、叶酸、维生素 B_{12}）来防治脂肪肝。

第四节　胆固醇代谢

一、胆固醇的生物合成

（一）含量与分布

胆固醇是最早从动物胆石中分离出来的、具有羟基的固醇类化合物，故称胆固醇。它的基本结构是环戊烷多氢菲。人体胆固醇总量约 140g，广泛分布于全身各组织，但分布极不均衡，肾上腺含量最高（约 10%），其次为脑和神经（约 2%），肌肉组织中含量较低，骨组织含量最低。

（二）合成部位与原料

体内胆固醇可以来自食物，也可以自身合成。正常人的胆固醇 50% 以上来自自身合成，每天可合成 1 ~ 1.5g。成人除成熟红细胞外，其他组织均可合成胆固醇。肝脏是合成胆固醇的主要场所，占总合成量的 70% ~80%；其次是小肠，占总合成量的 10%。

胆固醇合成的主要原料是乙酰 CoA，另外需要 NADPH 提供氢，ATP 提供能量。

每合成 1 分子胆固醇需要 18 分子乙酰 CoA，36 分子 ATP 及 16 分子 $NADPH + H^+$。

（三）合成过程

胆固醇的合成主要在细胞液和内质网中进行，有近 30 步酶促反应，大致分为 3 个阶段（图 6 - 8）：

1. 甲羟戊酸的合成　2 分子乙酰 CoA 在乙酰乙酸硫解酶催化下缩合生成乙酰乙酰 CoA，然后在 HMGCoA 合酶（羟甲基戊二酸单酰 CoA 合酶）的催化下再与 1 分子乙酰 CoA 缩合生成羟甲基戊二酸单酰 CoA（HMGCoA），后者在 HMGCoA 还原酶催化下，由 $NADPH + H^+$ 供氢还原生成甲羟戊酸（MVA）。HMGCoA 还原酶是胆固醇合成的限速酶。

2. 鲨烯的合成　胞液内 6 碳的 MVA 由 ATP 提供能量，在一系列酶的催化下，经磷酸化、脱羧、脱羟基后生成活泼的 5 碳焦磷酸化合物；3 分子 5 碳焦磷酸化合物缩合成

15 碳的焦磷酸法尼酯（FPP）；2 分子 FPP 在鲨烯合酶的催化下再缩合成 30 碳的多烯烃——鲨烯。

3. 胆固醇的合成　鲨烯通过载体蛋白携带从胞质进入内质网，在多种酶的催化下环化生成羊毛脂固醇，经过氧化、脱羧、还原等反应脱去 3 个甲基，生成 27 碳的胆固醇。

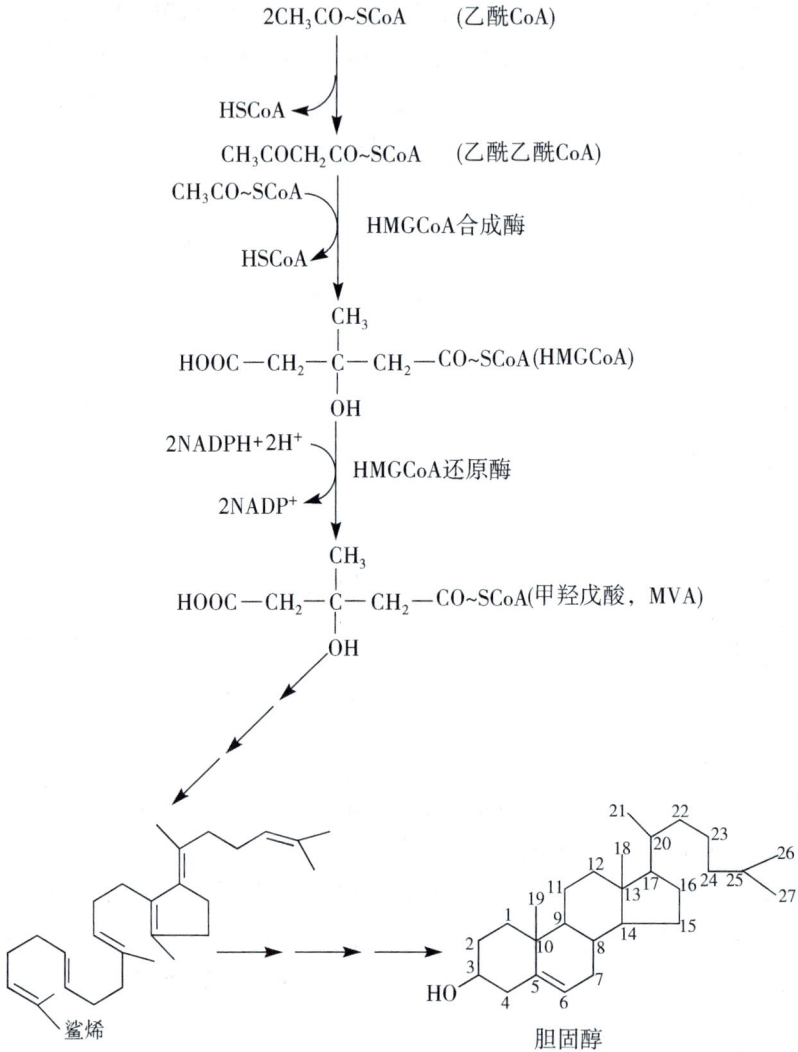

图 6-8　胆固醇的生物合成

二、胆固醇的转化与排泄

（一）胆固醇的转化

胆固醇在体内不能彻底氧化分解为 H_2O 和 CO_2，不产生 ATP，但可氧化还原转变为类固醇物质。

1. 转变为胆汁酸　胆固醇在肝中转变为胆汁酸，这是胆固醇在体内代谢的主要去路，是肝清除胆固醇的主要方式。胆汁酸随胆汁排入肠道参与脂类食物的消化吸收。

2. 转变为类固醇激素 胆固醇是类固醇激素的前体，在肾上腺皮质胆固醇可转变为肾上腺皮质激素，在性腺（睾丸、卵巢）可转变为性激素（睾酮、雌激素、孕激素）。

3. 转变为维生素 D_3 胆固醇在皮下氧化生成的 7 – 脱氢胆固醇是维生素 D_3 的前体（即维生素 D_3 原），后者经紫外线照射可转变为维生素 D_3。常晒太阳可补充维生素 D_3，预防佝偻病和软骨病。

（二）胆固醇的排泄

体内胆固醇是以胆汁酸和类固醇的形式排泄。随胆汁进入肠道的胆固醇，部分被肠黏膜细胞吸收，另一部分被肠道细菌作用转变为类固醇随粪便排出。

第五节　血浆脂蛋白代谢

一、血脂的种类与含量

血脂是血浆中的脂类物质，包括甘油三酯（TG）、磷脂（PL）、胆固醇（Ch）、胆固醇酯（CE）、游离脂肪酸（FFA）等。血脂含量易受年龄、性别、运动、膳食、代谢等因素的影响，其值波动范围较大。正常成人空腹血脂的组成和含量见表 6 – 1。血脂水平可反映体内脂类的代谢状况，临床上可作为诊断高脂血症、动脉硬化、高血压、冠心病的辅助指标。

表 6 – 1　正常成人空腹血脂的组成及含量

脂　类	正常含量（mmol/L）
甘油三酯（TG）	0.11 ~ 1.69
磷脂（PL）	48.44 ~ 80.73
游离脂肪酸（FFA）	0.2 ~ 0.78
胆固醇（Ch）	2.59 ~ 6.47
胆固醇酯（CE）	1.81 ~ 5.17
游离胆固醇	1.03 ~ 1.81
脂类总含量	6.7 ~ 12.2

二、血浆脂蛋白

脂类不溶于水，在血液中不能直接转运，必须与水溶性强的载脂蛋白（APO）结合形成血浆脂蛋白（LP），使水溶性增加才能在血浆中得以转运。因此，血浆脂蛋白是血脂的运输形式。

（一）血浆脂蛋白的分类

各种脂蛋白因所含脂类及载脂蛋白不同，其密度、颗粒大小、表面电荷、电泳行为及免疫性均有所不同。据此可用电泳法及超速离心法对血浆脂蛋白进行分类。

1. 电泳法 各种血浆脂蛋白所含载脂蛋白的表面电荷不同，在电场中电泳迁移率也不同。按其在电场中移动的速度，由快到慢依次分为 α-脂蛋白（α-LP）、前β-脂蛋白（preβ-LP）、β-脂蛋白（β-LP）、乳糜微粒（CM）。其中 α-脂蛋白泳动最快，乳糜微粒停留在原点不动（图6-9）。

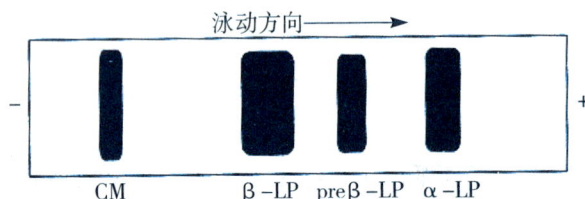

图6-9 血浆脂蛋白琼脂糖凝胶电泳示意图

2. 超速离心法 根据各种脂蛋白含脂类及蛋白质的密度不同，在一定强度的盐溶液超速离心时，其漂浮或沉降也不同的原理进行分类。按密度由小到大依次分为乳糜微粒（CM）、极低密度脂蛋白（VLDL）、低密度脂蛋白（LDL）和高密度脂蛋白（HDL）（图6-10）。

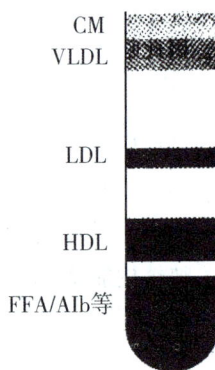

图6-10 超速离心法分离
血浆脂蛋白示意图

（二）血浆脂蛋白的组成

血浆脂蛋白主要由载脂蛋白、甘油三酯、磷脂、胆固醇及其酯组成，但组成比例有很大差异（表6-2）。血浆脂蛋白中的载脂蛋白由肝细胞和小肠黏膜细胞合成，有20余种，可分为A、B、C、D、E 5大类。

表6-2 血浆脂蛋白的组成和功能

脂蛋白类别	化学组成（%）				生理功能
（密度分类法）	Pr	TG	Ch	PL	
乳糜微粒（CM）	1~2	80~90	2~7	6~9	转运外源性脂肪
极低密度脂蛋白（VLDL）	5~10	50~70	10~15	10~15	转运内源性脂肪
低密度脂蛋白（LDL）	20~25	10	45~50	20	转运内源性胆固醇从肝到全身各组织
高密度脂蛋白（HDL）	40~50	5	20~22	30	转移胆固醇从组织到肝

（三）血浆脂蛋白的结构

各种血浆脂蛋白的结构相似，呈球形。疏水性较强的甘油三酯及胆固醇酯均位于脂蛋白内部；载脂蛋白、磷脂及胆固醇的亲水基团则位于脂蛋白表面，而它们的疏水部分位于内部。这样，血浆脂蛋白表面有大量的亲水基团，形成亲水颗粒，能够在血液中顺利运输和代谢（图6-11）。

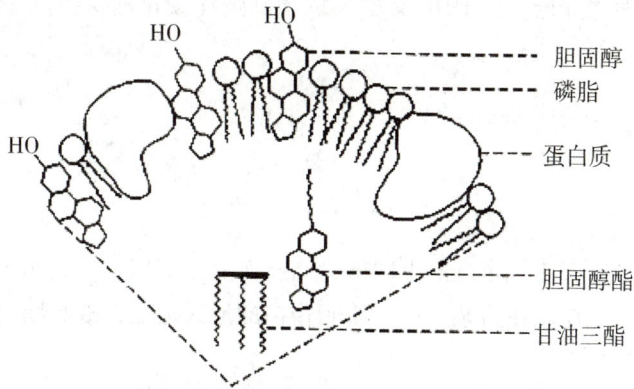

图 6-11　血浆脂蛋白的结构模式图

（四）血浆脂蛋白的代谢和功能

1. 乳糜微粒（CM）　CM 是在小肠黏膜细胞内吸收食物中的脂类后形成的脂蛋白，其主要脂类成分是甘油三酯。CM 是外源性甘油三酯的主要运输形式。细胞利用重新酯化的甘油三酯，吸收的磷脂、胆固醇及其酯与载脂蛋白合成新的 CM，经淋巴入血。CM 在血液经毛细血管内皮细胞表面的脂蛋白脂肪酶（LPL）作用水解甘油三酯，释出的甘油和脂肪酸被组织细胞摄取利用。CM 逐渐变小，最后转变成残余颗粒被肝细胞摄取代谢。CM 的主要功能是运输外源性甘油三酯。CM 在肝细胞代谢迅速，半衰期为 5～15 分钟。因此正常人空腹 12～14 小时后血浆中不含 CM。

2. 极低密度脂蛋白（VLDL）　VLDL 主要由肝细胞合成和分泌，是运输内源性甘油三酯的主要形式。VLDL 含有较多的甘油三酯，这些甘油三酯是肝细胞利用体内材料合成的，故称为内源性甘油三酯。VLDL 的代谢与 CM 类似，在 LPL 作用下，VLDL 颗粒逐渐变小，水解产物甘油和脂肪酸被组织细胞摄取利用。VLDL 的主要功能是把肝合成的内源性甘油三酯转运到肝外组织。VLDL 在血浆中的半衰期为 6～12 小时。

3. 低密度脂蛋白（LDL）　LDL 是在血浆中由 VLDL 转变而来，是转运肝合成的内源性胆固醇的主要形式。LDL 主要通过 LDL 受体代谢途径降解。随着 VLDL 中甘油三酯的不断水解，其颗粒逐渐变小，密度逐渐升高，同时由于血浆中酶的催化，磷脂和游离胆固醇含量也发生改变，VLDL 最后转变成 LDL。LDL 的主要功能是把肝内胆固醇转运到肝外组织。LDL 是正常人空腹血浆中主要的脂蛋白。血中 LDL 升高时易诱发动脉粥样硬化。LDL 在血浆中的半衰期为 2～4 天。

4. 高密度脂蛋白（HDL）　HDL 主要由肝细胞合成，小肠也能合成少部分。新生成的 HDL 呈圆盘状，可从周围组织、CM、VLDL 等中不断得到游离胆固醇，并酯化为胆固醇酯，胆固醇酯进入 HDL 内核，最终形成球状的成熟 HDL。HDL 的降解主要在肝进行，肝脏是清除机体胆固醇的主要器官。肝细胞摄取的胆固醇可转变为胆汁酸或直接通过胆汁排入肠道。HDL 主要功能是参与胆固醇的逆向转运，即将肝外组织的胆固醇转运到肝脏。血浆 HDL 增高的人外周组织及血液中胆固醇降低，动脉粥样硬化和心血管病发病率也会随之降低，故 HDL 又称为抗动脉粥样硬化的保护因子。HDL 在血浆中的半衰期为 3~5 天。

三、血浆脂蛋白代谢异常

（一）高脂血症

空腹血脂水平高于正常范围的上限即为高脂血症，临床上以高胆固醇血症和高甘油三酯血症多见。由于血脂在血浆中以血浆脂蛋白的形式运输，故高脂血症也即高脂蛋白血症。

高脂蛋白血症可分为原发性和继发性两大类，原发性高脂蛋白血症原因不明，目前的研究证明与遗传缺陷有关，如 LDL 受体的遗传性缺陷是引起原发性高胆固醇血症的主要原因。继发性高脂血症是继发于某些疾病，如糖尿病、肾病、肝病、肥胖、甲状腺功能减退等。另外，肥胖、饮食结构不合理、缺乏运动等也是高脂血症的诱发因素。

（二）动脉粥样硬化

动脉粥样硬化（AS）是指脂类沉积在动脉管壁导致动脉壁发生的退行性病理变化。以动脉粥样硬化为病理基础的心、脑血管等病是目前威胁人群健康的主要疾病。研究表明，血浆脂蛋白量与质的变化与动脉粥样硬化的发生及发展密切相关。其中 VLDL 和 LDL 具有致动脉粥样硬化作用，而 HDL 具有抗动脉粥样硬化作用。

同步训练

一、单项选择题

1. 胞液中的脂酰 CoA 与哪种物质结合才能进入线粒体氧化（　　）
   A. 柠檬酸　　　　　　　B. 白蛋白　　　　　　　C. 肉碱
   D. 乳酸　　　　　　　　E. 丙酮酸

2. 关于胆固醇，下列说法错误的是（　　）
   A. 以乙酰 CoA 为合成原料
   B. 是细胞膜的组成成分
   C. 合成中需要 NADPH + H^+ 供氢
   D. 能在体内彻底氧化成 CO_2 + H_2O 并产生 ATP
   E. 合成部位主要在细胞液和内质网中

3. 在脂肪酸 β - 氧化、酮体生成和胆固醇合成过程中，下列哪个是共同的中间产物（　　）
   A. 甲羟戊酸　　　　　　B. HMGCoA　　　　　　C. 乙酰乙酰 CoA
   D. β - 羟丁酸　　　　　E. β - 酮脂酰 CoA

4. 抗脂解激素是指（　　）
   A. 肾上腺素　　　　　　B. 去甲肾上腺素　　　　C. 胰岛素

D. 胰高血糖素　　　　　　　　　E. 促肾上腺皮质激素

5. 脂肪动员的限速酶是（　　　）

A. 甘油三酯脂肪酶　　　　　　　B. 甘油二酯脂肪酶　　　　　　C. 甘油一酯脂肪酶

D. 脂蛋白脂肪酶　　　　　　　　E. 胰脂肪酶

6. 关于 LDL 的叙述下列哪个错误（　　　）

A. 在血浆中由 VLDL 转变而来

B. 含量高于正常者，患动脉粥样硬化的危险性高

C. 是正常人空腹血浆中主要的脂蛋白

D. LDL 升高时血中胆固醇也升高

E. 主要功能是将肝外组织的胆固醇逆向转运到肝内

7. 下列代谢过程中不能在肝脏进行的是（　　　）

A. 脂肪酸合成　　　　　　　　　B. 酮体生成　　　　　　　　　C. 胆固醇合成

D. 酮体利用　　　　　　　　　　E. 脂肪合成

8. 胆固醇不能转化为以下哪种物质（　　　）

A. 胆汁酸　　　　　　　　　　　B. 肾上腺皮质激素　　　　　　C. 性激素

D. 维生素 D_3　　　　　　　　　E. 胆色素

9. 关于乙酰 CoA 下列说法错误的是（　　　）

A. 是合成脂肪酸的原料　　　　　B. 是合成胆固醇的原料　　　　C. 是合成酮体的原料

D. 是合成葡萄糖的原料　　　　　E. 是合成甘油三酯的原料

10. 某男体型肥胖，不善运动，喜油腻，有中度脂肪肝。下列说法错误的是（　　　）

A. 不可使用磷脂防治脂肪肝

B. 可使用胆碱、乙醇胺防治脂肪肝

C. 可使用叶酸、维生素 B_{12} 防治脂肪肝

D. 应适量运动

E. 应适当减少动物油脂的摄入

二、多项选择题

1. 人体必需脂肪酸包括（　　　）

A. 软油酸　　　　　　　　　　　B. 油酸　　　　　　　　　　　C. 亚油酸

D. 亚麻酸　　　　　　　　　　　E. 花生四烯酸

2. 使激素敏感性脂肪酶活性增强，促进脂肪动员的激素有（　　　）

A. 胰岛素　　　　　　　　　　　B. 胰高血糖素　　　　　　　　C. 肾上腺素

D. 促肾上腺皮质激素　　　　　　E. 甲状腺素

3. 脂肪酸 β－氧化的产物有（　　　）

A. NADH＋H$^+$　　　　　　　　B. NADPH＋H$^+$　　　　　　C. FADH$_2$

D. 乙酰 CoA　　　　　　　　　　E. 比原来少 2 个碳原子的脂酰 CoA

4. 能产生乙酰 CoA 的物质有（　　　）

A. 葡萄糖　　　　　　　　　　　B. 脂肪　　　　　　　　　　　C. 酮体

D. 氨基酸　　　　　　　　　　　E. 胆固醇

5. 酮体（　　　）

A. 水溶性比脂肪酸大

B. 可随尿排出

C. 是脂肪酸分解代谢的异常产物

D. 在血中含量过高可导致酸中毒

E. 肝内产生，肝外利用

三、填空题

1. 脂类包括_____和_____。

2. 必需脂肪酸包括_____、_____、_____。

3. 脂肪酸的 β – 氧化包括_____、_____、_____、_____四步反应，每次 β – 氧化脱下_____对氢，产生 1 分子_____和比原来少 2 个碳原子的_____。

4. 酮体包括_____、_____和_____三种物质。能利用酮体的组织主要有_____、_____、_____、_____。

5. 甘油三酯合成的原料是_____和_____。

6. 血浆脂蛋白按超速离心法可分为_____、_____、_____、_____四类。

7. 血脂包括_____、_____、_____和_____。它们在血液中的运输形式有_____和_____两种。

四、简答题

1. 简述脂肪酸 β – 氧化的概念，计算 1 分子 18 碳硬脂酸在体内彻底氧化成二氧化碳和水能净产生多少分子 ATP？

2. 胆固醇在体内可转变为哪些物质？

3. 简述酮体生成的器官、原料和生理意义，为什么严重糖尿病患者会出现酮症酸中毒？

4. 按超速离心法分类的四种血浆脂蛋白各有何生理功能？

第七章　氨基酸代谢

1. 掌握蛋白质的营养作用和蛋白质的需要量；氨基酸的脱氨基方式、概念及意义；氨的来源与去路；尿素合成的生理意义；一碳单位代谢。

2. 熟悉氨基酸代谢概况；蛋白质的消化、吸收与腐败；α-酮酸的代谢；氨基酸的脱羧基作用。

3. 了解含硫氨基酸及芳香族氨基酸的代谢。

第一节　蛋白质的营养作用

氨基酸是组成蛋白质的基本单位。蛋白质是生命的重要物质基础，是组织细胞的重要组成成分。蛋白质在体内首先分解为氨基酸，而后再进一步代谢。氨基酸代谢是蛋白质分解代谢的中心内容。

一、蛋白质的生理功能和消化吸收

（一）蛋白质的生理功能

1. 维持组织的生长、更新和修复　蛋白质是机体组织细胞的主要成分。因此，参与构成各种细胞组织是蛋白质最重要的功能。机体只有不断从膳食中摄入足够的蛋白质，才能满足组织细胞生长、更新、修复的需要。此功能是其他种类物质无法替代的。

2. 参与体内多种重要的生理活动　体内各种生理活动都需要蛋白质的参与，如物质运输、肌肉收缩、代谢反应的催化与调节、凝血与抗凝血功能等。

3. 氧化功能　每克蛋白质在体内氧化分解可产生 17.19kJ 能量，成人每日有10%～18%的能量来自蛋白质。

（二）蛋白质的消化与吸收

食物蛋白质是大分子物质，不能被肠道吸收，必须在消化道中经一系列蛋白水解酶催化，降解为氨基酸才能被肠壁吸收。唾液内无蛋白酶，蛋白质的消化是从胃开始的。

1. 蛋白质的消化　蛋白质在胃中的消化是经胃蛋白酶的作用水解为少量氨基酸和多肽。胃蛋白酶的最适 pH 值为 1.5~2.5。胃液的酸性环境有利于蛋白质消化。胃蛋白酶对乳中的酪蛋白有凝乳作用，这对乳幼儿尤为重要。乳液凝成乳块后，在胃内停留时间延长，有利于蛋白质消化。小肠是蛋白质消化的主要场所。蛋白质在胃中停留时间短，故在胃中消化很不完全。进入小肠后，经胰液蛋白酶和肠黏膜细胞分泌的多种蛋白酶的消化作用，可使蛋白质完全水解为氨基酸。

$$蛋白质 \xrightarrow{\text{胰酶}} 氨基酸（1/3）+ 寡肽（2/3）$$

小肠黏膜细胞刷状缘及胞液中存在着寡肽酶，主要包括氨基肽酶、二肽酶及三肽酶，分别水解寡肽中氨基末端肽键和二肽及三肽中的肽键，最终产物为氨基酸。

2. 氨基酸的吸收　食物蛋白质经酶消化后生成氨基酸及一些小分子肽才被吸收。氨基酸的吸收主要在小肠进行。氨基酸的吸收是一个耗能的主动转运过程，同时肠黏膜上皮细胞膜上存在着与氨基酸吸收有关的运载蛋白。

二、蛋白质的需要量与营养价值

机体组织的生长、更新和修补等都需要食物蛋白质来补充，但是人体每日需多少蛋白质才能满足这种需要呢？氮平衡是研究蛋白质需要量的重要手段。

（一）氮平衡

蛋白质的含氮量平均为 16%。食物中的含氮物质主要是蛋白质。因此，测定食物的含氮量可以估算出所含蛋白质的量。人体每天摄入氮量与排出（尿、粪）氮量之间的对比关系称氮平衡，氮平衡实验可反映人体内蛋白质代谢的情况，可分为 3 种类型：

1. 氮的总平衡　指每天摄入氮量等于排出氮量，说明蛋白质的合成等于分解，即"收支"平衡。见于正常成人。

2. 氮的正平衡　指每天摄入氮量多于排出氮量，说明体内蛋白质的合成代谢大于分解代谢。见于生长期的儿童、孕妇及恢复期患者等。

3. 氮的负平衡　指每天摄入氮量少于排出氮量，说明体内蛋白质合成代谢小于分解代谢，即"入不敷出"。多见于饥饿者、慢性消耗性疾病患者、高温作业的工人等。

（二）生理需要量

根据氮平衡实验计算，成人禁食时蛋白质的氮排出量为每天 3.18g，相当于 20g 蛋白质。由于食物蛋白质与人体蛋白质组成的差异，不能被完全吸收利用，为保持氮的总平衡及营养的需要，必需增加蛋白质的供给量。中国营养学会推荐成人每日蛋白质需要量为 80g。

（三）蛋白质的营养价值

1. 必需氨基酸与非必需氨基酸　组成人体蛋白质的 20 种氨基酸中，其中有 8 种属人体需要，自身不能合成，必须由食物摄取的氨基酸，称为营养必需氨基酸。分别为：赖氨酸、色氨酸、苯丙氨酸、蛋氨酸、苏氨酸、亮氨酸、异亮氨酸、缬氨酸。其余 12 种体内能够合成，称非必需氨基酸。组氨酸和精氨酸虽可在体内合成，但合成量少，若长期缺乏也可导致氮的负平衡，可称为半必需氨基酸。

2. 决定蛋白质营养价值因素　各种食物蛋白质营养价值的高低取决于其所含必需氨基酸的种类、数量和比例，与人体所需蛋白质越接近，营养价值越高，反之则越低。

3. 蛋白质的互补作用　几种营养价值比较低的蛋白质混合食用，相互补充必需氨基酸的缺乏和不足，以提高蛋白质的营养价值，称为蛋白质的互补作用。食品的多样化，荤素食物的合理搭配能够有效地提高蛋白质的营养价值。

第二节　氨基酸的一般代谢

一、氨基酸代谢概况

食物蛋白质经消化而被吸收的氨基酸称外源性氨基酸，组织蛋白质分解生成的氨基酸以及体内合成的非必需氨基酸称内源性氨基酸，两类氨基酸混在一起，共同构成氨基酸代谢库，是体内所有游离氨基酸的总称。库内的氨基酸不断地进入各条途径进行代谢，又不断得到补充，库内氨基酸的来源与去路处于动态平衡。

体内氨基酸的主要生理功能是合成蛋白质，也可以合成某些多肽及其他含氮物质。另一方面，氨基酸可以通过脱氨基作用分解成为 α-酮酸和氨，也有一小部分氨基酸通过脱羧基作用分解成胺及二氧化碳。这些合成与分解代谢保持动态平衡。分解代谢所产生的 α-酮酸可以参加糖或脂类的代谢，也可经三羧酸循环被氧化生成二氧化碳和水，并释放能量。脱氨基作用生成的氨，主要经鸟氨酸循环生成尿素，随尿排出体外。氨基酸的代谢情况如图 7-1。

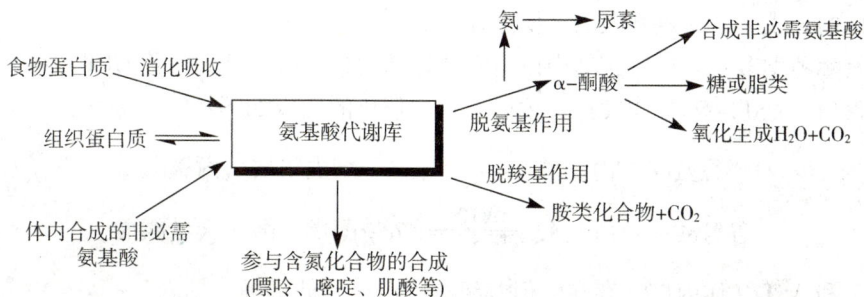

图 7-1　氨基酸的代谢情况

二、氨基酸的脱氨基作用

脱氨基作用是氨基酸分解代谢的最主要途径，在大多数组织中均可进行。氨基酸脱氨基作用的方式主要有氧化脱氨基、转氨基、联合脱氨基作用等，其中以联合脱氨基作用最重要。

（一）氧化脱氨基作用

氧化脱氨基作用指氨基酸经氨基酸氧化酶催化脱掉氨基的过程。反应分两步进行，首先氨基酸脱氢氧化生成亚氨基酸，进而后者再水解成为 α – 酮酸和氨。反应如下：

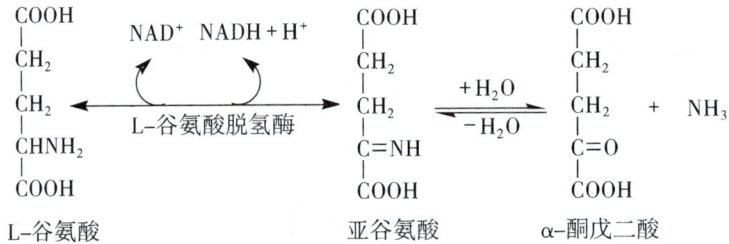

$$
\begin{array}{ccccc}
\text{COOH} & & \text{COOH} & & \text{COOH} \\
| & & | & & | \\
\text{CH}_2 & \xrightarrow[\text{L-谷氨酸脱氢酶}]{\text{NAD}^+ \quad \text{NADH}+\text{H}^+} & \text{CH}_2 & \xrightarrow[-\text{H}_2\text{O}]{+\text{H}_2\text{O}} & \text{CH}_2 \quad + \quad \text{NH}_3 \\
| & & | & & | \\
\text{CH}_2 & & \text{CH}_2 & & \text{CH}_2 \\
| & & | & & | \\
\text{CHNH}_2 & & \text{C}=\text{NH} & & \text{C}=\text{O} \\
| & & | & & | \\
\text{COOH} & & \text{COOH} & & \text{COOH} \\
\text{L-谷氨酸} & & \text{亚谷氨酸} & & \alpha\text{-酮戊二酸}
\end{array}
$$

体内催化氨基酸氧化脱氨基的酶有多种，以 L – 谷氨酸脱氢酶最为重要。此酶在肝、脑、肾组织普遍存在，活性高，专一性强，催化的反应可逆。谷氨酸和 α – 酮戊二酸均可参与体内重要的代谢过程，故 L – 谷氨酸脱氢酶催化的反应在物质代谢的联系上有重要意义。

（二）转氨基作用

转氨基作用指氨基酸在氨基转移酶催化下，将氨基转移到 α – 酮酸的酮基上的过程。通过转氨基作用使原来的氨基酸生成相应的 α – 酮酸，原来的 α – 酮酸生成相应的氨基酸。

$$
\begin{array}{c}
R_1 \quad\quad R_2 \quad\quad\quad\quad\quad R_1 \quad\quad R_2 \\
| \quad\quad | \quad\quad\quad\quad\quad\quad | \quad\quad | \\
\text{H}-\text{C}-\text{NH}_2 + \text{C}=\text{O} \xrightleftharpoons{\text{转氨酶}} \text{C}=\text{O} + \text{H}-\text{C}-\text{NH}_2 \\
| \quad\quad\quad | \quad\quad\quad\quad\quad\quad | \quad\quad\quad | \\
\text{COOH} \quad \text{COOH} \quad\quad\quad\quad \text{COOH} \quad \text{COOH}
\end{array}
$$

转氨酶催化的反应可逆，反应方向取决于参与反应的底物与产物的相对浓度。此过程亦是体内合成非必需氨基酸的重要途径。

转氨酶种类多，分布广，其中以丙氨酸氨基转移酶（ALT，又称 GPT）和天冬氨酸氨基转移酶（AST，又称 GOT）最重要，它们催化的反应如下：

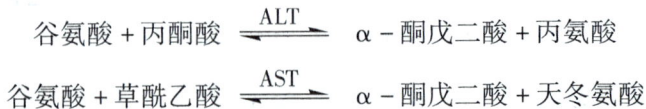

$$
\text{谷氨酸} + \text{丙酮酸} \xrightleftharpoons{\text{ALT}} \alpha\text{-酮戊二酸} + \text{丙氨酸}
$$

$$
\text{谷氨酸} + \text{草酰乙酸} \xrightleftharpoons{\text{AST}} \alpha\text{-酮戊二酸} + \text{天冬氨酸}
$$

ALT 和 AST 在体内广泛存在，但各组织中活性高低不等，见表 7 – 1。

表 7 – 1 正常成人各组织中 ALT、AST 活性

组　织	ALT	AST
	（单位/每克湿组织）	（单位/每克湿组织）
心	7100	156000
肝	44000	142000
骨骼肌	4800	99000
肾	19000	91000
胰腺	2000	28000
脾	1200	14000
肺	700	10000
血清	16	20

转氨酶为胞内酶，正常人血清中活性很低，它们在各组织中的活性很不均衡。ALT 在肝细胞中活性最高，而 AST 在心肌细胞活性最高。当某种原因使细胞膜通透性增大或细胞破损时，转氨酶可大量释放入血，导致血清转氨酶活性显著升高；例如急性肝炎时，血清 ALT 显著升高；心肌梗死时，血清 AST 明显升高。临床上可以此作为疾病诊断和预后的指标之一。

转氨基作用虽在体内普遍存在，但此种方式只有氨基的转移，没有氨基的真正脱落，只能调整氨基酸的比例，不能改变氨基酸的数量，其结果是一种氨基酸代替了另一种氨基酸。一般认为，氨基酸的脱氨基作用主要是通过联合脱氨基作用实现的。

（三）联合脱氨基作用

1. 氨基转移酶和谷氨酸脱氢酶联合脱氨基作用　转氨酶与 L – 谷氨酸脱氢酶联合催化使氨基酸的 α – 氨基脱下并产生游离氨的过程称为联合脱氨基作用。在肝、脑、肾等组织中转氨酶催化多种氨基酸与 α – 酮戊二酸进行氨基转移，结果生成相应的 α – 酮酸和谷氨酸，谷氨酸再经 L – 谷氨酸脱氢酶的作用脱去氨基生成 α – 酮戊二酸和氨（图 7 – 2）。

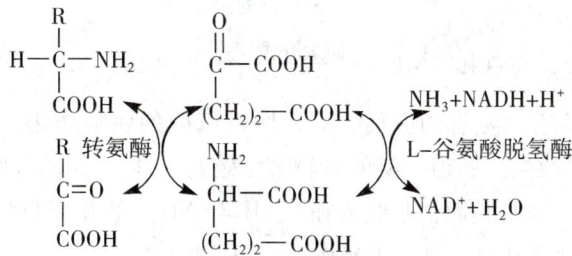

图 7 – 2　联合脱氨基作用

上图可见，氨直接来源于谷氨酸，但从联合脱氨基作用的全过程看，氨的最终来源是开始参与转氨基作用的氨基酸。在肝、脑、肾等组织中 L – 谷氨酸脱氢酶的活性较高，多种氨基酸可通过此种方式脱掉氨基。由于此种联合脱氨基作用的全过程是可逆

的，其逆反应可合成非必需氨基酸。

2. 嘌呤核苷酸循环　在骨骼肌和心肌中 L - 谷氨酸脱氢酶的活性较低，不易通过上述联合脱氨基作用脱去氨基。研究表明，是通过另一种联合脱氨基方式，即嘌呤核苷酸循环脱去氨基的。在此过程中，氨基酸首先通过连续的转氨基作用将氨基转移给草酰乙酸，生成天冬氨酸。天冬氨酸与次黄嘌呤核苷酸（IMP）反应生成腺苷酸代琥珀酸，再经裂解酶催化生成延胡索酸和腺嘌呤核苷酸（AMP），AMP 经腺苷酸脱氨酶（此酶肌组织活性较强）催化脱去氨基又生成 IMP，完成了氨基酸的脱氨基作用，IMP 再参加循环，延胡索酸可经三羧酸循环，转变成草酰乙酸，再参与转氨基过程（图 7 - 3）。

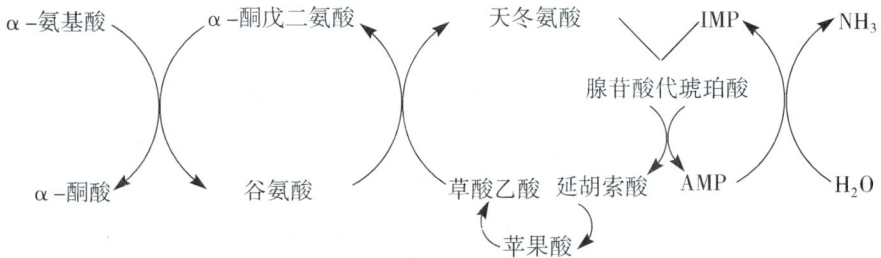

图 7 - 3　嘌呤核苷酸循环

三、氨的代谢

氨是动物体内的剧毒物质，是一种神经毒物，如给家兔注射 NH_4Cl，可使其发生"昏迷"致死亡。正常人血氨浓度很低，一般不超过 $60\mu mol/L$（$100\mu g/dl$），不会出现氨中毒的情况。

（一）氨的来源

氨在体内主要有 3 个来源：

1. 氨基酸的脱氨基作用　氨基酸的脱氨基作用及胺类分解产生的氨是体内氨的主要来源。

$$R-CH_2-NH_2 \xrightarrow{\text{胺氧化酶}} R-CHO + NH_3$$

2. 肠道吸收　肠道产氨有两方面，一是肠道细菌的腐败作用，二是血中尿素渗入肠道经肠菌脲酶水解产生。肠道产氨的量较多，约每天 4g。氨的吸收部位主要在结肠，NH_3 比 NH_4^+ 易于透过细胞膜而被吸收入血。NH_3 与 NH_4^+ 的互变与肠液 pH 值有关，pH 值下降，NH_3 与 H^+ 结合生成 NH_4^+ 不被吸收；pH 值上升，NH_3 吸收增强。临床上对高血氨患者常采用弱酸性透析液做结肠透析，而禁止用碱性肥皂液灌肠，就是为了减少氨的吸收。

3. 肾脏产氨　在肾远曲小管上皮细胞含有活性较高的谷氨酰胺酶，能催化谷氨酰胺水解产氨。酸性尿时，氨以铵盐形式随尿排出；碱性尿时，氨被肾小管上皮细胞吸收入血，升高血氨。故临床上对因肝硬化腹水的患者，不宜使用碱性利尿药。

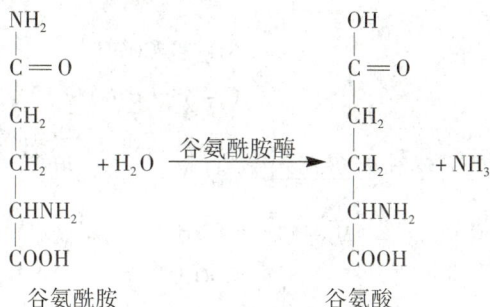

$$
\begin{array}{ccc}
\text{NH}_2 & & \text{OH}\\
|& &|\\
\text{C}=\text{O}& &\text{C}=\text{O}\\
|& &|\\
\text{CH}_2& &\text{CH}_2\\
|& \xrightarrow{\ \text{谷氨酰胺酶}\ }&|\\
\text{CH}_2\quad +\text{H}_2\text{O}& &\text{CH}_2\quad +\text{NH}_3\\
|& &|\\
\text{CHNH}_2& &\text{CHNH}_2\\
|& &|\\
\text{COOH}& &\text{COOH}\\
\text{谷氨酰胺}& &\text{谷氨酸}
\end{array}
$$

（二）氨的去路

1. 尿素的生成　正常人体内 80%～90% 的氨以尿素形式随尿排出，尿素主要在肝脏合成，由肾脏排出。

20 世纪 30 年代，德国学者克雷布斯提出尿素合成的鸟氨酸循环学说，又称尿素循环或克雷布斯循环。此循环的过程可分为以下 4 步：

（1）**氨基甲酰磷酸的合成**　在肝细胞的线粒体，NH_3 与 CO_2 在辅助因子 Mg^{2+}、ATP、N-乙酰谷氨酸的存在下经氨基甲酰磷酸合成酶Ⅰ（CPS-Ⅰ）的催化合成氨基甲酰磷酸。

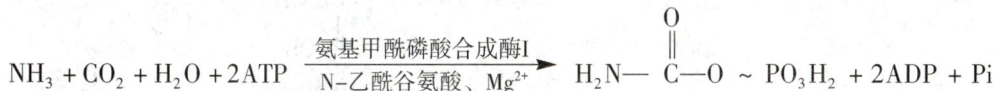

$$
NH_3 + CO_2 + H_2O + 2ATP \xrightarrow[\text{N-乙酰谷氨酸、}Mg^{2+}]{\text{氨基甲酰磷酸合成酶I}} \ H_2N\!-\!\overset{\displaystyle O}{\overset{\|}{C}}\!-\!O \sim PO_3H_2 + 2ADP + Pi
$$

此反应是消耗能量的不可逆反应。CPS-Ⅰ是一种变构酶，N-乙酰谷氨酸是此酶的变构激活剂。氨基甲酰磷酸含有高能键，在酶的催化下易与鸟氨酸反应生成瓜氨酸。

（2）**瓜氨酸的生成**　在鸟氨酸氨基甲酰转移酶催化下，氨基甲酰磷酸与鸟氨酸缩合成瓜氨酸。

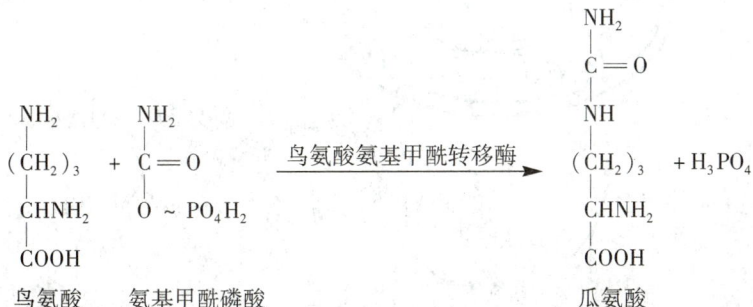

$$
\begin{array}{cccc}
& & & \text{NH}_2\\
& & &|\\
& \text{NH}_2 & &\text{C}=\text{O}\\
& | & &|\\
\text{NH}_2 & \text{C}=\text{O}& &\text{NH}\\
| & | & &|\\
(\text{CH}_2)_3 \ + \ \text{C}=\text{O}& \xrightarrow{\ \text{鸟氨酸氨基甲酰转移酶}\ } &(\text{CH}_2)_3 \ +\text{H}_3\text{PO}_4\\
| & | & &|\\
\text{CHNH}_2 & \text{O}\sim\text{PO}_4\text{H}_2& &\text{CHNH}_2\\
| & & &|\\
\text{COOH}& & &\text{COOH}\\
\text{鸟氨酸}& \text{氨基甲酰磷酸}& &\text{瓜氨酸}
\end{array}
$$

此反应不可逆，亦是在线粒体中进行。反应所需的鸟氨酸是从胞液中由存在于线粒体内膜上的转运载体携带进入线粒体的。瓜氨酸合成后，需经载体将其转运至胞液才能进行下列的反应。

（3）**精氨酸的生成**　在胞液中，瓜氨酸与天冬氨酸经精氨酸代琥珀酸合成酶催化，由 ATP 供能合成精氨酸代琥珀酸，后者经裂解酶催化生成精氨酸和延胡索酸。

瓜氨酸 + 天冬氨酸 $\xrightarrow[\text{ATP、H}_2\text{O} \quad \text{AMP+PPi}]{\text{精氨酸代琥珀酸合成酶}}$ 精氨酸代琥珀酸 $\xrightarrow{\text{精氨酸代琥珀酸裂解酶}}$ 精氨酸 + 延胡索酸

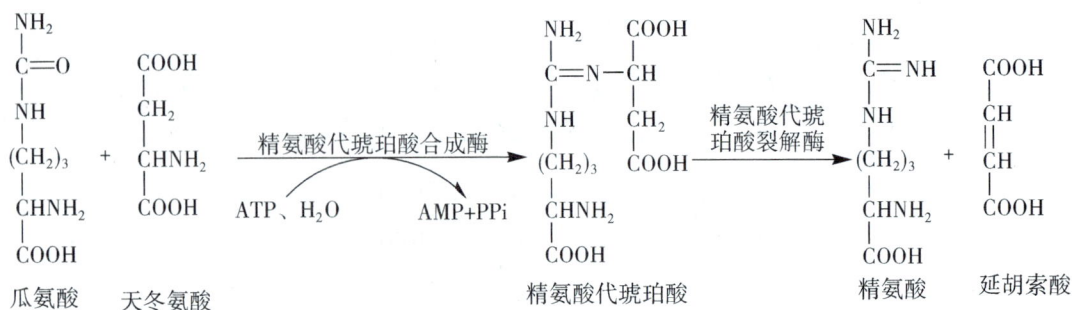

上述反应中，天冬氨酸起着供给氨基的作用，延胡索酸经三羧酸循环途径转变为草酰乙酸，后者经转氨基作用生成天冬氨酸，循环上述过程。

（4）**尿素的生成** 精氨酸在胞液中经精氨酸酶的水解生成尿素和鸟氨酸，鸟氨酸再进入线粒体合成瓜氨酸，循环上述过程。如此循环往复，尿素不断合成。

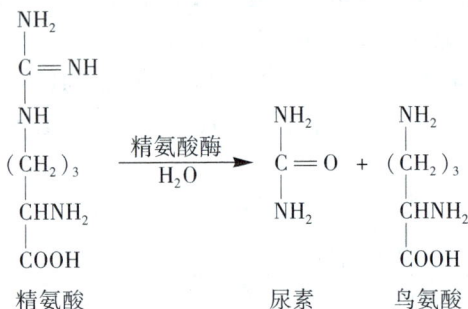

精氨酸 $\xrightarrow[\text{H}_2\text{O}]{\text{精氨酸酶}}$ 尿素 + 鸟氨酸

尿素合成的全过程见图 7-4。

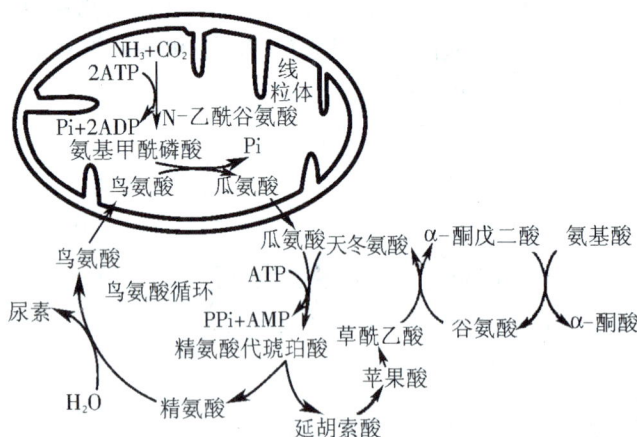

图 7-4　鸟氨酸循环

综上所述，每经一次鸟氨酸循环，可促进 2 分子 NH_3、1 分子 CO_2 合成 1 分子尿素。尿素合成是耗能过程，每合成 1 分子尿素就要消耗 3 分子 ATP，相当于 4 个高能键。

2. 合成谷氨酰胺 肝、脑、肌肉等组织细胞中的谷氨酰胺合成酶可催化氨与谷氨酸生成谷氨酰胺。谷氨酰胺既是氨的解毒产物，又是氨的储存及运输形式，可用于含氮

化合物如嘌呤、嘧啶等的合成，也可经血液循环运输到肾。在肾小管上皮细胞中，谷氨酰胺在谷氨酰胺酶的作用下，被水解成谷氨酸和氨，氨可以铵盐的形式随尿排出。谷氨酰胺的合成有着重要的生理意义，它既可参与蛋白质的生物合成，又是体内储氨、运氨和解除氨毒性的重要方式。

3. 氨代谢的其他途径　体内的氨也可与 α - 酮酸通过联合脱氨基作用的逆过程合成非必需氨基酸，还可以参加嘌呤及嘧啶等化合物的合成。

（三）高血氨症与氨中毒

正常情况下，血氨的来源、运输和去路保持着动态平衡，血氨浓度在较低水平维持恒定。氨在肝内合成尿素是维持这种平衡的关键。当肝功能严重受损时，尿素合成发生障碍，血氨浓度升高，称为高血氨症。此时，血氨通过血脑屏障，进入脑组织，与脑中的 α - 酮戊二酸结合生成谷氨酸，氨也可与脑中的谷氨酸进一步结合生成谷氨酰胺。因此，脑中的氨增加可以使脑细胞中的 α - 酮戊二酸减少。α - 酮戊二酸是三羧酸循环的重要中间产物，其缺乏会导致脑组织中的 ATP 生成减少，引起大脑功能障碍，严重时可引起昏迷，称为肝性脑病，故严重肝病患者应控制食物蛋白质的摄入。

四、α - 酮酸的代谢

氨基酸经脱氨基作用生成的 α - 酮酸，在体内的代谢去路主要有以下 3 条：

（一）合成非必需氨基酸

α - 酮酸主要在体内经转氨基作用或联合脱氨基作用的逆过程生成相应的氨基酸。

（二）转变成糖及脂肪

在体内 α - 酮酸可以转变为糖或酮体。将能在体内转变成糖的氨基酸称为生糖氨基酸，如丙氨酸、天冬氨酸、半胱氨酸等；将能转变为酮体的氨基酸称为生酮氨基酸，如亮氨酸和赖氨酸；将既能生成糖又能生成酮体的氨基酸称为生糖兼生酮氨基酸，如苯丙氨酸、色氨酸、苏氨酸、酪氨酸和异亮氨酸等。

（三）氧化供能

α - 酮酸在体内可直接或间接经三羧酸循环彻底氧化成 CO_2 和 H_2O，并释放能量供机体生命活动的需要。

第三节　个别氨基酸的代谢

氨基酸除一般代谢外，还有其特殊的代谢途径，并生成某些重要的生理活性物质。本节主要介绍氨基酸的脱羧基作用、一碳单位代谢、含硫氨基酸的代谢和芳香族氨基酸的代谢。

一、氨基酸的脱羧基作用

氨基酸的脱羧基作用是指氨基酸在氨基酸脱羧酶作用下脱去羧基生成 CO_2 和胺的过程。磷酸吡哆醛是脱羧酶的辅酶。

胺类物质主要作用于神经及心血管系统，生理浓度时具有重要生理作用，但这些物质在体内蓄积则会引起神经和心血管系统的功能紊乱。

（一）组胺

组氨酸经组氨酸脱羧酶催化生成组胺。

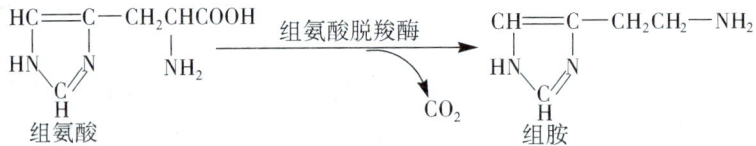

$$HC{=}C{-}CH_2CHCOOH \xrightarrow[\quad CO_2 \quad]{\text{组氨酸脱羧酶}} CH{=}C{-}CH_2CH_2{-}NH_2$$

组氨酸 → 组胺

组胺广泛存在于脑、肝、肺、胃、肌肉、结缔组织等的肥大细胞内，是一种强烈的血管舒张剂，可引起血管扩张、毛细血管通透性增强、平滑肌收缩等生理效应。当组胺释放过多时，可引起血压下降甚至休克，也可引起支气管痉挛而发生哮喘。

（二）γ–氨基丁酸（GABA）

由谷氨酸在谷氨酸脱羧酶的催化下脱去羧基而生成。γ–氨基丁酸是一种抑制性神经递质，有抑制中枢神经的作用。

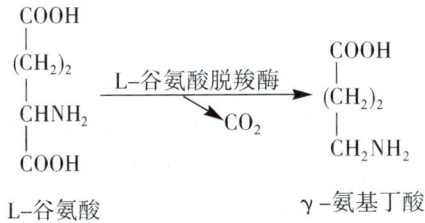

$$\begin{array}{c} COOH \\ | \\ (CH_2)_2 \\ | \\ CHNH_2 \\ | \\ COOH \end{array} \xrightarrow[\quad CO_2 \quad]{\text{L–谷氨酸脱羧酶}} \begin{array}{c} COOH \\ | \\ (CH_2)_2 \\ | \\ CH_2NH_2 \end{array}$$

L–谷氨酸　　　　　　γ–氨基丁酸

（三）牛磺酸

体内牛磺酸是由半胱氨酸经氧化、脱羧基生成。

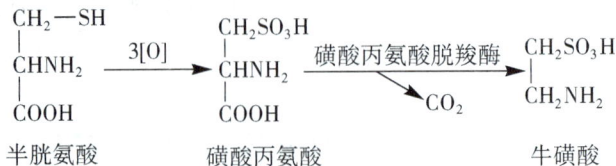

$$\begin{array}{c} CH_2{-}SH \\ | \\ CHNH_2 \\ | \\ COOH \end{array} \xrightarrow{3[O]} \begin{array}{c} CH_2SO_3H \\ | \\ CHNH_2 \\ | \\ COOH \end{array} \xrightarrow[\quad CO_2 \quad]{\text{磺酸丙氨酸脱羧酶}} \begin{array}{c} CH_2SO_3H \\ | \\ CH_2NH_2 \end{array}$$

半胱氨酸　　　　　　磺酸丙氨酸　　　　　　牛磺酸

牛磺酸具有抗氧化、稳定细胞膜功能，对神经、心肌、肝等多种细胞具有保护作用。

（四）5 – 羟色胺（5 – HT）

色氨酸经色氨酸羟化酶催化生成 5 – 羟色氨酸，后者再脱羧生成 5 – 羟色胺。

5 – HT 主要分布于神经组织、胃肠、血小板及乳腺细胞中。脑中的 5 – HT 是一种抑制性神经递质，与睡眠、疼痛、体温调节等生理功能有关。在外围组织中 5 – HT 有收缩血管的作用，可引起血压的升高。

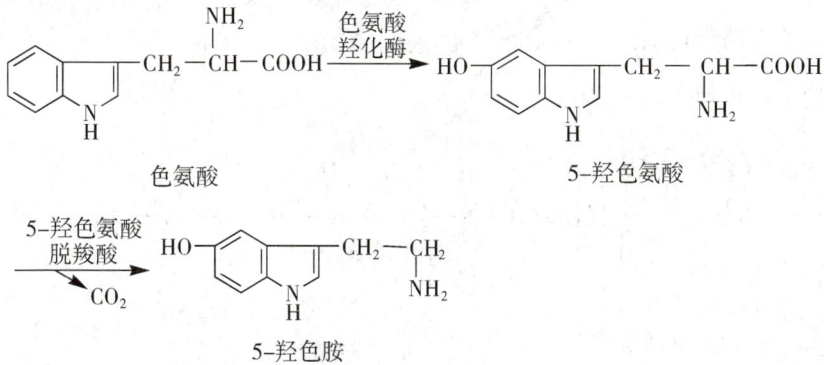

色氨酸　　　　　　　　　　5-羟色氨酸

5-羟色胺

（五）多胺

鸟氨酸及蛋氨酸经脱羧基等作用可生成多胺，反应如下：

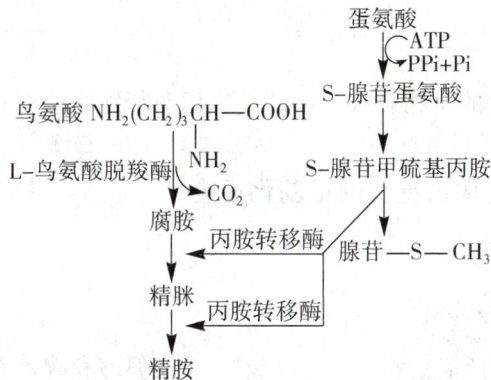

多胺是调节细胞生长的重要物质。生长旺盛的组织（如胚胎、再生肝、肿瘤组织等）中多胺的含量较高。临床上常测定患者血、尿中多胺含量，作为肿瘤患者辅助诊断及观察病情变化的指标之一。

二、一碳单位代谢

（一）一碳单位的概念

某些氨基酸在分解代谢过程中产生的含有一个碳原子的基团，称一碳单位或一碳基团，如甲基（—CH_3）、亚甲基（—CH_2—）、次甲基（＝CH—）、甲酰基（—CHO）、亚氨甲基（—CH ＝NH）等。CO_2 不属于一碳单位。

（二）一碳单位的载体

一碳单位不能游离存在，常与四氢叶酸（FH_4）结合而转运并参加代谢。FH_4是一碳单位的载体，也是一碳单位代谢的辅酶。哺乳动物体内的FH_4是由叶酸还原生成，其生成及结构如下：

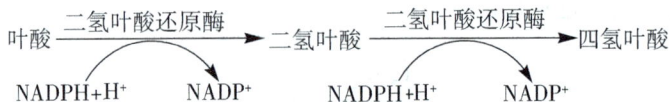

$$叶酸 \xrightarrow[\text{NADPH}+\text{H}^+ \quad \text{NADP}^+]{\text{二氢叶酸还原酶}} 二氢叶酸 \xrightarrow[\text{NADPH}+\text{H}^+ \quad \text{NADP}^+]{\text{二氢叶酸还原酶}} 四氢叶酸$$

FH_4分子结构如下：

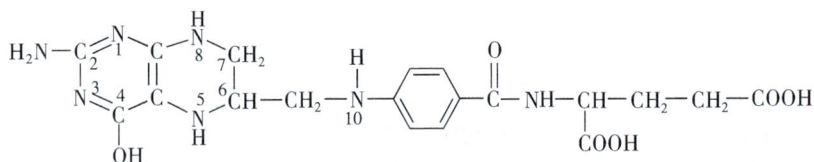

（三）一碳单位的来源

一碳单位主要来源于丝氨酸、甘氨酸、组氨酸、色氨酸的分解代谢。

各种形式的一碳单位中碳原子的氧化状态不同，在适当条件下它们可以通过氧化还原反应相互转变。

（四）一碳单位代谢的生理意义

1. 参与嘌呤、嘧啶的生物合成。一碳单位代谢与细胞的增殖、组织生长和机体发育等重要过程密切相关。

2. 一碳单位可参与体内重要的甲基化反应，为激素、磷脂、核酸等的合成提供甲基。

三、含硫氨基酸的代谢

体内含硫氨基酸包括蛋氨酸（甲硫氨酸）、半胱氨酸和胱氨酸。

（一）蛋氨酸的代谢

1. 蛋氨酸与转甲基作用　蛋氨酸与 ATP 经腺苷转移酶催化，生成 S - 腺苷蛋氨酸（SAM），此为甲基的供体，是蛋氨酸的活性形式，可参与多种重要的甲基化反应。

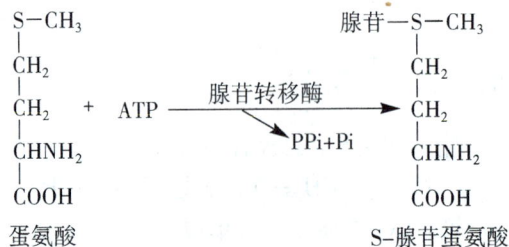

2. 蛋氨酸循环　S－腺苷蛋氨酸在甲基转移酶的作用下，将甲基转移给其他物质使其甲基化，自身生成 S－腺苷同型半胱氨酸，然后脱去腺苷生成同型半胱氨酸，经 N^5—CH_3—FH_4 转甲基酶（辅酶为维生素 B_{12}）催化，获得甲基又重新生成蛋氨酸，这个过程称蛋氨酸循环（图 7-5）。

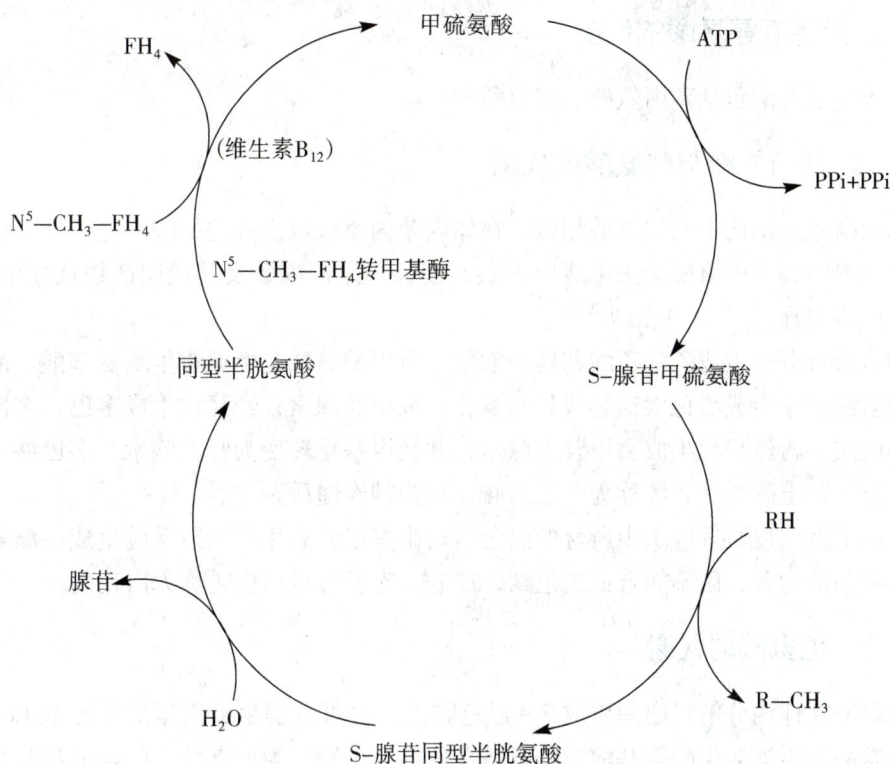

图 7-5　蛋氨酸循环

蛋氨酸循环的生理意义是由 N^5—CH_3—FH_4 提供甲基合成蛋氨酸，再通过蛋氨酸生成的 SAM 提供的甲基参与体内广泛存在的甲基化反应。可见 N^5—CH_3—FH_4 是体内甲基的间接供体。

（二）半胱氨酸与胱氨酸的代谢

半胱氨酸含有巯基（—SH），胱氨酸含有二硫键（—S—S—），2 分子半胱氨酸在有氧条件下，脱氢氧化生成 1 分子胱氨酸。

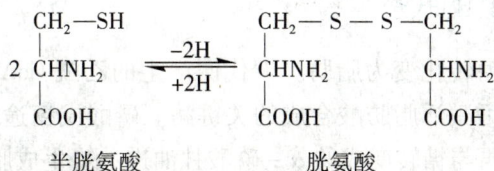

蛋白质分子中两个半胱氨酸之间形成的二硫键（—S—S—）对维持蛋白质的结构有重要作用。

半胱氨酸与谷氨酸、甘氨酸缩合成谷胱甘肽（GSH）。谷胱甘肽有还原型及氧化型两种，彼此可以互相转化。人体红细胞中还原型谷胱甘肽含量很高，其主要作用是与过氧化物及氧自由基起反应，从而保护膜上含巯基的蛋白质及含巯基的酶等物质不被氧化。

四、芳香族氨基酸的代谢

芳香族氨基酸包括苯丙氨酸、酪氨酸和色氨酸。

（一）苯丙氨酸与酪氨酸的代谢

苯丙氨酸在结构上与酪氨酸相似，在体内苯丙氨酸可变成酪氨酸。先天性苯丙氨酸羟化酶缺乏时，苯丙氨酸无法生成酪氨酸，使大量苯丙酮酸及其代谢产物从尿中排出，称为苯丙酮尿症。

酪氨酸可分解生成乙酰乙酸和延胡索酸，所以酪氨酸是生糖兼生酮氨基酸。酪氨酸在黑色素细胞中生成黑色素；其残基经碘化生成甲状腺素；经羟化生成多巴，多巴脱羧生成多巴胺，再经羟化生成去甲肾上腺素，并经甲基化转变为肾上腺素。多巴胺、去甲肾上腺素、肾上腺素三者统称为儿茶酚胺，均为神经递质。

人体毛发、皮肤等组织中所含的黑色素均由多巴经氧化、脱羧反应生成。酪氨酸酶遗传性缺陷的患者，因不能合成黑色素，皮肤、毛发等呈白色，称为白化病。

（二）色氨酸的代谢

色氨酸在体内分解代谢除生成 5 - 羟色胺外，也可分解生成丙酮酸和乙酰 CoA。所以，色氨酸是生糖兼生酮氨基酸。色氨酸在体内还可转变为尼克酸，但合成量甚少，不能满足机体需要。

第四节　糖、脂类与蛋白质代谢的联系

体内糖、脂类和蛋白质代谢不是彼此独立，而是相互联系的，其中乙酰 CoA 及三羧酸循环是糖、脂类和蛋白质代谢相互联系的重要枢纽。三者之间可以相互转变，当一种物质代谢障碍时可引起其他物质代谢紊乱，如糖尿病时糖代谢障碍，可引起脂代谢、蛋白质代谢甚至水盐代谢紊乱（图 7 - 6）。

一、糖与脂类代谢的联系

当摄入糖量过多，糖转化变为脂肪。糖代谢产生的乙酰 CoA 进入胞质，既可作为脂肪酸的合成原料，又可激活脂肪酸合成的关键酶。磷酸戊糖途径提供 NADPH，使胞质内大量合成脂肪酸，再与糖转变成的 α - 磷酸甘油进一步生成脂肪。此外，糖还可转变为胆固醇，并为磷脂的合成提供基本骨架。

脂肪在体内难以转变为糖。脂肪分解的大量乙酰 CoA 不能异生成糖，可进入三羧

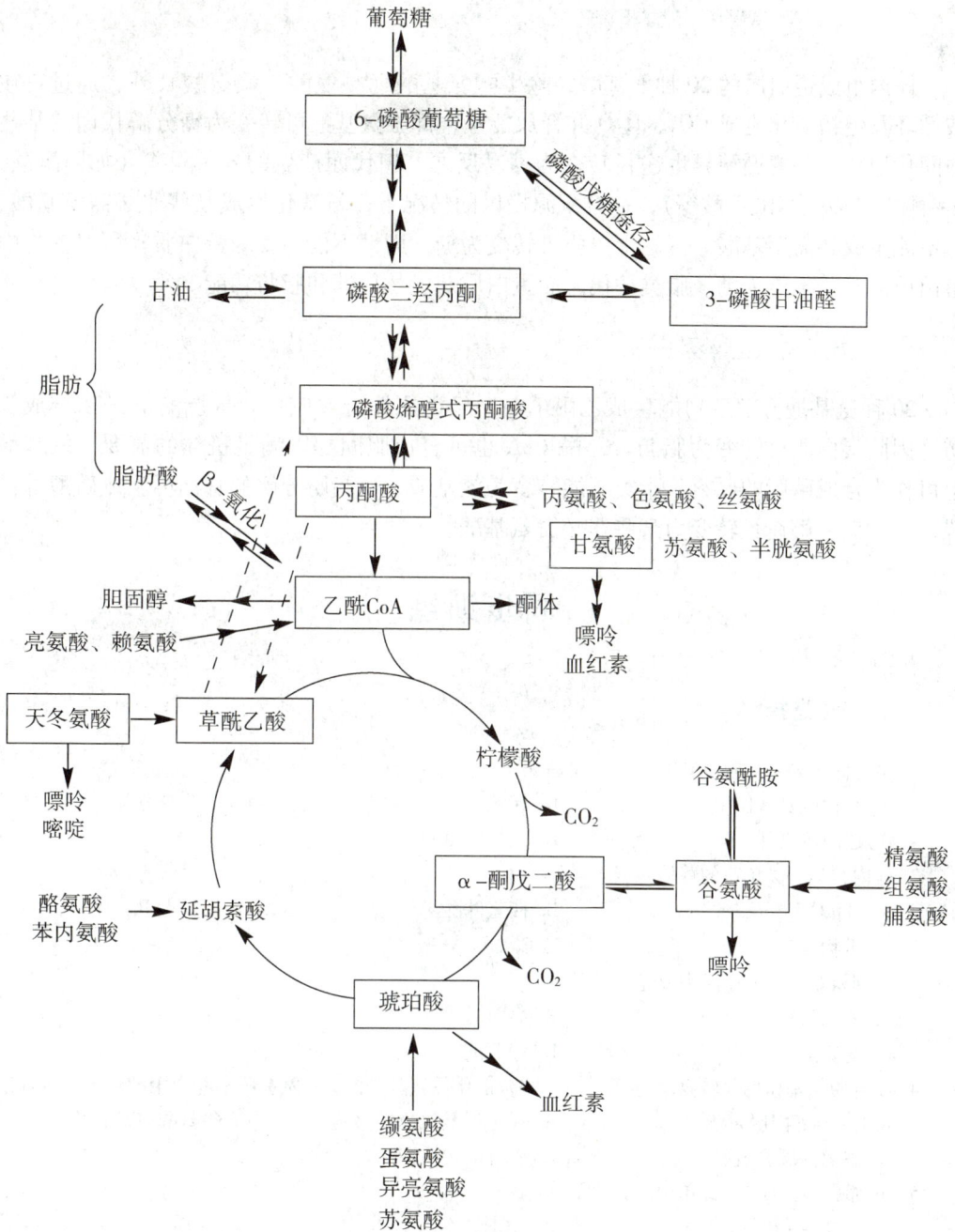

图 7-6　糖、脂类、氨基酸途径间的相互联系

酸循环氧化。尽管甘油可转变为糖，但其量较少。此外，脂肪分解代谢还依赖于糖代谢的正常进行。因为三羧酸循环所需的草酰乙酸主要来源于糖，而且酮体分解所需的琥珀酰 CoA 部分来源于三羧酸循环。当糖供给不足或糖代谢障碍时，脂肪大量动员，脂肪酸进入肝经 β-氧化生成酮体量增加，草酰乙酸的相对不足致使过量的酮体不能及时通过三羧酸循环氧化，造成血液中酮体含量升高，产生酮血症。

二、糖与氨基酸代谢的联系

体内组成蛋白质的 20 种氨基酸，除生酮氨基酸（亮氨酸、赖氨酸）外，通过三羧酸循环及生物氧化生成 CO_2、H_2O 并释放能量；部分氨基酸可转变为糖分解代谢的某些中间代谢物，并遵循糖异生途径转变为糖。反之，糖代谢产生的 α-酮酸（如丙酮酸、α-酮戊二酸、草酰乙酸等），在有氮源提供的情况下，氨基化生成某些非必需氨基酸，但不能生成必需氨基酸。可见蛋白质可转变为糖，而糖不能转变为蛋白质。所以食物中蛋白质的营养不能为糖、脂类替代，而蛋白质却能替代糖和脂肪功能。

三、脂类与氨基酸代谢的联系

20 种氨基酸分解后均能生成乙酰 CoA，经还原缩合反应可合成脂肪酸进而合成脂肪，因此蛋白质可转变为脂肪。乙酰 CoA 也可合成胆固醇以满足机体的需要。氨基酸也可作为合成磷脂的原料。脂类不能转变为氨基酸，仅脂肪分解的甘油可生成磷酸甘油醛，遵循糖分解途径转变为某些非必需氨基酸。

同步训练

一、单项选择

1. 生物体内氨基酸脱氨基的主要方式是（　　）
   A. 氧化脱氨基作用　　　　　B. 转氨基　　　　　C. 联合脱氨基
   D. 还原脱氨基　　　　　　　E. 直接脱氨基

2. 体内转运一碳单位的载体是（　　）
   A. 叶酸　　　　　　　　　　B. 四氢叶酸　　　　C. 维生素 B_{12}
   D. 生物素　　　　　　　　　E. CoA

3. 下列氨基酸不属于必需氨基酸的是（　　）
   A. 苯丙氨酸　　　　　　　　B. 亮氨酸　　　　　C. 缬氨酸
   D. 丝氨酸　　　　　　　　　E. 赖氨酸

4. 联合脱氨基作用是转氨酶与（　　）联合催化使氨基酸的 α-氨基脱下并产生游离氨的过程。
   A. L-谷氨酸脱氢酶　　　　　B. 天冬氨酸氨基转移酶　　C. 谷氨酸氨基转移酶
   D. 谷氨酰胺合成酶　　　　　E. 腺苷酸脱氨酶

5. 下列哪一个不是一碳单位（　　）
   A. —CH_2—　　　　　　　　B. —CH_3　　　　　C. —CHO
   D. CO_2　　　　　　　　　　E. ＝CH—

6. 苯丙酮尿症患者尿中排出大量丙酮酸，原因是体内缺乏（　　）
   A. 酪氨酸转氨酶　　　　　　B. 磷酸吡哆醛　　　　C. 苯丙氨酸羟化酶
   D. 多巴脱羧酶　　　　　　　E. 蛋氨酸

二、多项选择

1. 体内清除氨的方式有（　　）

A. 合成尿素　　　　　　B. 合成谷氨酸　　　　　　C. 合成谷氨酰胺

D. 合成肌酸　　　　　　E. 肾脏泌氨作用

2. α－酮酸的代谢途径为（　　）

A. 氨基化生成相应的非必需氨基酸

B. 转变为糖和脂肪

C. 氧化成 CO_2 和水

D. 合成某些必需氨基酸

E. 转变生成一碳单位

三、填空题

1. 氮平衡可反映人体内蛋白质代谢的情况，可分为_____、_____、_____ 3 种类型。

2. 氨基酸脱氨基作用的方式主要有_____、_____、_____等，其中以联合脱氨基作用最重要。

3. 氨在体内主要有_____、_____、_____ 3 个来源，有_____、_____、_____ 3 个去路。

四、问答题

1. 体内氨基酸脱氨基的方式有几种？哪一种最主要？

2. 说出蛋氨酸循环的意义。

第八章　基因信息的传递

📘 **知识要点**

1. 掌握遗传的中心法则，DNA 半保留复制、转录、逆转录、翻译的概念；三种 RNA 在蛋白质合成中的作用。

2. 熟悉参与复制、转录、翻译的主要酶、原料及作用，复制与转录的区别。

3. 了解蛋白质合成过程，蛋白质生物合成与医学及常用基因技术。

DNA 是生物遗传的物质基础，其分子中特定的核苷酸排列顺序储存着遗传信息。DNA 分子中遗传信息是以基因（gene）的形式存在的。基因是 DNA 分子中能编码生物活性产物的功能片段，其编码产物主要有蛋白质和各种 RNA。遗传信息传递包括基因信息的遗传与表达。基因信息遗传是指遗传信息从亲代传给子代的过程，主要通过 DNA 的复制来实现；基因表达是基因的转录与翻译过程。

1958 年，DNA 双螺旋的发现人之一 F. Crock 提出遗传信息传递的基本规律：即由 DNA 到 DNA 的复制（replication）、DNA 到 RNA 的转录（transcription）、由 RNA 到蛋白质的翻译（translation）等过程，这种遗传信息的传递规律称为生物遗传的中心法则（central dogma）。深入研究发现，某些病毒的 RNA 能携带遗传信息，可进行自身复制和逆转录（reverse transcription），使中心法则得以补充和完善（图 8 – 1）。

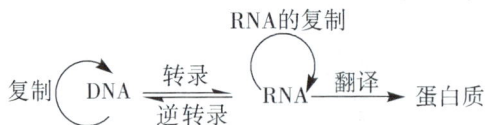

图 8 – 1　中心法则图解

第一节　DNA 的生物合成

DNA 的生物合成方式主要有复制、逆转录和修复，其中复制是 DNA 生物合成的主要方式。自然界中绝大部分生物都是通过复制将遗传信息从亲代传至子代，从而保证了物种的连续性。少数 RNA 病毒，能以 RNA 为模板通过逆转录方式合成 DNA。此外，环境因素造成 DNA 结构损伤后，生物体能通过修复系统进行 DNA 的修复合成，以保持 DNA 的正常功能和遗传的稳定性。

一、DNA 的复制

DNA 作为遗传物质最主要的特点是能够准确进行自我复制。以亲代 DNA 为模板合成子代 DNA 的过程称为 DNA 复制，通过复制将亲代的遗传信息准确地传递给子代。

（一）DNA 复制的方式 ——半保留复制

半保留复制是 DNA 复制的主要方式。当细胞分裂增殖 DNA 进行复制时，DNA 双螺旋结构松解，两链之间的氢键断裂，形成两股单链（称为母链），各自作为模板，以四种脱氧核苷三磷酸（dNTP）为原料，按照碱基配对规律，合成新的互补子链。如此新形成的两个子代 DNA 分子中，一条链来自亲代，另一条链则是新合成的；两个子代 DNA 分子中碱基顺序与亲代完全相同。这种复制方式称为 DNA 的半保留复制（semi - conservative replication）（图 8 - 2）。

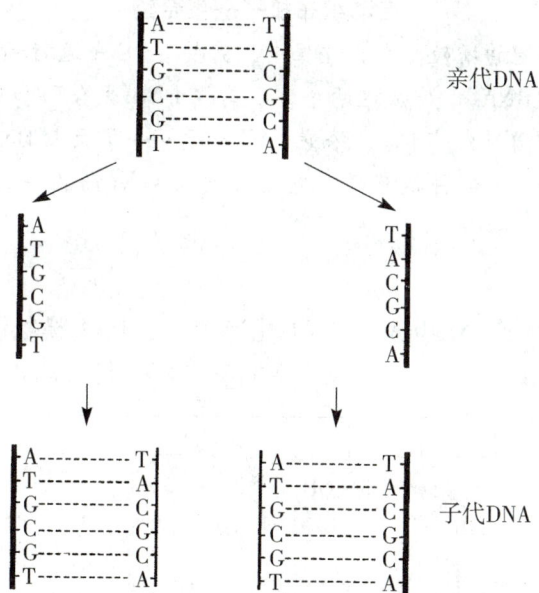

图 8 - 2　DNA 的半保留复制示意图

（二）参与 DNA 复制的物质

DNA 复制是由多种酶催化、许多蛋白质因子、小分子化合物共同参与的核苷酸聚合反应。参与复制的物质有：

1. 模板　解开的亲代 DNA 两条单链均可作为复制的模板，指导合成子代 DNA。

2. 原料　DNA 合成的原料是四种脱氧核苷三磷酸，即 dATP、dGTP、dCTP 和 dT-

TP，总称 dNTP（N 代表 A、T、G、C 四种碱基）。

3. 引物 引物是一小段 RNA，其作用是提供 3′－OH 末端，以供 dNTP 能够依次聚合。

4. 能量 由 ATP 及原料本身提供。

5. 复制所需的酶类 参与 DNA 复制的酶很多，主要介绍 4 种酶类：

（1）**解链解旋酶类** 此类酶包括：解链酶（解开 DNA 双链）；拓扑异构酶（防止 DNA 在解链过程中打结、连环、缠绕等现象）；单链 DNA 结合蛋白（SSB，与单链 DNA 结合，维持模板处于单链状态）。

（2）**引物酶（primase）** 在 DNA 模板的复制起始部位，催化 4 种核糖核苷三磷酸（NTP）聚合生成短片段 RNA，作为引物，提供 3′－OH 末端，供 dNTP 加入和延伸。

（3）**DNA 聚合酶** 全称依赖 DNA 的 DNA 聚合酶（DDDP），其功能主要有：①具有聚合活性，以 DNA 为模板，催化四种 dNTP，按 5′→3′方向聚合新生 DNA 链。②即时校读作用，可识别和切除复制中错配的核苷酸。③填补复制和修复中的空隙。

相关链接

自动织布机——聚合酶

在生物体细胞的增殖、生长过程中，需要对 DNA 进行精确复制，并且转录出一个影子"RNA"。完成这两个过程需要 DNA 聚合酶和 RNA 聚合酶。聚合酶就像一台"自动织布机"，给它一个模子——即原来 DNA 分子中的模板链，并提供原料——4 种核苷酸，它就能自动织出产品——DNA 和 RNA 分子来。

（4）**DNA 连接酶（DNA ligase）** 催化连接同一 DNA 模板链中两个 DNA 片段的 3′－端与 5′－端形成磷酸二酯键，连接形成完整的 DNA 链（图 8-3）。

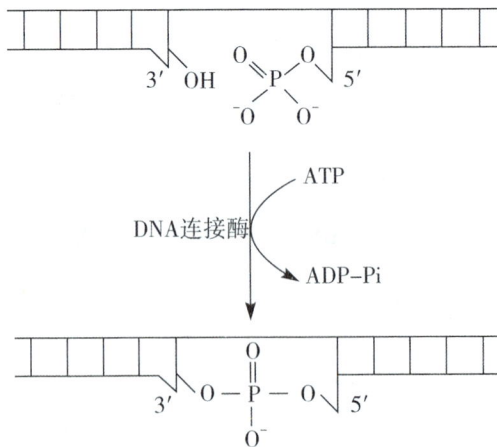

图 8-3　DNA 连接酶的作用

（三）DNA 复制的过程

DNA 复制是一个复杂的连续过程，可分为起始、延长、终止 3 个阶段。现以原核生物为例介绍 DNA 复制的主要过程。

1. 复制起始（replication initiation）

（1）辨认起始点　DNA 复制时，首先由引物酶辨认复制的起始点。

（2）DNA 解链　由解链酶和拓扑异构酶解开一段双链 DNA，SSB 结合于解开的单链上，维持其单链状态。

（3）RNA 引物的生成　以复制起始点的一段单链 DNA 为模板，在引物酶的催化下，以 4 种 NTP 为原料，按 5′→3′方向合成一小段 RNA 引物。以提供的 3′- OH 末端，是合成新 DNA 链的起点。

2. 复制延长（replication elongation）　领头链（leading strand）和随从链（lagging strand）的合成：在引物提供的 3′- OH 末端处，DNA 聚合酶分别以解开的两条 DNA 单链为模板，按碱基互补规律，催化 4 种 dNTP 通过磷酸二酯键彼此相连，形成两条新的 DNA 子链。由于 DNA 聚合酶在模板链上移动的方向是 3′→5′，而新链的合成方向是 5′→3′，所以一条链的合成与解链方向相同，能连续延长称为领头链。而另一条链的合成与解链方向相反，不能连续进行，它只能待复制叉分开一定长度后，才能以解开的这段 DNA 单链为模板，仍按 5′→3′方向一段一段地合成，这种不连续的 DNA 片段称为随从链。最早由日本科学家冈崎发现的，故称之为冈崎片段（Okazaki fragment）。领头链和随从链的合成见图 8 - 4。

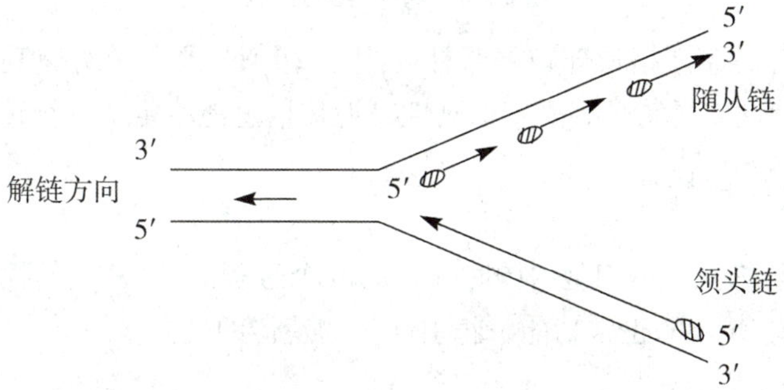

图 8 - 4　领头链和随从链的合成

3. 复制终止（replication termination）　终止阶段包括 RNA 引物的去除、修补缺口。

（1）RNA 引物的水解　当 DNA 片段延长到复制终止区时，在 DNA 聚合酶的作用下，切除 RNA 引物。

（2）完整 DNA 分子的形成　RNA 引物去除后，在冈崎片段间留下的空隙，在 DNA 聚合酶的催化下，以 4 种 dNTP 为原料使 DNA 片段延长，以此来填补空隙，相邻的 3′- OH 与 5′- P 缺口，则由 DNA 连接酶接合形成完整的子代 DNA 链。DNA 复制机制如图 8 - 5 所示。

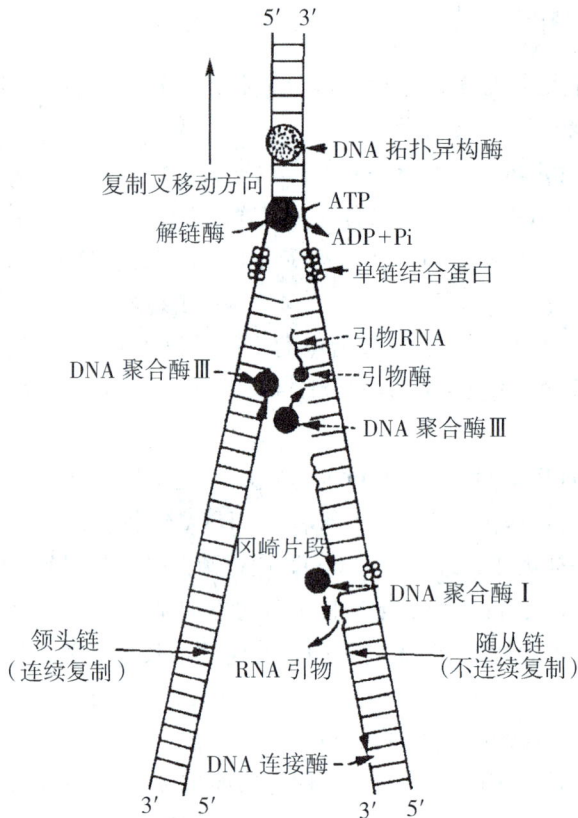

图 8－5　DNA 复制机制

DNA 复制特点：①严格遵守碱基互补规则。②DNA 聚合酶对碱基有选择功能和即时校读功能。此特性使复制具有高度保真性，遗传信息能稳定地延续传代。

二、DNA 损伤与修复

DNA 的损伤与修复，是细胞内同时并存的两个过程。若 DNA 的损伤不能及时或不能完全修复，影响 DNA 的正常功能，将引起生物遗传的变异。

（一）DNA 的损伤

在一些理化因素作用下，生物体的 DNA 结构与功能均可发生改变，称 DNA 的损伤（damage）。

1. 引起 DNA 损伤的主要因素　①物理因素：常见的有紫外线、各种电离辐射等。②化学因素：现已检出引起 DNA 损伤的化合物有 6 万多种，大多数为化学诱变剂或致癌剂，如放线菌素 D、亚硝酸盐、烷化剂、农药、食品防腐剂等。

2. 突变的几种类型　①错配（mismatch）：又称为点突变，指 DNA 分子中单个碱基的变异。②缺失（deletion）：指 DNA 分子中一个碱基或一段核苷酸链的丢失。③插入（insertion）：指 DNA 分子中原来不存在一个碱基或一段核苷酸链的插入。若插入或缺失的核苷酸是 3 个或 3n 个，不一定引起框移突变，如果缺失或插入发生在同一密码子的三个核苷酸之间，不管是否为 3 的倍数，可能导致三联体密码阅读移位。④重排（rearrangement）：指 DNA 分子内发生较大片段的交换或序列颠倒。

3. 突变的后果　DNA 突变的后果有利也有弊。突变发生在至关重要的基因上，引起死亡；突变发生在功能性蛋白质的基因上，导致遗传病；基因突变在环境有利于机体新特性表达的情况下，被选择地保留下来，成为分化与进化的分子基础。

（二）DNA 的修复

DNA 的修复是指针对已发生的缺陷施行的补救措施，恢复其正常结构。修复的方式主要有：

1. 光修复（direct repair）　生物体内普遍存在有光复活酶，可解聚嘧啶二聚体中的共价键，恢复 DNA 的正常结构。

2. 切除修复（excision repairing）　这是体内最重要的一种修复机制。首先由特异的核酸内切酶识别并切除损伤部位，同时以另一条正常的 DNA 链为模板，由 DNA 聚合酶Ⅰ催化，按 $5' \rightarrow 3'$ 方向进行填补被切除部分的空隙，最后由 DNA 连接酶把 $3'-OH$ 和 $5'-P$ 接合起来，完成切除修复全过程（图 8-6）。

图 8-6　DNA 损伤的切除修复

3. 重组修复（recombination repair）　当 DNA 损伤面积较大时，可能出现来不及修复就进行复制的现象，导致损伤部位复制的新子链出现缺口。这时靠重组作用，将另一股正常状态的母链相应的一段填补到该缺口，母链所留下的缺口，由正常子链作模板，在 DNA 聚合酶Ⅰ和连接酶的作用下，填补及连接缺口，使母链恢复正常（图 8-7）。

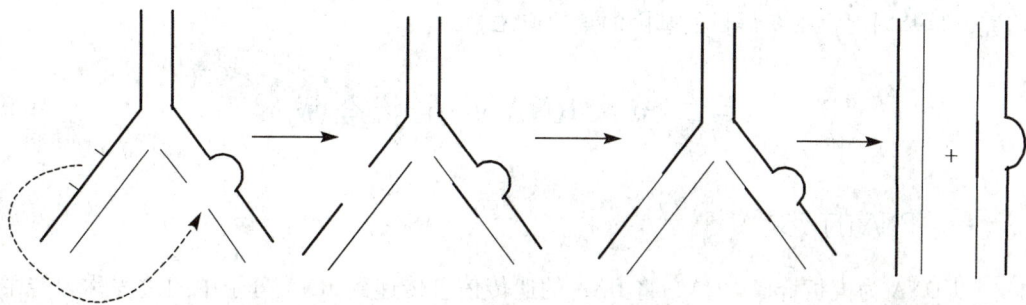

图 8-7　DNA 损伤的重组修复

4. SOS 修复　SOS（save our souls）是国际海难救援信号。当 DNA 损伤广泛，复制难以进行时，通过 SOS 修复处理，但错误较多，与癌症的发生有关。

三、逆转录

以 RNA 为模板合成 DNA 的过程称为逆转录或反转录。逆转录病毒体内存在一种逆转录酶（reverse transcriptase），全称为依赖 RNA 的 DNA 聚合酶（RNA dependent DNA polymerase，RDDP），其主要功能有：①以病毒基因组 RNA 为模板，催化 dNTP 聚合生成 DNA 互补链（complementary DNA，cDNA），产物是 RNA – DNA（cDNA）杂化双链。②能特异性水解 RNA – DNA 杂交体上的 RNA。③以逆转录合成的单链 DNA 为模板，合成互补的双链 DNA。新合成的双链 DNA 分子中带有 RNA 病毒遗传信息，并可整合到宿主细胞 DNA 中影响其基因表达（图 8 – 8）。现已知的致癌病毒、艾滋病病毒、乙肝病毒都是逆转录病毒。

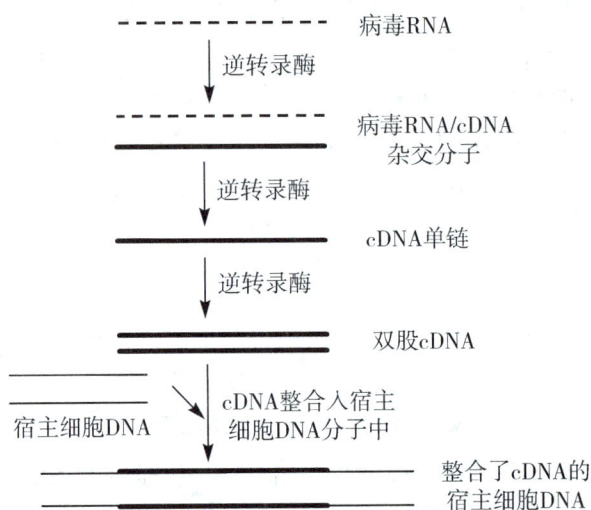

图 8 – 8　病毒逆转录作用示意图

逆转录有重要的生物学意义，补充和完善了中心法则；逆转录酶应用到分子生物学研究，是基因工程中获得目的基因的重要方法之一。

第二节　RNA 的生物合成

一、RNA 的转录

以 DNA 为模板合成 RNA，将 DNA 的遗传信息传递到 RNA 分子中的过程称为转录（transcription）。

（一）转录的模板

在基因组的 DNA 链上，不是任何区段都可以转录，能转录出 RNA 的 DNA 区段称为结构基因（structural gene）。在结构基因的 DNA 双链中，只有一条链可以作为模板，通常将这条能指导转录的链称为模板链（template strand）或有意义链；与其互补的另一条链不被转录则称为编码链（coding strand）或反意义链。转录的这种选择性称为不对称转录（asymmetric transcription）。

在一个包含多个基因的 DNA 双链分子中，各个基因的模板链并不总在同一条链上，在某个基因节段以其中某一条链为模板进行转录，而在另一个基因节段上可反过来以其对应单链为模板（图 8 - 9）。

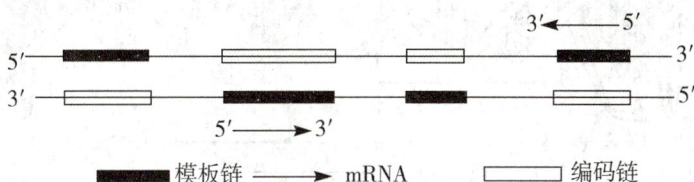

图 8 - 9　结构基因和不对称转录

（二）转录的原料

转录的原料为 4 种核糖核苷三磷酸，即 ATP、GTP、CTP 和 UTP。4 种原料脱去焦磷酸，单核苷酸之间聚合形成 RNA 分子。

（三）转录酶——RNA 聚合酶

RNA 聚合酶的全称是依赖 DNA 的 RNA 聚合酶（DNA dependant RNA polymerase，DDRP），催化以 4 种核糖核苷三磷酸为原料、以 DNA 为模板、按碱基配对规律、沿 $5' \rightarrow 3'$ 方向合成 RNA 的过程。

大肠杆菌的 RNA 聚合酶由 5 个亚基组成，用 $\alpha_2 \beta \beta' \sigma$ 表示，称为全酶（holoenzyme）。σ 亚基能辨认模板链和转录的起始点。若 σ 亚基从全酶中脱离，剩余 $\alpha_2 \beta \beta'$ 部分称为核心酶（core enzyme），能催化核苷酸聚合生成 RNA。人体内有 3 种 RNA 聚合酶，即 RNA 聚合酶 I、RNA 聚合酶 II 和 RNA 聚合酶 III，分别催化 rRNA、mRNA 和 tRNA 前体的合成。

（四）转录的过程

转录的过程包括起始、延长和终止 3 个阶段。下面以原核生物转录为例来说明：

1. 转录的起始　RNA 聚合酶的 σ 亚基辨认转录的起始点，并以全酶的形式与起始部位结合，随之 DNA 双链解开，暴露 DNA 模板链，在起始点掺入 RNA 的第一个核苷酸，依次添加第二个 NTP，通过磷酸二酯键相连形成第一个二核苷酸。

2. 延长阶段　当第一个磷酸二酯键（二核苷酸）生成后，σ 亚基即从全酶中脱离，剩下的核心酶构象变得松弛，沿着 DNA 模板链的 $3' \rightarrow 5'$ 方向滑动，以 4 种核苷三磷酸为原料，催化合成 RNA 链从 $5' \rightarrow 3'$ 方向延长。

3. 终止阶段　当核心酶沿 $3' \rightarrow 5'$ 方向滑行到 DNA 模板的转录终止部位时，转录产物 RNA 链停止延长并从转录复合物上脱落下来，转录终止。转录过程如图 8 - 10。

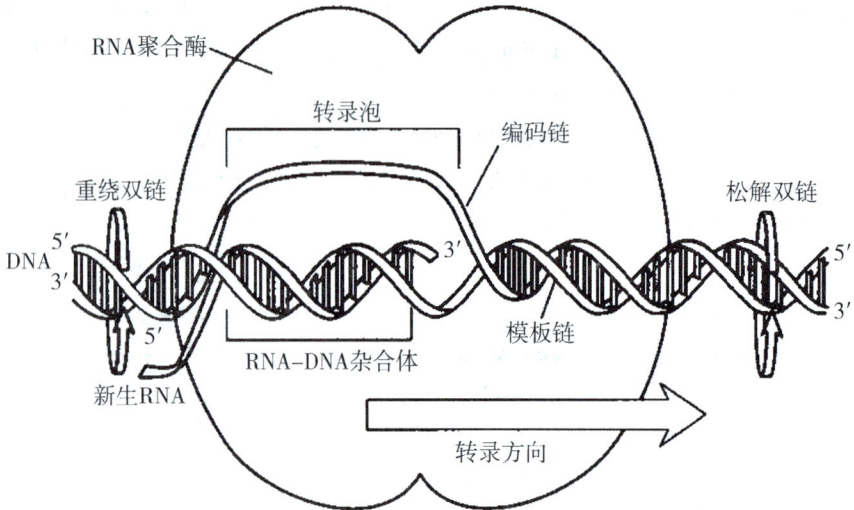

图 8 – 10 转录过程示意图

转录与 DNA 复制相比，相同之处有如基本化学反应、核苷酸链的合成方向、模板、碱基配对原则、核苷酸之间的连接方式等，但也有区别（表 8 – 1）。

表 8 – 1 复制和转录的区别

	复制	转录
模板	解开的两股 DNA 单链	DNA 模板链
原料	dNTP	NTP
酶	DNA 聚合酶	RNA 聚合酶
配对	A – T，G – C	A – U，T – A，G – C
产物	子代双链 DNA	mRNA，tRNA，rRNA
引物	需要（RNA 引物）	不需要
方式	半保留复制，半不连续复制	不对称转录，连续进行

二、转录后的加工修饰

经转录生成的各种 RNA 前体没有活性，通常还需经过一定的加工修饰后才能转变为具有生物活性的 RNA 分子。

（一）mRNA 转录后的加工

真核生物 mRNA 的前身为非均一核 RNA（hnRNA），在细胞核内其加工修饰方式有：①在 5′端修饰剪接形成帽子结构，即 7 – 甲基鸟苷三磷酸（$m^7GpppGp$）。②在 3′端切去一些多余的核苷酸，形成多聚腺苷酸尾巴（polyA），帽子和尾巴结构可保护 mR-

NA，稳定、延长模板寿命。③hnRNA 的剪接即指切除非信息区，将信息区拼接为成熟的 mRNA，作为蛋白质生物合成的直接模板。

（二）tRNA 转录后的加工

tRNA 初级转录产物需加工后方可成熟：①剪切：分别在 5′端和 3′端切除一定的核苷酸以及 tRNA 反密码环的部分插入序列。②tRNA 前体的 3′末端加上 CCA—OH 结构，使 tRNA 具有携带氨基酸的能力。③碱基的修饰：对一些碱基进行修饰，生成稀有碱基，如甲基化嘌呤（mA、mG），二氢尿嘧啶（DHU）等。

（三）rRNA 转录后的加工

rRNA 的转录和加工与核糖体的形成是同时进行的，即一边转录，一边有蛋白质结合到 rRNA 上形成核蛋白颗粒。

真核生物的 rRNA 前体物质 45S，经剪接后生成 28SrRNA、5.8SrRNA 和 18SrRNA 3 种。28SrRNA、5.8SrRNA 以及多种蛋白质分子组装成核糖体大亚基，而 18SrRNA 与相关蛋白质一起，装配成核糖体的小亚基，作为蛋白质合成的场所。

第三节　蛋白质的生物合成（翻译）

蛋白质是生命现象的体现者。DNA 的遗传信息经过转录传给 mRNA，按照 mRNA 分子中密码信息指导合成蛋白质的过程称为翻译（translation）。其本质是将 mRNA 上密码的顺序，翻译为蛋白质分子中氨基酸的排列顺序。

一、蛋白质的生物合成体系

蛋白质生物合成是一个由多种物质参与的复杂过程。20 种编码氨基酸是蛋白质生物合成的基本原料，mRAN、tRNA 和核糖体分别是蛋白质生物合成的模板、"适配器"和"装配机"。此外，有多种蛋白质因子、酶类及某些无机离子参与。

（一）RNA 在蛋白质生物合成中的作用

1. mRNA 是蛋白质生物合成的直接模板　mRNA 分子上携带有遗传信息，是蛋白质生物合成的直接模板。在 mRNA 分子上，从 5′→3′方向，每三个相邻的碱基构成"三联体"，称为密码子（codon），代表一种氨基酸或其他信息。生物体内共有 64 种密码子，其中 61 个分别代表 20 种氨基酸；AUG 除代表蛋氨酸（甲硫氨酸）外，还是起始密码子（initiation codon），是蛋白质生物合成的起始信号；还有 3 个是终止密码：UAA、UAG 和 UGA，是蛋白质生物合成的终止密码子（termination codon）（表 8 - 2）。

表 8 - 2　遗传密码表

第一核苷酸 (5')	第二核苷酸				第三核苷酸 (3')
	U	C	A	G	
U	苯丙氨酸 UUU	丝氨酸 UCU	酪氨酸 UAU	半胱氨酸 UGU	U
	苯丙氨酸 UUC	丝氨酸 UCC	酪氨酸 UAC	半胱氨酸 UGC	C
	亮氨酸 UUA	丝氨酸 UCA	终止密码 UAA	终止密码 UGA	A
	亮氨酸 UUG	丝氨酸 UCG	终止密码 UAG	色氨酸 UGG	G
C	亮氨酸 CUU	脯氨酸 CCU	组氨酸 CAU	精氨酸 CGU	U
	亮氨酸 CUC	脯氨酸 CCC	组氨酸 CAC	精氨酸 CGC	C
	亮氨酸 CUA	脯氨酸 CCA	谷氨酰胺 CAA	精氨酸 CGA	A
	亮氨酸 CUG	脯氨酸 CCG	谷氨酰胺 CAG	精氨酸 CGG	G
A	异亮氨酸 AUU	苏氨酸 ACU	天冬酰胺 AAU	丝氨酸 AGU	U
	异亮氨酸 AUC	苏氨酸 ACC	天冬酰胺 AAC	丝氨酸 AGC	C
	异亮氨酸 AUA	苏氨酸 ACA	赖氨酸 AAA	精氨酸 AGA	A
	甲硫氨酸 AUG	苏氨酸 ACG	赖氨酸 AAG	精氨酸 AGG	G
G	缬氨酸 GUU	丙氨酸 GCU	天冬氨酸 GAU	甘氨酸 GGU	U
	缬氨酸 GUC	丙氨酸 GCC	天冬氨酸 GAC	甘氨酸 GGC	C
	缬氨酸 GUA	丙氨酸 GCA	谷氨酸 GAA	甘氨酸 GGA	A
	缬氨酸 GUG	丙氨酸 GCG	谷氨酸 GAG	甘氨酸 GGG	G

　　遗传密码具有连续性、方向性、通用性、简并性、摆动性等特点。起始密码 AUG 总是位于 mRNA 的 5′端，终止密码位于 3′端，中间是信息区，所以翻译过程是沿 mRNA 从 5′→3′方向进行的。

2. tRNA 有识别密码子和转运氨基酸的功能
tRNA 三叶草型结构 3′末端的 CCA - OH 可携带氨基酸，一种 tRNA 只能转运一种氨基酸，而一种氨基酸常有 2 ~ 6 种 tRNA 来转运。反密码环的顶端有三个相邻的碱基称为反密码子，能与 mRNA 的密码子反向互补，即具有识别密码子的功能，按碱基配对规律将携带的氨基酸准确地在 mRNA 分子上对号入座，保证以 mRNA 为模板正确翻译出相应的多肽链（图 8 - 11）。

3. rRNA 是多肽链合成的装配机　rRNA 与蛋白质结合形成核蛋白体，是蛋白质生物合成的场所。

图 8 - 11　密码与反密码的碱基配对

核蛋白体由大、小两个亚基组成，只有在进行蛋白质生物合成时，大小亚基才聚合在一起形成核蛋白体，其中小亚基与 mRNA 结合，其结合距离容纳两组密码子。大亚基上有两个位点，A 位（受位）和 P 位（给位）。A 位是结合氨基酰 tRNA 的部位，P 位是结合肽酰 tRNA 的部位。大亚基给位上有转肽酶，可催化肽键形成。核蛋白体好似一台

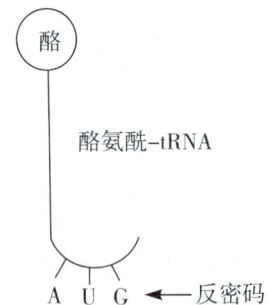

"装配机"，把运来的氨基酸，按照模板上密码的编排装配成多肽链（图8－12）。

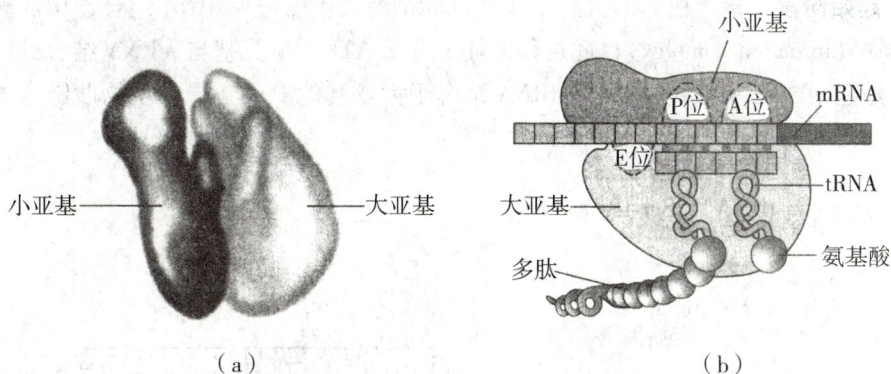

（a）大、小亚基间裂隙是 mRNA 和 tRNA 结合部位；（b）翻译过程中核糖体结构模式

图 8－12　原核生物核糖体结构模式

（二）蛋白质合成所需的酶和其他物质

参与蛋白质生物合成的重要酶有：①氨基酰－tRNA 合成酶，催化氨基酸的活化。②转肽酶，催化核糖体 P 位上的肽酰基转移至 A 位上形成肽键。③转位酶，催化核糖体向 mRNA 的 3′－端移位，使下一个密码子定在 A 位。

蛋白质合成的能源物质为 ATP 和 GTP，需要无机离子 Mg^{2+} 和 K^+ 参与。此外，有许多蛋白质因子参与，如：起始因子（initiation factor，IF），延长因子（elongation factor，EF）和释放因子（releasing factor，RF），它们分别参与蛋白质合成过程中的起始、延长和终止。

二、蛋白质生物合成过程

蛋白质生物合成是个复杂的系统工程，包括氨基酸的活化与转运、肽链的合成与加工修饰等过程。

（一）氨基酸的活化与转运

氨基酸与相应的 tRNA 结合为氨基酰－tRNA 的过程称为氨基酸的活化，此反应由氨基酰－tRNA 合成酶催化，ATP 供能。

$$氨基酸 + tRNA + ATP \xrightarrow{\text{氨基酰-tRNA合成酶}} 氨基酰 - tRNA + AMP + PPi$$

氨基酰－tRNA 合成酶对氨基酸有高度的特异性，一种酶只能识别一种氨基酸，此酶还能识别与此氨基酸相适应的数种特异 tRNA。氨基酰－tRNA 既是氨基酸的活化形式也是转运形式。

（二）肽链的合成——核蛋白体循环

氨基酸在核蛋白体上缩合形成多肽链的过程称为核蛋白体循环（ribosome cycle）。

这是蛋白质生物合成的中心环节，主要分为 3 个阶段：

1. 起始阶段 核蛋白体的大、小亚基，mRNA 及蛋氨酰 – tRNA 结合，构成翻译起始复合物（initiation complex），此过程消耗 1 分子 ATP。小亚基与 mRNA 结合处的第一组密码是起始密码 AUG，蛋氨酰 – tRNA 结合于大亚基的 P 位。原核生物肽链合成的起始阶段如图 8 – 13。

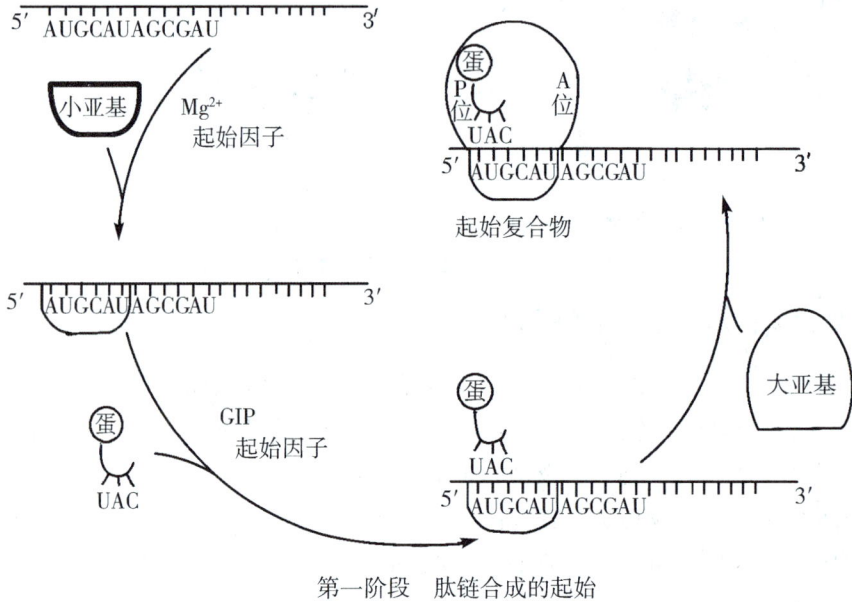

第一阶段　肽链合成的起始

图 8 – 13　原核生物肽链合成的起始阶段

2. 延长阶段 起始复合体形成后，肽链从 N 端向 C 端延长。每次循环使新生肽链增加一个氨基酸。每个循环又分为 3 个连续步骤，即进位（registration）、成肽（peptide bond formation）和转位（translocation）。

（1）**进位** 按照 A 位对应的 mRNA 上密码的要求，由相应的 tRNA 携带氨基酸进入 A 位。这是一个耗能的过程，所需能量由 GTP 提供。

（2）**成肽** 在转肽酶的作用下，P 位上的蛋氨酰基转移到 A 位，与 A 位上的氨基酸通过肽键相连，形成肽酰 – tRNA。P 位上空出的 tRNA 从核蛋白体上脱落下来。

（3）**转位** 核蛋白体沿 mRNA 由 5′ 向 3′ 移动一组密码子的距离，一组新密码进入。于是 A 位上的肽酰 – tRNA 移到 P 位，A 位空出，为与新密码相应的氨基酰 – tRNA 进入做好准备。通过进位、成肽、转位这三个步骤反复循环，使多肽链不断延长（图 8 – 14）。

3. 终止阶段 当核蛋白体沿 mRNA 移动出现终止密码时，终止因子识别终止密码子并与之结合，此时转肽酶起水解酶的作用，使多肽链从核蛋白体上水解下来，tRNA 脱落，核蛋白体大、小亚基解聚，并与 mRNA 分离（图 8 – 15）。

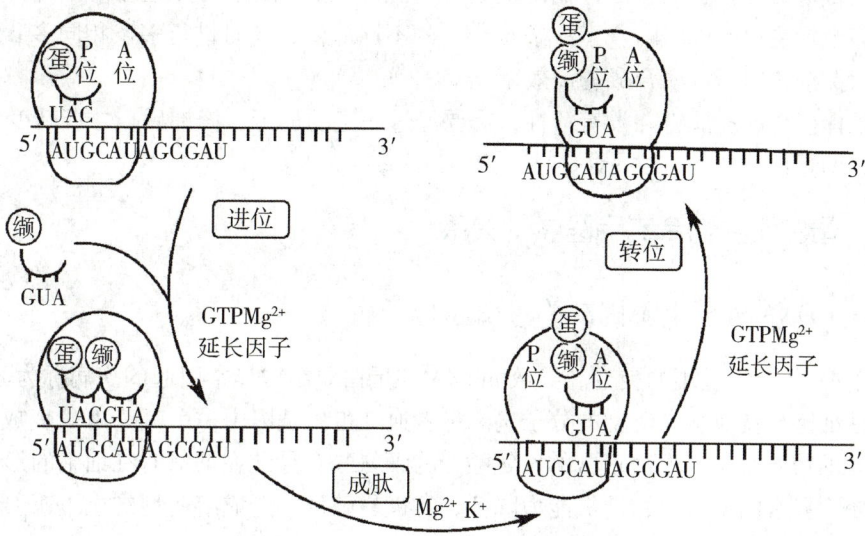

第二阶段　肽链合成的延长

图 8－14　肽链合成的延长过程

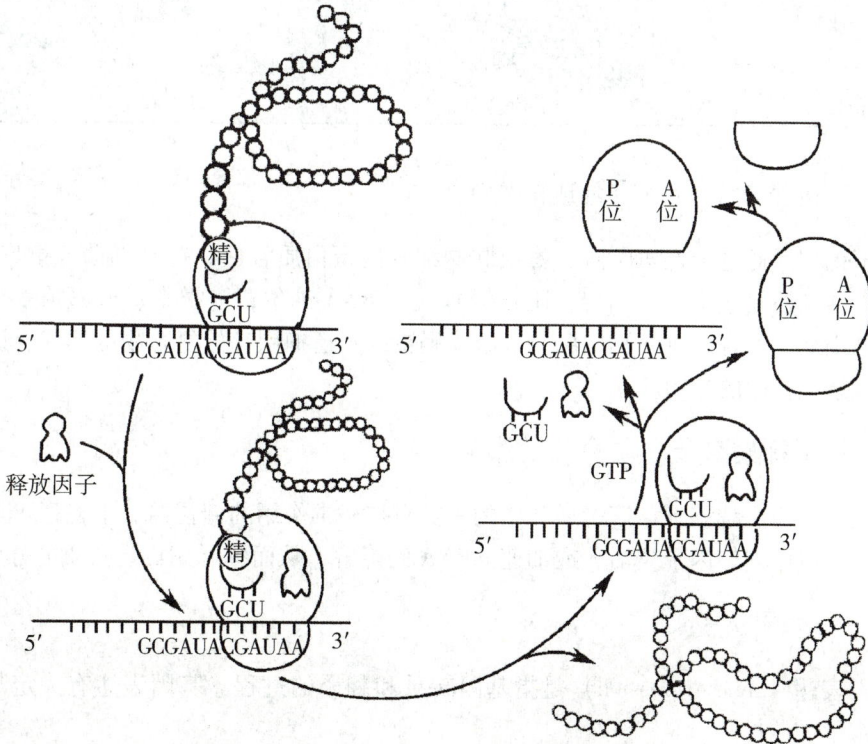

第三阶段　肽链合成的终止

图 8－15　原核生物肽链合成的终止

以上所述的是单个核蛋白体循环的过程。实际上，细胞内进行蛋白质生物合成时，常常是多个核蛋白体同时附着于一条 mRNA 的不同部位，同时进行多条相同多肽链的合成，从而保证体内蛋白质合成的高效率。

新翻译生成的多肽链并没有活性，需要经过一定的加工、修饰后，才能转变为具有生物活性的蛋白质。

三、蛋白质生物合成与医学的关系

（一）DNA 分子上基因缺陷可引起分子病

由于 DNA 分子基因的突变，导致 mRNA 和蛋白质结构异常引起的疾病称为分子病。镰刀形红细胞性贫血就是典型的分子病。患者血红蛋白基因中一个碱基由 T 变成 A，使 β 链 N 端的第 6 个氨基酸由正常的谷氨酸变为缬氨酸，导致在缺氧时红细胞的形状由圆盘状转变为异常的镰刀形，携氧能力降低，且极易破裂，造成溶血型贫血。镰刀形红细胞性贫血患者 Hb 基因的异常见表 8 - 3。

表 8 - 3　镰刀形红细胞性贫血患者 Hb 基因的异常

	正常	异常
相关 DNA	…CTT…	…CAT…
相关 mRNA	…GAA…	…GUA…
β 链端第 6 位氨基酸	谷氨酸	缬氨酸
Hb 种类	HbA	Hbs

（二）抗生素对蛋白质合成的影响

许多抗生素通过干扰病原微生物或肿瘤细胞的蛋白质合成，起到抑菌或抗癌作用。如四环素族与核糖体小亚基结合，阻止氨基酰 - tRNA 进位；链霉素、卡那霉素等可与核糖体的小亚基结合，改变其构象，引起读码错误，还抑制起始复合物的形成，影响肽链合成，达到抑菌的目的。

（三）干扰素对蛋白质合成的影响

干扰素是宿主细胞感染病毒后产生的一类有抗病毒作用的糖蛋白。干扰素可通过诱导蛋白质合成的起始因子失活，或加速 mRNA 的降解，从而抑制病毒蛋白质的合成。

四、基因表达的调控

基因表达（gene expression）是指基因转录和翻译的过程。基因表达有一定规律并受多级水平的调控。

（一）基因表达有严格的规律性

基因表达有阶段特异性，即按功能需要，某一特定基因的表达随时间、环境而变化，严格按特定时间顺序发生。基因表达有组织特异性，不同基因的表达产物在不同组织器官分布也不相同。

（二）基因表达的方式

1. 基本基因的表达　在生物体的整个生命过程中，有些基因必不可少称为管家基因。例如编码三羧酸循环中各个酶的基因在所有的细胞中都持续表达。

2. 诱导和阻遏　有一些基因其表达受环境条件变化的影响。在特定环境下，使某些基因表达增强称为诱导，而有些基因则表达降低称为阻遏。

（三）基因表达的多级调控

基因表达调控是在复制、转录及转录后、翻译及翻译后等多级水平上进行的，其中转录水平的调节最为重要。转录起始的调节涉及 DNA、调节蛋白及 RNA 聚合酶的活性等多种因素。大多数原核生物的基因按功能相关性成簇地串联、密集于染色体上，共同组成一个转录调节单位——操纵子，调节基因的表达。真核生物的调节序列由启动子、增强子等组成，其 RNA 聚合酶的活性依赖基本转录因子和转录激活因子的存在。

第四节　常用基因技术

一、基因工程

（一）基因工程的概念和步骤

基因工程（genetic engineering）是当今生命科学领域的重大技术，是对遗传信息分子进行设计和改造的分子工程，包括基因重组、克隆和表达。实施基因工程技术需具备四大要素：工具酶、载体、基因、受体细胞。基因工程包括 5 个主要步骤：①制备目的基因和载体。②连接目的基因与载体。③将重组 DNA 导入宿主细胞。④DNA 重组体的筛选与鉴定。⑤DNA 重组体的扩增、表达。

（二）基因工程在医学上的应用

1. 医学基础研究　利用重组 DNA 技术，建立人类基因文库，进而分析基因结构与功能，实现从分子水平研究肿瘤、心血管等疾病的发生，为人类疾病的基因治疗提供理论与技术基础。

2. 发展生物制药　利用基因工程可有目的地生产具有药用价值的蛋白质或多肽产品，如胰岛素、生长素、促红细胞生成素、肿瘤坏死因子、干扰素及乙肝疫苗等。

3. 基因诊断（gene diagnosis）　利用分子生物学的技术对遗传病、肿瘤以及传染病在 DNA 水平上进行病原学及细胞遗传基因的检测和分析。目前，已能对镰刀型红细胞性贫血、假肥大性肌营养不良等疾病进行基因诊断，并阐明这些疾病的发病机制。

4. 基因治疗 所谓基因治疗（gene therapy）就是将正常的外源基因导入生物体以矫正或替代致病基因，达到治疗目的。目前基因治疗所采用的方法有基因矫正、基因置换、基因增补、基因失活等。

5. 产前诊断 利用基因工程可制备适当的探针，可对母体血中或羊水中的胎儿细胞进行分析，及早发现，防止有遗传缺陷的患儿出生。

二、聚合酶链反应

（一）聚合酶链反应的概念

聚合酶链反应（polymerase chain reaction，PCR）是20世纪80年代发展起来的一种体外 DNA 扩增技术，利用这一技术可将微量的 DNA 片段扩增上百万倍。它具有灵敏度高、特异性强、重复性好、简便快速等优点。

（二）PCR 的基本原理

PCR 技术是基于 DNA 变性与复性及半保留复制设计的，其工作原理是以待扩增的DNA 为模板，以一对分别与模板 5′末端和 3′末端互补的寡核苷酸片段为引物，以 4 种dNTP 为原料，由耐热的 DNA 聚合酶催化合成新的 DNA 分子。不断重复这一过程，可使目的 DNA 得以扩增。

（三）PCR 的步骤与应用

PCR 技术包括 3 个基本步骤：①变性：将反应体系加热至95℃左右，使 DNA 变性解链，作为模板。②退火：迅速降温（50℃ ~ 55℃），使引物与单链模板互补配对。③延伸：当引物与模板配对结合后，再升高温度到70℃左右，耐热 DNA 聚合酶催化以引物为起点的 DNA 聚合反应。

上述 3 个步骤为一个循环，新合成的 DNA 可再作为模板进行下一轮循环，大约经25 ~ 30 次循环，可使目的 DNA 扩增至 100 万倍。这些目的基因可用于基因克隆、DNA和 RNA 的微量分析、基因突变分析、制作探针等，从而在疾病诊断、医药研发、法医学及生命科学研究等诸多领域被广泛应用。

同步训练

一、单项选择题

1. DNA 复制时不需要的酶是（ 　 ）

    A. DNA 聚合酶 　　　　　　　　B. RNA 聚合酶

    C. 解链解旋酶 　　　　　　　　D. 连接酶

2. DNA 连接酶的作用是（ 　 ）

A. 使 DNA 形成超螺旋结构　　　　　B. 合成 RNA 引物

C. 连接两段相邻的 DNA 片段　　　　D. 稳定单链状态

3. 逆转录过程中需要的酶是（　　　）

A. 依赖 DNA 的 DNA 聚合酶　　　　B. 核酸酶

C. 依赖 RNA 的 DNA 聚合酶　　　　D. 依赖 DNA 的 RNA 聚合酶

4. 将 mRNA 分子中密码的顺序译为蛋白质一级结构氨基酸的排列顺序称为（　　　）

A. 复制　　　　　　　　　　　　　B. 转录

C. 逆转录　　　　　　　　　　　　D. 翻译

5. 直接决定蛋白质一级结构氨基酸排列顺序的是（　　　）

A. mRNA 上密码的顺序　　　　　　B. DNA 分子中碱基的排列顺序

C. tRNA 分子中 3' 的核苷酸顺序　　 D. tRNA 分子中反密码的排列顺序

6. 既是启动密码又代表蛋氨酸的密码是（　　　）

A. AUG　　　　　　　　　　　　　B. AGC

C. GAA　　　　　　　　　　　　　D. UCG

7. 大肠杆菌 RNA 聚合酶的组成是（　　　）

A. $\alpha_2\beta\beta'\sigma$　　　　　　　　　　　B. $\alpha\beta\beta'$

C. $\alpha_2\beta'\sigma$　　　　　　　　　　　D. $\alpha_2\beta\beta'$

8. 多肽链的合成过程均在核蛋白体上反复进行，故称为（　　　）

A. 核蛋白体循环　　　　　　　　　B. 三羧酸循环

C. 鸟氨酸循环　　　　　　　　　　D. 嘌呤核苷酸循环

二、多项选择题

1. 有关 DNA 的半保留复制叙述正确的是（　　　）

A. 分别以两条解开的 DNA 单链为模板

B. 以 dNTP 为原料

C. 有一小段 RNA 作为引物

D. 按照 A 与 T、C 与 G 的碱基配对规律

E. 需 DNA 聚合酶催化合成互补链

2. 肽链延长的步骤有（　　　）

A. 进位　　　　　　　　B. 成肽　　　　　　　　C. 剪切

D. 转位　　　　　　　　E. 拼接

3. 终止密码子是（　　　）

A. UAG　　　　　　　　B. UAA　　　　　　　　C. UGA

D. AUG　　　　　　　　E. ACC

4. RNA 的转录需要（　　　）

A. 以 DNA 的一条链为模板　　　　B. RNA 作为引物

C. RNA 聚合酶催化　　　　　　　 D. 以 ATP、GTP、CTP、UTP 为原料

E. 碱基配对：A 与 U，C 与 G，T 与 A

5. 遗传密码的特点有（　　　）

A. 通用性　　　　　　　　B. 方向性　　　　　　　　C. 简并性

D. 连续性　　　　　　　　　E. 摆动性

三、填空题

1. DNA 复制的原料是_____，RNA 合成的原料为_____。

2. 肽链合成的起始密码是_____，它位于 mRNA 的_____末端，终止密码是_____、
_____、_____，位于 mRNA 的_____末端。

3. 核蛋白体是由_____和_____组成，是蛋白质生物合成的_____。

4. 氨基酸的活化是由_____催化，由_____供能，是氨基酸与_____结合的过程。

5. 蛋白质生物合成时，沿 mRNA 链的_____方向进行，_____肽链的合成方向由_____端
到_____端延长。

三、问答题

1. 简述遗传信息传递的中心法则。

2. DNA 复制过程中的主要酶类有哪些?

3. 三种 RNA 在蛋白质生物合成中各有何作用?

4. 简述蛋白质生物合成的主要过程。

5. 比较复制、转录和逆转录的异同。

6. 利用下列英文字母 d、c、o、A、B、D、N、T、P、R，你能组合写出本章中哪些物质的英文缩
写（提示：英文字母可重复使用）?

7. 已知 DNA 模板链的某一片段的核苷酸排列顺序为：

3′…TACGTTAUACGACTTGATTGTGCGATCGTGACT…5′

（1）试写出转录生成的 mRNA 的核苷酸序列，并注明 5′与 3′端。

（2）根据遗传密码表，写出以此 mRNA 为模板合成的多肽链的氨基酸序列，并注明 N 端与 C 端。

（3）当此 mRNA 5′端的第 3 个碱基缺失，则翻译出的多肽链氨基酸序列有怎样的改变?

第九章　肝生物化学

🔵 **学习目标**

1. 掌握生物转化的概念、生理意义、影响因素；胆汁酸的生理功能、血红素的分解代谢以及血清胆红素与黄疸。
2. 熟悉生物转化的反应类型以及血红素的生物合成。
3. 了解胆汁酸的代谢。

肝脏是人体内具有多种代谢功能的重要器官，它不仅在蛋白质、氨基酸、糖类、脂类、维生素、激素等代谢中起着重要作用，而且还参与分泌、排泄、生物转化等方面的重要过程。同时肝细胞内含有数百种酶，参与物质代谢。故肝具有"物质代谢中枢"之称。

肝之所以有复杂多样的代谢功能，是由其组织结构和化学组成特点决定的：①肝有肝动脉和肝门静脉双重的血液供应。肝动脉既可通过肝细胞提供由肺和其他组织运来的充足的氧气和代谢产物，又可通过门静脉运来由消化道吸收的大量营养物质，为肝内多种代谢途径提供物质基础。②肝有丰富的血窦，血流速度缓慢，增加了肝细胞和血液接触面积，而且延长时间，有利于物质的交换。③肝有肝静脉和胆道系统双重输出通道。一条是通过肝静脉可将营养物质及代谢产物，随血液运到肝外其他组织，或由尿排出体外；另一条是通过胆道系统，将一些代谢产物排入肠道，或由粪便排出体外。④肝细胞含有丰富的酶，且许多酶是肝所特有的。

第一节　生物转化作用

一、概述

机体内存在一些既不能构成组织细胞的结构成分，又不能氧化供能的物质，它们被统称为非营养物质。

非营养物质的来源有：①内源性：系物质代谢产物，如氨、胺、胆红素等，以及有待灭活的激素、神经递质等。②外源性：系外界进入人体内部的各种物质，如药物、毒物、有机农药、色素、食品添加剂及环境污染等。

（一）生物转化的定义

非营养物质经过氧化、还原、水解和结合反应，使其极性增加或活性改变，而易于排出体外的这一过程称为生物转化作用。

（二）生物转化的部位

非营养物质在肝、肾、肠、肺等部位进行生物转化后可随胆汁或尿液排出。由于肝细胞内存在生物转化的酶系种类多、含量高，所以肝是生物转化最主要的器官。

（三）生物转化的特点

1. 生物转化的多样性　即一种物质在体内可进行多种生物转化反应，生成不同的代谢产物。如非那西丁的代谢途径主要是先氧化成对乙酰基酚，再经过与尿苷二磷酸葡萄糖醛酸等结合生成相应的结合产物而排除；也可经羟化等反应生成与肝蛋白共价结合产物，引起肝细胞坏死。

2. 生物转化的连续性　有些非营养物质只要经过一步反应即可排出，但大多数非营养物质要经过连续几步反应才能彻底排出体外。一般先进行氧化、还原、水解反应，再进行结合反应。如乙酰水杨酸经水解生成水杨酸，除少量排出外，大多数再经过结合反应，生成多种结合产物而排泄。

3. 解毒与致毒的双重性　经过生物转化后活性降低，毒性减弱或消失。所以生物转化是一种生理解毒作用，对机体是一种保护。如肾上腺素和去甲肾上腺素经过生物转化而失活。有少数物质经过生物转化后活性升高，出现毒性或毒性增加。如黄曲霉毒素 B_1 在体外并不能直接与核酸等生物高分子相结合，但经肝细胞微粒体混合功能氧化酶的催化生成环氧化黄曲霉毒素 B_1，后者可与核酸分子中鸟嘌呤第 7 位 N 结合而致癌。

（四）生物转化的影响因素

生物转化作用受年龄、性别、肝脏疾病及药物等体内外各种因素的影响。例如新生儿生物转化酶发育不全，对药物及毒物的转化能力不足，易发生药物及毒素中毒等。老年人因器官退化，对氨基比林、保泰松等的药物转化能力降低，用药后药效较强，副作用较大。

二、生物转化的反应类型

肝的生物转化反应分为两相反应。第一相反应包括氧化、还原、水解反应；第二相反应称为结合反应。

（一）第一相反应

1. 氧化反应　氧化反应是常见的生物转化反应，由肝细胞的多种氧化酶系催化完成，主要有加单氧酶系、单胺氧化酶系和脱氢酶系。

（1）**加单氧酶系** 加单氧酶系存在于肝细胞微粒体中，该酶系反应的特点是激活分子氧，使其中一个氧原子加在底物分子中形成羟基；另一个氧原子被 NADPH 还原成水分子。由于一个氧分子发挥了两种功能，故又称混合功能氧化酶。其反应通式如下：

$$RH + O_2 + NADPH + H^+ \longrightarrow ROH + NADP^+ + H_2O$$

（2）**单胺氧化酶系** 单胺氧化酶系（MAO）存在于肝的线粒体中，是一种黄素蛋白。此酶可催化从肠道吸收的腐败产物如组胺、尸胺、酪胺和体内许多生理活性胺类物质，氧化脱氨基生成相应的醛。其反应通式如下：

$$RCH_2 - NH_2 + H_2O + O_2 \longrightarrow R - CHO + H_2O_2 + NH_3$$

（3）**脱氢酶系** 醇脱氢酶（ADH）和醛脱氢酶（ALDH）分别存在于肝细胞的胞液及微粒体中。两者均以 NAD$^+$ 为辅酶，分别催化醇或醛氧化成相应的醛或酸。其反应通式如下：

$$RCH_2OH + NAD^+ \longrightarrow RCHO + NADH + H^+$$
$$RCHO + H_2O + NAD^+ \longrightarrow RCOOH + NADH + H^+$$

2. 还原反应 肝细胞微粒体中含有还原酶系，主要是硝基还原酶和偶氮还原酶类，反应时需要 NADPH 提供氢，产物是胺类。

3. 水解反应 肝细胞的胞液和微粒体中含有多种水解酶，如酯酶、酰胺酶及糖苷酶等，它们分别催化酯类、酰胺类、糖苷类化合物的水解，以降低或消除其生物活性。例如：

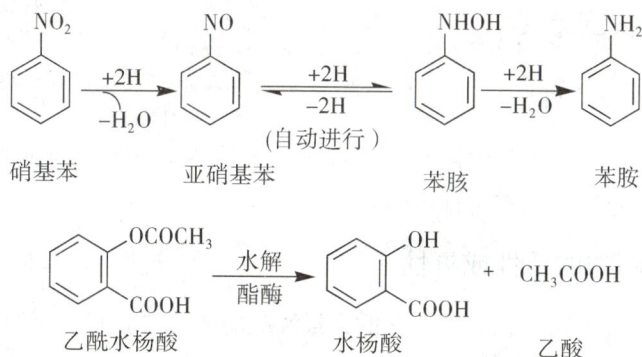

（二）**第二相反应**

第二相反应是结合反应，是体内最重要的生物转化方式。结合反应主要与葡萄糖醛酸、硫酸、谷胱甘肽、甘氨酸等发生结合反应，从而增强水溶性或改变其生物活性，以利于灭活或排出。其中以葡萄糖醛酸的结合反应最为重要和普遍。

1. 葡萄糖醛酸结合反应 肝细胞微粒体中含有葡萄糖酸基转移酶，该酶以尿苷二磷酸 α - 葡萄糖醛酸（UDPGA）为供体，催化葡萄糖醛酸基转移到多种含极性基团的化合物上，生成葡萄糖醛酸苷。例如：

UDPGA   苯酚   β-苯葡萄糖醛酸苷   UDP

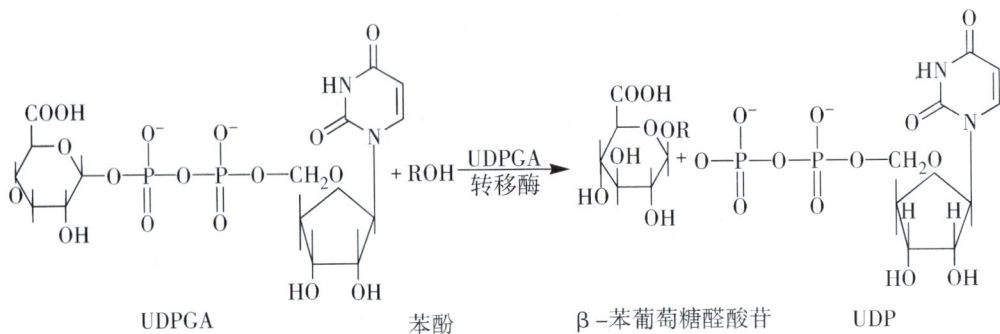

2. 硫酸结合反应   肝细胞中的硫酸转移酶，能将各种醇、酚或芳香族胺类灭活。

雌酮   雌酮硫酸酯

3. 乙酰基反应   各种芳香胺的氨基与活化的乙酰基供体——乙酰 CoA，在乙酰基转移酶催化下，生成乙酰化合物。例如：

$$CH_3CO—CoA + RNH_2 \longrightarrow CH_3CONHR + HSCoA$$

4. 其他结合反应   第二相反应除上述结合反应外，还有甲基结合反应、谷胱甘肽结合反应、甘氨酸结合反应等。

三、生物转化的意义

（一）消除外来异物

环境污染物、色素、食品添加剂等由机体摄入的外来异物，经血液运输至肝、肾、肠、皮肤等部位，进行生物转化排至体外。

（二）改变药物的活性或毒性

大多数药物经过生物转化后活性降低，毒性减弱或消失。有些药物经过生物转化后活性升高，有些出现毒性或毒性增加。

（三）灭活体内活性物质

机体自身合成的活性物质如激素，代谢产生的生理活性胺类，多经生物转化而灭活，以维持机体代谢调节与功能的正常。

（四）指导临床合理用药

某些药物在肝内代谢的同时，诱导肝内的生物转化酶合成，使肝脏的生物转化能力增强，称为药物代谢酶的诱导。例如，长期服用苯巴比妥，可诱导肝微粒体加单氧酶系的合成，从而使机体对苯巴比妥类催眠药产生耐药性。

第二节　胆汁酸的代谢

胆汁是由肝细胞分泌，储存在胆囊，经胆管排至肠道的一种苦味的黄色液体，包括胆汁酸盐、胆色素、胆固醇等。其中胆汁酸是胆汁中的主要成分，是脂类物质消化吸收所必需的一类物质。肝进行胆汁酸的合成和排泄构成了胆固醇降解的主要途径，也是清除胆固醇的主要方式。正常人胆汁中的胆汁酸可分为初级胆汁酸和次级胆汁酸两大类。其代谢包括合成、排泄（图 9-1）及肠肝循环三个主要环节。

一、胆汁酸的生物合成

（一）初级胆汁酸的生成

正常人每天合成的胆固醇中约有 $0.4 \sim 0.6g$ 在肝内转变为胆汁酸。胆固醇在肝细胞中经酶催化转变生成的胆汁酸称为初级胆汁酸，包括胆酸或鹅脱氧胆酸。它们分别与牛磺酸或甘氨酸结合形成初级结合胆汁酸，即甘氨胆酸、牛磺胆酸、甘氨鹅脱氧胆酸、牛磺鹅脱氧胆酸。这种结合作用使其极性增强，亲水性更大，有利于胆汁酸在肠腔内发挥其促进脂质消化吸收的作用。

（二）次级胆汁酸的生成

结合型初级胆汁酸随胆汁排泌入肠道后，结合型的初级胆汁酸受细菌酶的作用，水解脱去甘氨酸或牛磺酸，生成游离型初级胆汁酸，再在肠菌酶的作用下，使 7 位脱羟基，使胆酸转变为 7-脱氧胆酸，鹅脱氧胆酸转变为石胆酸。这种由初级胆汁酸在肠菌作用下形成的胆汁酸称为次级胆汁酸。

胆汁中所含的胆汁酸以结合型的为主。胆汁中的初级胆汁酸与次级胆汁酸均以钠盐或钾盐的形式存在，形成相应的胆汁酸盐，简称胆盐。

二、胆汁酸的功能

（一）促进脂类的消化吸收

胆汁酸分子内既含有亲水性的基团，又含有疏水基团。所以具有亲水性和疏水性，能降低油与水两相的表面张力，这使胆汁酸成为较强的乳化剂，既有利于消化酶对脂类的消化，又有利于脂类物质吸收。

（二）抑制胆汁中胆固醇结石的析出

胆固醇难溶于水，一般胆汁酸盐与卵磷脂的协同作用形成可溶性微团，利于排出体外。若肝合成胆汁酸的能力下降，胆汁中的胆固醇因过饱和而析出，易形成胆石。

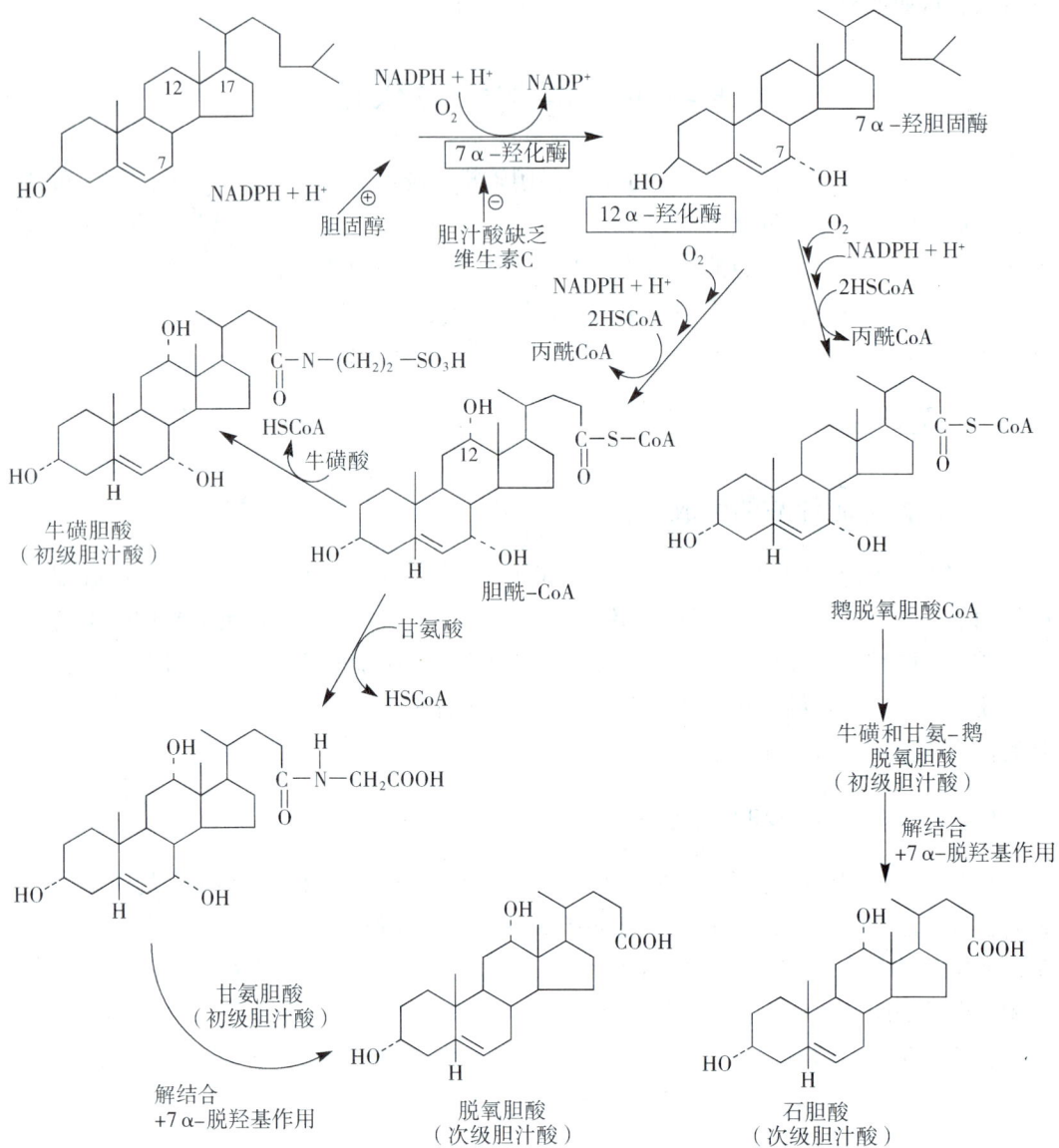

图 9 - 1　胆汁酸的生成与降解

（三）胆汁酸的肠肝循环

　　排入肠道的胆汁酸中约 95% 以上被重吸收，其余的随粪便排出。正常人每日有 0.4~0.6g 胆汁酸随粪便排出。由肠道重吸收的胆汁酸经门静脉重新回到肝脏，在肝细胞内，将游离型胆汁酸再重新合成为结合胆汁酸，并同新合成的结合胆汁酸一同再随胆汁排入肠道，这一过程称为"胆汁酸的肠肝循环"（图 9 - 2）。

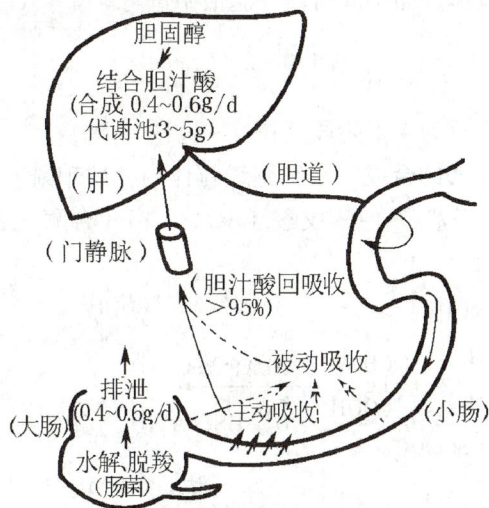

图 9 - 2　胆汁酸的肠肝循环

知识链接

胆结石

　　胆结石是由胆汁淤滞、细菌感染和胆汁成分改变互相影响而形成的。胆汁是肝细胞分泌的，每天 800 ~ 1000ml。其主要成分除了水分外，主要含有胆盐、胆固醇、脂肪酸、卵磷脂、胆红素和无机盐等物质。胆固醇在胆汁中的含量增加是形成结石的基本原因。预防胆结石，要注意饮食调节，少摄入高胆固醇食品。有人认为，我国北方中年妇女胆石症增多的原因与妊娠期和产后大量食用鸡肉和猪肉有关。多吃含维生素 A 的水果与蔬菜，如胡萝卜、菠菜、苹果等，有利于胆固醇代谢，可减少结石的形成。

第三节　血红素的代谢

　　血红素是一种铁卟啉化合物，它是血红蛋白、肌红蛋白、细胞色素、过氧化物酶等的辅基，是人体内一种重要的含氮化合物。体内各种细胞具有合成血红素的能力，但合成的主要器官是肝和骨髓。参与血红蛋白组成的血红素主要在骨髓的幼红细胞和网织红细胞中合成，成熟红细胞因不含线粒体，所以不能合成血红素。

一、血红素的生物合成

（一）合成原料及部位

　　合成血红素的基本原料是甘氨酸、琥珀酰辅酶 A 和 Fe^{2+} 等小分子化合物。合成的起始和终止阶段均在线粒体，而中间阶段在胞液中进行。

（二）合成过程

血红素的合成过程可分为 4 个阶段（图 9 – 3）：

1. δ – 氨基 – γ – 酮戊酸的合成　在细胞线粒体内，琥珀酰 CoA 与甘氨酸在 ALA 合酶的催化下脱羧生成 δ – 氨基 – γ – 酮戊酸（ALA），ALA 合酶（辅酶是磷酸吡哆醛）是血红素生物合成的限速酶。

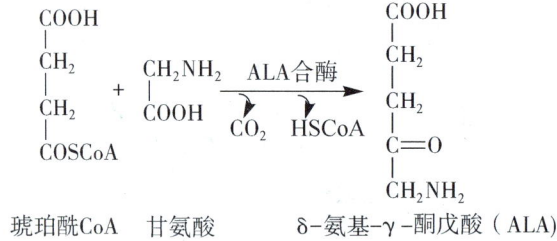

琥珀酰CoA　甘氨酸　　　δ–氨基-γ–酮戊酸（ALA）

2. 胆色素原的生成　ALA 生成后从线粒体进入胞液，在 ALA 脱水酶（又称胆色素原合酶）的催化下，2 分子 ALA 脱水缩合生成 1 分子胆色素原。

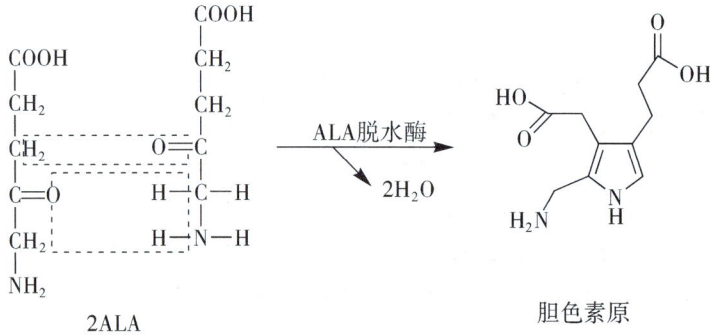

2ALA　　　　　　　　　　胆色素原

3. 尿卟啉原Ⅲ与粪卟啉原Ⅲ的生成　在胞液中 4 分子胆色素原经尿卟啉原Ⅰ同合酶催化下脱氨生成线状四吡咯，后者在尿卟啉原Ⅲ同合酶催化下，环化生成尿卟啉原Ⅲ（UPGⅢ）。UPGⅢ经 UPGE 脱羧酶催化，进一步生成粪卟啉原Ⅲ。

4. 血红素的生成　胞液中生成的粪卟啉原Ⅲ扩散进入线粒体，转变成原卟啉Ⅸ，原卟啉Ⅸ在亚铁螯合酶的催化下，与 Fe^{2+} 螯合生成血红素。

血红素生成后从线粒体转运到胞液，与珠蛋白结合成为血红蛋白。

（三）血红素生物合成的调节

血红素的生物合成受多种因素的调节，ALA 的生成是最主要的调节。

1. ALA 合酶　该酶是血红素合成体系的限速酶，受血红素的反馈调节。若血红素生成过多，可通过氧化生成高铁血红素，较强抑制 ALA 合酶，抑制血红素的生成。

铅可抑制 ALA 脱水酶和亚铁螯合酶导致血红素合成的抑制。

2. 促红细胞生成素　促红细胞生成素是一种主要由肾产生的糖蛋白，可诱导

ALA 合酶合成，从而促进血红素的生成。当机体缺氧时，促红细胞生成素分泌增多，促进血红素和血红蛋白的合成，提高血液的运氧功能，以改善机体的缺氧状态。如慢性肾炎、肾功能不良患者常见的贫血现象与促红细胞生成素合成量的减少有关。

3. 某些类固醇激素　雄激素及雌二醇等都是血红素合成的促进剂，如睾酮在体内的 5 - β 还原物，能诱导 ALA 合酶，从而促进血红素的合成。

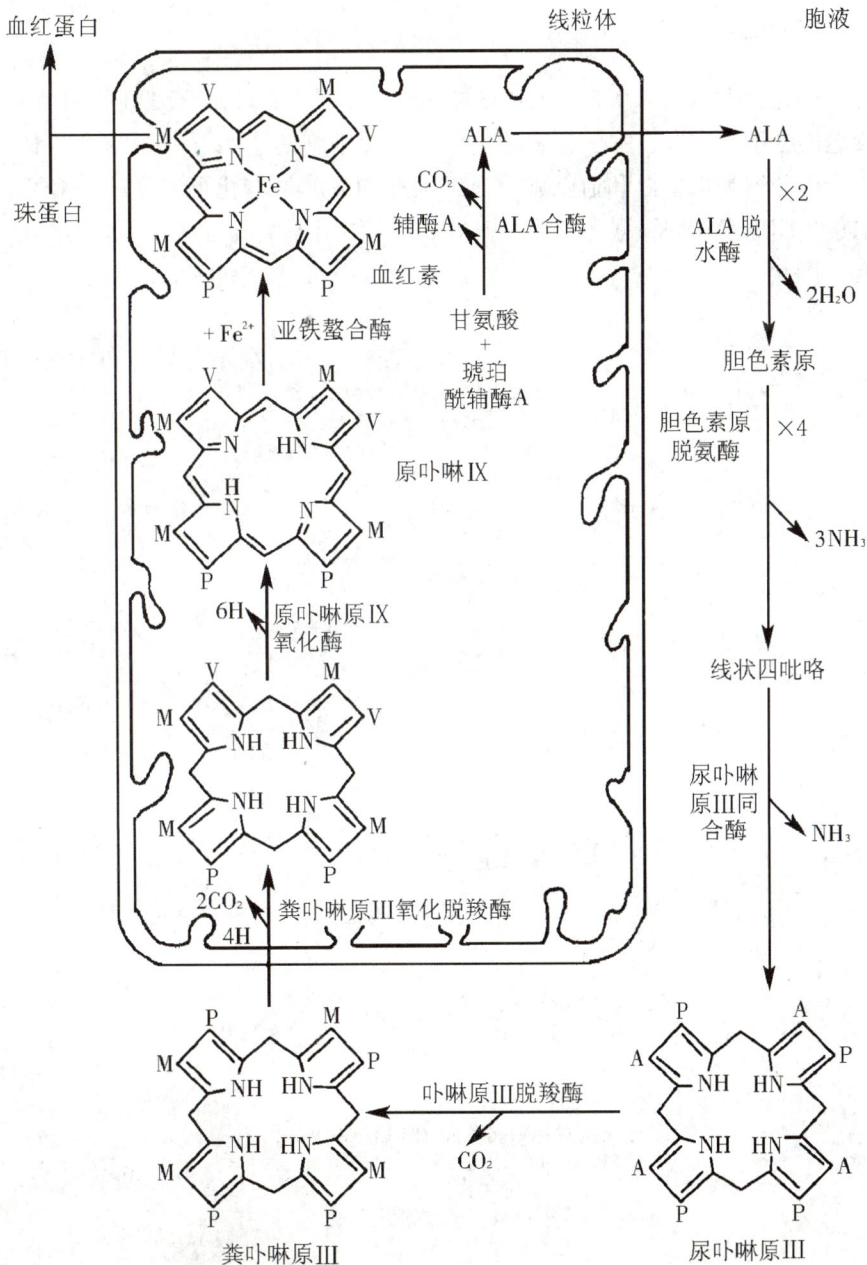

图 9 - 3　血红素的生物合成

二、血红素的分解

血红素在体内分解代谢的主要产物是胆色素，它包括胆绿素、胆红素、胆素原和胆素等多种化合物。其中以胆红素为主，可随胆汁而排出体外。胆红素是胆汁中的主要色素，呈橙黄色，具有毒性，可引起脑组织不可逆的损害。肝是胆红素代谢的主要器官，其他则来自非血红蛋白含铁卟啉化合物的分解。

（一）胆红素的生成

正常红细胞的寿命为 120 天，人体内的胆红素主要来源于衰老红细胞中血红蛋白的分解。衰老的红细胞在肝、脾、骨髓的单核－吞噬细胞的作用下破坏释放出血红蛋白，随后血红蛋白分解为珠蛋白和血红素。血红素在加氧酶的催化下，释放出 CO、Fe^{3+} 并生成胆绿素。胆绿素在胆绿素还原酶及 NADPH 的作用下生成胆红素，此胆红素称为游离胆红素（图 9－4）。

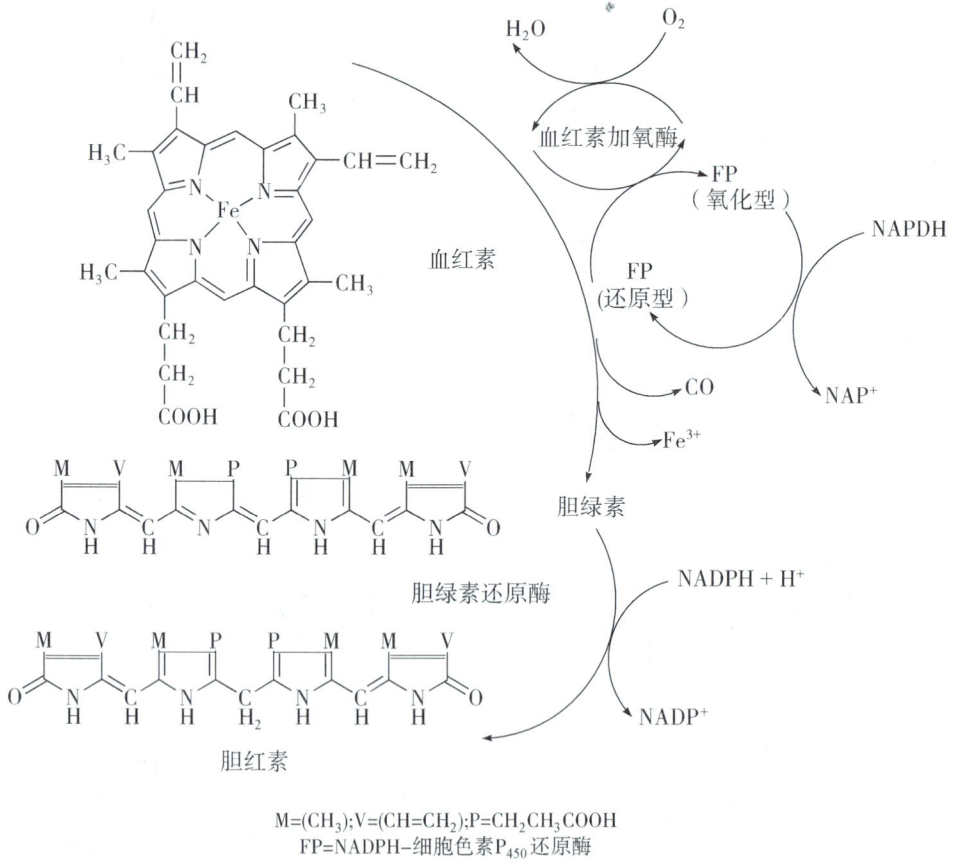

$M=(CH_3);V=(CH=CH_2);P=CH_2CH_3COOH$
$FP=NADPH-$细胞色素P_{450}还原酶

图 9－4　胆红素的生成

（二）胆红素在血液中的运输

在生理 pH 条件下，胆红素是难溶于水的脂溶性物质，胆红素形成后可进入血液，主要以胆红素－清蛋白复合体的形式存在并进行运输，因该胆红素尚未进入肝进行生物转化的结合反应，故又称未结合胆红素。未结合胆红素分子量大，不能经肾小球滤过而随尿排出，故尿中检测不出未结合胆红素。磺胺类、乙酰水杨酸等有机阴离子可通过竞争与清蛋白的结合，使胆红素从复合物中游离出来。临床上新生儿黄疸时应避免用上述药物，以防过多的游离胆红素引起胆红素脑病。

（三）胆红素在肝中的转化

胆红素在肝内的代谢，包括肝细胞对胆红素的摄取、转化和排泄。

1. 肝细胞对胆红素的摄取 肝细胞对胆红素有极强的亲和力，当未结合胆红素随血液运输到肝时，在肝细胞的窦状隙胆红素与清蛋白分离，胆红素与肝细胞中的两种蛋白 Y－蛋白和 Z－蛋白结合，被转移至内质网而完成摄取过程。

2. 肝细胞对胆红素的转化和排泄 内质网的胆红素在葡萄糖醛酸基转移酶的催化下，与尿苷二磷酸葡萄糖醛酸（UDPGA）结合，称为结合胆红素（图 9－5）。结合胆红素是极性极强的水溶性物质，不易透过生物膜，因而毒性降低。这种转化既有利于随胆汁排出，又起到了解毒作用。结合胆红素可被肾小球滤过。正常人血中结合胆红素含量甚微，故尿液中无结合胆红素。若肝内外胆道阻塞或重症肝炎等原因引起胆红素排泄受阻时，结合胆红素反流入血，血中结合胆红素升高，尿中出现胆红素（表 9－1）。

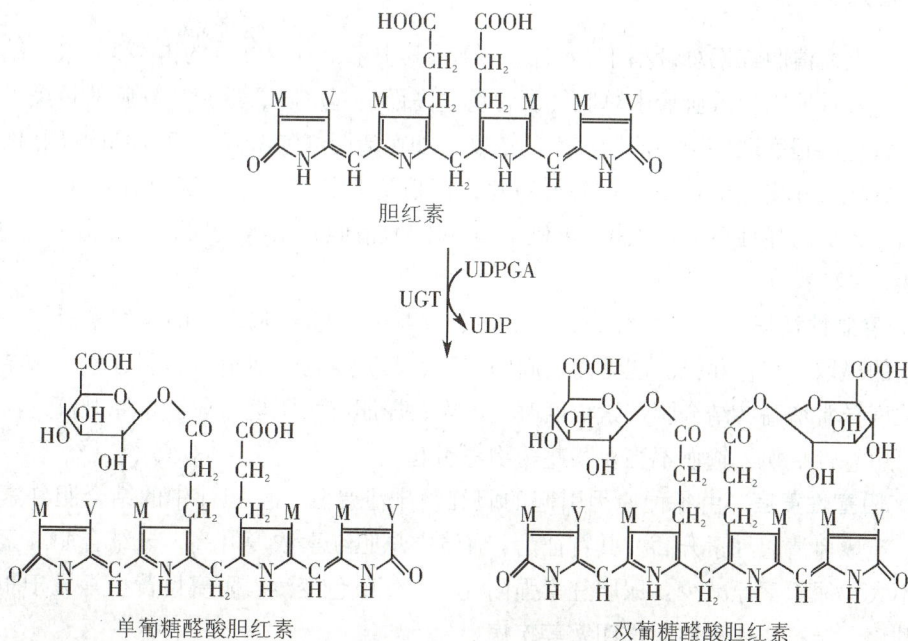

图 9－5 葡萄糖醛酸胆红素的生成与结构

表 9 - 1　未结合胆红素与结合胆红素的比较

	未结合胆红素	结合胆红素
溶解性	脂溶性	水溶性
膜通透性	大	小
毒性	有	无
尿中	无	有

（四）胆红素在肠腔中的转化及肠肝循环

结合胆红素极易从肝细胞排泄至毛细胆管，随胆汁排入肠道后，在肠道细菌作用下脱去葡萄糖醛酸基，逐步被还原生成无色的胆素原（包括中胆素原、粪胆素原、尿胆素原）。部分胆素原随粪便排出体外，在肠道下段与空气接触，被氧化为胆素。胆素呈黄褐色，是粪便颜色的主要来源。正常成人每天从粪便排出的粪胆素原 50 ～ 250mg。当胆道完全阻塞时，结合胆红素入肠受阻，不能生成胆素原和胆素，故粪便呈灰白色。

肠道中生成的胆素原 10% ～ 20% 可被肠黏膜细胞重吸收，经门静脉入肝。其中大部分再随胆汁排入肠腔，形成胆素原的肠肝循环。极少量的胆素原进入体循环随尿排出，即为尿胆原。当尿胆原与空气接触后被氧化成黄色的尿胆素，成为尿的主要颜色来源（图 9 - 6）。

（五）血清胆红素与黄疸

正常人血清胆红素总量小于 $17.1\mu mol/L$，其中未结合胆红素约占 4/5，余为结合胆红素。因各种原因导致血清中总胆红素含量过高而引起皮肤、巩膜、黏膜的黄染，称为黄疸。黄疸的程度取决于血清胆红素的浓度。如血清胆红素浓度 $< 17.1\mu mol/L$，肉眼不易观察到巩膜和皮肤的黄染，称隐性黄疸；当血清胆红素浓度 $> 34.2\mu mol/L$ 时，黄染十分明显，成为显性黄疸。根据不同原因引起的血清胆红素浓度增高，可将黄疸分为 3 类（表 9 - 2）：

1. 溶血性黄疸　由于红细胞大量破坏，单核 - 吞噬细胞产生的胆红素过多，超过肝细胞的摄取、转化和排泄能力而引起的黄疸。其特点为：血清中总胆红素、未结合胆红素浓度异常增高，结合胆红素浓度改变不大，尿胆红素阴性，尿胆素原升高。溶血性黄疸可由恶性疟疾、输血不当及某些药物等引起。

2. 阻塞性黄疸　由各种原因引起的胆红素排泄受阻，使胆汁中的结合胆红素反流入血，造成血清胆红素升高。其特征为：血清中总胆红素浓度升高，未结合胆红素浓度改变不大，尿胆素原减少，尿胆红素强阳性，小便颜色变浅。阻塞性黄疸常见于胆管炎症、肿瘤、结石或先天性胆道闭塞等疾病。

3. 肝细胞性黄疸　由于肝细胞受损，使其摄取、结合、转化和排泄胆红素的能力降低，一方面肝不能将未结合胆红素全部转化为结合胆红素，使血中未结合胆红素升

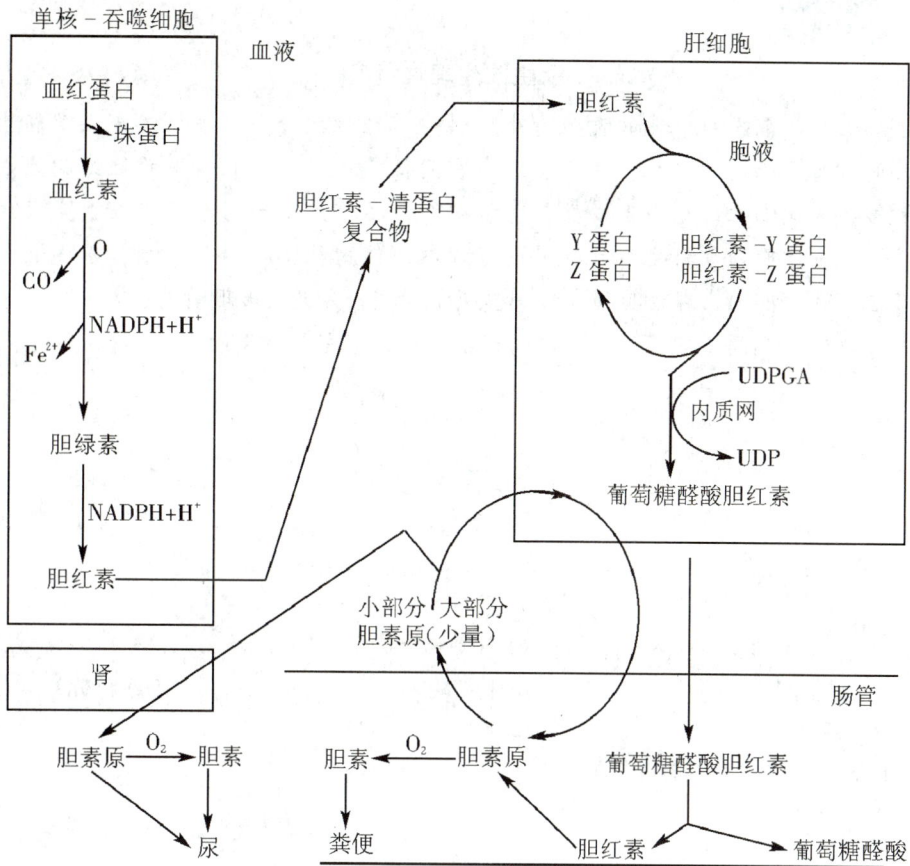

图 9 - 6 胆色素代谢

高；另一方面肝细胞肿胀，毛细胆管阻塞或毛细胆管与肝血窦直接相通，使部分结合胆红素反流入血，使血中结合胆红素也升高。其特征为：血清中的结合胆红素与未结合胆红素浓度升高，尿胆素原升高，尿胆红素阳性。

表 9 - 2　三种黄疸的比较

指标	正常	溶血性黄疸	肝细胞性黄疸	阻塞性黄疸
血清总胆红素	<17.1μmol/L	升高	升高	升高
未结合胆红素	<13 ~ 14μmol/L	升高	升高	正常
结合胆红素	0 ~ 3μmol/L	正常	升高	升高
尿胆红素	无	无	有	有
尿胆素原	少量	升高	升高	降低
尿液颜色	淡黄色	加深	不一定	变浅
粪便颜色	正常	加深	变浅或正常	变浅

新生儿生理性黄疸

新生儿很容易出现的黄疸有生理性和病理性之分。生理性黄疸,是新生儿时期特有的一种现象。由于胎儿在宫内低氧环境下,血液中的红细胞生成过多,且这类红细胞多不成熟,易被破坏,胎儿出生后,造成胆红素生成过多;另一方面由于新生儿肝脏功能不成熟,使胆红素代谢受限制,造成新生儿在一段时间内出现黄疸现象。新生儿出生后 2~3 天出现黄疸,7~10 天消退。在黄疸期间多喂温开水或葡萄糖水利尿,不需要特殊治疗。

同步训练

一、单项选择题

1. 生物转化的结合反应中,可供结合的最主要的物质是(　　)
   A. 葡萄糖　　　　　　　　B. 甘氨酸　　　　　　　　C. 葡萄糖醛酸
   D. 谷胱甘肽　　　　　　　E. 硫酸

2. 随胆汁进入腔肠的胆汁酸去向是(　　)
   A. 全部重吸收
   B. 全部随粪便排出
   C. 大部分重吸收,小部分随粪便排出体外
   D. 小部分重吸收,大部分随粪便排出体外
   E. 以上都不对

3. 哪种物质是初级结合胆汁酸(　　)
   A. 脱氧胆汁酸　　　　　　B. 鹅脱氧胆汁酸　　　　　C. 牛黄鹅脱氧胆汁酸
   D. 石胆酸　　　　　　　　E. 甘氨胆酸

4. 不属于胆色素的物质是(　　)
   A. 胆红素　　　　　　　　B. 胆绿素　　　　　　　　C. 血红素
   D. 胆素原　　　　　　　　E. 胆素

5. 阻塞性黄疸不应出现(　　)
   A. 结合胆红素含量升高　　B. 尿胆素原降低　　　　　C. 尿胆素降低
   D. 尿胆红素阴性　　　　　E. 尿液颜色变浅

6. 体内生物转化作用最强的器官是(　　)
   A. 肾脏　　　　　　　　　B. 胃肠道　　　　　　　　C. 肝脏
   D. 肌肉　　　　　　　　　E. 肺部

二、多项选择题

1. 关于肝脏的转化功能,错误的说法是(　　)

　　A. 通过转化，使非营养物质的水溶性增强

　　B. 能使所有非营养物质的活性或有害物质的毒性降低

　　C. 有解毒作用

　　D. 是人体的一种保护功能

　　E. 包括氧化、还原、水解、结合等多种反应类型

2. 生物转化的第一反应包括（　　　）

　　A. 水解反应　　　　　　　　　B. 还原反应　　　　　　　　C. 氧化反应

　　D. 结合反应　　　　　　　　　E. 转移反应

3. 下列哪些符合生物转化的特点（　　　）

　　A. 多样性　　　　　　　　　　B. 连续性　　　　　　　　　C. 解毒性

　　D. 致毒性　　　　　　　　　　E. 兼并性

4. 下列哪些符合结合胆红素的特点（　　　）

　　A. 无毒性　　　　　　　　　　B. 水溶性　　　　　　　　　C. 可以透过细胞膜

　　D. 可以由尿排出　　　　　　　E. 不能透过半透膜

5. 阻塞性黄疸胆色素代谢改变有（　　　）

　　A. 血中游离胆红素改变不明显

　　B. 血中结合胆红素升高

　　C. 尿中没有胆红素

　　D. 尿中胆素原降低

　　E. 尿中胆素原增多

三、填空题

1. 血红素合成的主要器官是_____和_____。

2. 黄疸的类型有_____、_____、_____。

3. 胆固醇在_____内转变成_____，是清除体内胆固醇的主要方式。

4. 胆色素包括以下四种_____、_____、_____、_____。

5. 血红素合成的起始和终止阶段均在_____中进行，而中间阶段在_____中进行。

四、问答题

1. 什么是生物转化？生物转化的主要反应类型有哪些？

2. 什么是胆汁酸的肠肝循环？胆汁酸的生理功能是什么？

第十章 水、无机盐代谢与酸碱平衡

学习目标

1. 掌握水平衡，钠、氯、钾的代谢，体内酸性和碱性物质的来源。
2. 熟悉水的生理功能，电解质的生理功能，钙、磷代谢，酸碱平衡的调节。
3. 了解酸碱平衡的主要生化指标。

水和无机盐是除糖、脂肪、蛋白质外，人体必不可少的营养素。水是体内含量最多的物质，无机盐占体重 4% ~ 5%。水和无机盐在构成组织细胞的结构、功能及代谢调节等方面具有重要意义。体内的水及溶于水中的无机盐和有机物构成了体液。体液是指人体细胞内外存在的液体。体液中的溶质如无机盐、蛋白质和有机酸等常以离子状态存在，通称为电解质。保持体液的含量、分布和组成的动态平衡对于维持正常的生命活动至关重要。正常生理情况下，机体使体液 pH 维持在恒定范围内，保持动态的酸碱平衡。酸碱平衡对机体的生理活动和代谢反应的顺利进行具有重要意义。如果体液的动态平衡被疾病或环境变化等因素破坏，就会对机体产生多种不利影响，引起疾病，严重时会危及生命。因此，掌握水、无机盐代谢和酸碱平衡的基本知识，对治疗及护理均有重要意义。

第一节 水 代 谢

一、水的含量与分布及生理功能

（一）水的含量与分布

正常成人体液含量约占体重的 60% 左右，细胞内液即分布于细胞内的液体，约占体重的 40%；细胞外液即分布于细胞外的液体，约占体重的 20%。细胞外液中，细胞间液约占体重的 15%，血浆约占体重的 5%。血浆是沟通人体内外环境和各内环境之间的重要转运体系。

体液含量受年龄、性别、体型等因素的影响。年龄越小，体液占体重的百分比越大。例如新生儿体液约占体重的80%，婴儿约占70%，儿童约占65%，他们比成年人更容易脱水。体重相同的男女，男性体液量多于女性。脂肪组织含水少，所以体重相同的肥胖者比均衡型者的体液总量少。

（二）水的生理功能

体内的水有两种存在形式。以自由状态存在的水，称为自由水，自由水的量较少；和蛋白质、多糖等结合的水，称为结合水，结合水的量较多。水的主要生理功能有：

1. 参与和促进体内的物质代谢 水是良好的溶剂，能使各种营养物、代谢物溶解，使它们经过血液循环或淋巴运送至各组织细胞，有利于体内代谢反应的进行或排出体外；有利于营养物质的消化、吸收。水还直接参与水解、加水、脱水及氧化等化学反应。

2. 调节体温 水的比热大，即使吸收或排出较多的热能，本身的温度变化也不大；水的蒸发热也大，蒸发少量的汗就可以散发大量的热；水的流动性大，通过血液循环和体液交换，使代谢过程中产生的热能迅速到达全身，从体表散热，保持全身各处的体温稳定。所以水是良好的体温调节剂，使体温不会随内外环境的变化而明显变化。

3. 润滑作用 水具有润滑作用，能减少摩擦。例如泪液可以防止眼球干燥，有利于眼球的转动；唾液有利于吞咽；关节液利于关节的活动；胸腔液和腹腔液有利于心肺及胃肠道的正常生理功能。

4. 赋形作用 与体内蛋白质、核酸、多糖等物质结合的结合水，能维持组织器官的形态、弹性及硬度，维持组织的形态结构和生理功能。

二、水平衡

（一）水的摄入

正常成人每天摄取水的总量约2500ml，主要来源有：

1. 饮水 成人每天饮水量约为1200ml。饮水量随体内的自身需要和气候等环境的不同，变化幅度较大。

2. 食物水 成人每日摄入量约为1000ml。每日从食物中得到的水量变化不大。

以上两种形式摄入的水量有较大的个体差异，受气温、生活习惯、食物、劳动强度等因素的影响。

3. 代谢水 代谢水也称内生水，是由糖、脂肪和蛋白质等营养物质在代谢过程中经过氧化生成的水。成人每天体内生成的代谢水约为300ml，其量比较恒定。

（二）水的排出

成人每天排出的水量约为2500ml，排出去路有：

1. 肾排出 通过肾排尿是机体排出水分最主要的途径，对体内的水平衡起着重要的调节作用。一般情况下，成人每天排出的尿量1000～2000ml，平均1500ml。尿量由两部分构成，一部分用于排泄代谢产物，如尿酸、尿素等。人体每天的代谢终产物约35g，为使这些代谢终产物保持溶解状态而随尿排出，每克至少需15ml水溶解。所以，为了排泄代谢产物每日最少排出500ml尿液。另一部分是排出体内多余的水。

2. 皮肤蒸发 成人每日通过皮肤、黏膜排出的水约500ml。

3. 呼吸蒸发 肺呼吸进行气体交换时，以水蒸气的形式排出的水分，每天约排出350ml。

4. 粪便排出 正常成人每日随粪便排出的水量约150ml。

正常生理情况下，人体内的水维持动态平衡，摄入的水量与排出的水量相等（表10-1）。

表10-1　正常成人每日水的摄入量和排出量

水的摄入途径	摄入量（ml）	水的排出途径	排出量（ml）
饮水	1200	肾排出	1500
食物水	1000	皮肤蒸发	500
代谢水	300	呼吸蒸发	350
		粪便排出	150
共计	2500	共计	2500

人每日由肾排出（最低尿量约500ml）、皮肤蒸发、呼吸蒸发和粪便排出的水分最少约1500ml，称为人体每日必然失水量。为了维持水平衡，人体每日摄入的水量至少要达到1500ml，称为日需量。临床工作中，对需要补充液体的患者，上述数值可供参考。

第二节　电解质代谢

一、电解质的含量与分布及生理功能

（一）电解质的含量与分布

无机盐在体液中电离成正离子和负离子，各种体液中电解质的含量见表10-2。

表10-2　体液中电解质的含量

电解质	血浆		细胞间液		细胞内液（肌肉）	
	离子mmol/L	电荷mmol/L	离子mmol/L	电荷mmol/L	离子mmol/L	电荷mmol/L
正离子						
Na^+	145	(145)	139	(139)	10	(10)
K^+	4.5	(4.5)	4	(4)	158	(158)
Ca^{2+}	2.5	(5)	2	(4)	3	(6)

续表

电解质	血浆		细胞间液		细胞内液（肌肉）	
	离子 mmol/L	电荷 mmol/L	离子 mmol/L	电荷 mmol/L	离子 mmol/L	电荷 mmol/L
Mg^{2+}	0.8	(1.6)	0.5	(1)	15.5	(31)
合计	152.8	(156)	145.5	(148)	186.5	(205)
负离子						
Cl^-	103	(103)	112	(112)	1	(1)
HCO_3^-	27	(27)	25	(25)	10	(10)
HPO_4^{2-}	1	(2)	1	(2)	12	(24)
SO_4^{2-}	0.5	(1)	0.5	(1)	9.5	(19)
蛋白质	2.25	(18)	0.25	(2)	8.1	(65)
有机酸	5	(5)	6	(6)	16	(16)
有机磷酸		(-)		(-)	23.3	(70)
合计	138.75	(156)	144.75	(148)	79.9	(205)

体液中主要的电解质是 Na^+、K^+、Ca^{2+}、Mg^{2+}、Cl^-、HCO_3^- 等。各种体液中正离子和负离子的总量相等，体液呈电中性。

细胞内液所含电解质的总量高于细胞外液，但细胞内液蛋白质含量较高，蛋白质分子大，形成的胶体渗透压小。所以，细胞内、外液的渗透压基本相等。各种体液中电解质组成有很大的差别。细胞内液中主要阳离子为 K^+，主要阴离子为 HPO_4^{2-} 和蛋白质阴离子。细胞外液中主要阳离子是 Na^+，主要阴离子是 Cl^- 和 HCO_3^-。血浆与细胞间液之间电解质含量相近，但血浆蛋白质含量明显比细胞间液高。这种差异在组织液循环过程中对水的转移和血容量的维持具有重要的作用。

（二）电解质的生理功能

电解质包括体液中的无机盐和部分以离子形式存在的有机物，其生理功能为：

1. 维持体液的正常渗透压　无机盐能调节细胞膜的通透性，控制水的走向，维持体液的正常渗透压。Na^+、Cl^- 的功能主要是维持细胞外液晶体渗透压，而 K^+、HPO_4^{2-} 的功能主要是维持细胞内液晶体渗透压。

2. 维持体液的酸碱平衡　Na^+、Cl^-、K^+ 和 HPO_4^{2-} 是体液中缓冲对的主要成分，在维持体液的酸碱平衡方面有重要意义。

3. 维持神经肌组织的应激性　神经肌组织的应激性与体液中的离子浓度有关：

$$神经肌组织的应激性 \propto \frac{[Na^+] + [K^+]}{[Ca^{2+}] + [Mg^{2+}] + [H^+]}$$

由此可见，Na^+、K^+ 浓度升高可以使神经肌肉的应激性增强；Ca^{2+}、Mg^{2+} 浓度升高可以使神经肌肉的应激性降低。所以缺钙时，神经肌肉的应激性会增强，从而导致手足抽搐。

无机离子也影响心肌细胞的应激性，关系为：

$$心肌细胞的应激性 \backsim \frac{[Na^+] + [Ca^{2+}] + [OH^-]}{[K^+] + [Mg^{2+}] + [H^+]}$$

其中，临床医护人员应着重注意 K^+ 浓度对心肌细胞的应激性的影响。K^+ 浓度升高可抑制心肌细胞兴奋性，患者表现心动过缓，严重者导致心跳停止于舒张期；K^+ 浓度降低可使患者出现心动过速，严重者导致心跳停止于收缩期。Na^+ 和 Ca^{2+} 可拮抗 K^+ 对心肌细胞的作用。

4. 维持或影响酶的活性　部分无机离子是酶的辅助因子或辅助因子的组成部分。如磷酸化酶和各种磷酸激酶需要 Mg^{2+}。有些无机离子尤其是金属离子是酶的激活剂或抑制剂，如 Cl^- 是淀粉酶的激活剂，Na^+ 是丙酮酸激酶的抑制剂。有些金属离子直接参与或影响体内的物质代谢，如 K^+ 参与糖原的代谢，Mg^{2+} 参与蛋白质的合成。

5. 构成牙齿、骨髓及其他组织　骨中无机盐又称骨盐，占骨干重的 $65\% \sim 70\%$，其中正离子主要为 Ca^{2+}，其次为 Mg^{2+}、Na^+ 等；而负离子主要为 PO_4^{3-}，其次为 CO_3^{2-}、OH^-。其他组织和体液也含有无机盐。

6. 构成体内有特殊功能的化合物　如细胞色素和血红蛋白中的铁，维生素 B_{12} 中的钴等。

二、钠、氯、钾的代谢

（一）含量与分布

成人体内钠的含量约为每千克体重 1 克，每天需要的氯化钠约 $4.5 \sim 9g$，主要来自于食盐。体内约有 40% 的钠分布于骨骼，50% 的钠分布在细胞外液，其余 10% 的钠分布于细胞内液。正常成人血清中钠浓度为 $135 \sim 145mmol/L$。

氯主要分布于细胞外液，血浆中氯浓度为 $98 \sim 106mmol/L$。

成人体内钾的含量约为每千克体重 2 克，成人每天需钾约 $2.5g$，约有 70% 的钾储存于肌细胞中。正常成人血清中钾浓度为 $3.5 \sim 5.5mmol/L$。钾主要来自植物性食物及肉类。

（二）吸收与排泄

1. 吸收　正常情况下，Na^+ 和 Cl^- 来源于食盐，因此其实际摄入量因个人饮食习惯、食物性质、生活情况等的不同而有很大差别。Na^+、Cl^- 和 K^+ 主要在消化道吸收。

钠和氯以离子形式极易被吸收，因此一般情况下不会出现钠和氯的缺乏。

蔬菜、水果、谷类、肉类等食物中钾的含量丰富，钾也主要由肠道吸收，因此正常进食者一般不会出现钾的缺乏。

2. 排泄　钠、氯主要由肾排出，少量汗液排出。肾对血钠的调节能力很强，其特点是：多吃多排，少吃少排，不吃不排。钠作为重要的无机盐，对于人体有重要作用。但如果钠的摄入过量，就易引起高血压、肥胖及动脉硬化等疾病，应引起人们的注意。钠的排泄常伴随有氯的排出。

钾主要由肾排出，少量经肠道由粪便排出。肾的排钾量随摄入多少而增减，其特点是：多吃多排，少吃少排，不吃也排。当饮食中无钾时，每日随尿排出的钾仍有 1.5 ~ 3g，所以对长期不能进食的患者要监测其血钾含量，以确定是否需要补钾。

临床上，在肾功能基本正常的前提下，应尽可能选择口服补钾。若选择静脉注射补钾时，应坚持的原则是：输入的 K^+ 不宜过浓、不宜过多、不宜过快、不宜过早，见尿补钾，以避免引起暂时性高血钾。

（三）物质代谢对血钾的影响

钾离子在细胞内外液中的分布可因某些生理因素或病理因素而变化。当细胞内进行蛋白质或糖原合成时，K^+ 由细胞外进入细胞内，使血钾降低；当蛋白质或糖原分解时，K^+ 由细胞内转移至细胞外，使血钾升高。因此，在创伤愈合期或静脉注射胰岛素和葡萄糖时，会引起血钾下降；反之，当严重创伤或缺氧时，易引起高血钾的发生。另外，当酸中毒时，细胞外 H^+ 浓度增高并转移至细胞内，而 K^+ 则转移出细胞，造成血钾升高。当碱中毒时，则造成血钾降低。

三、钙、磷代谢

（一）含量与分布

钙和磷是体内含量最多的无机盐。正常成人体内含钙的总量约 30mol（1200g/70kg），其中 99% 以上的钙以羟磷灰石的形式存在于骨中。钙构成骨骼和牙齿的主要成分，起着支持和保护作用。成人血清中钙的含量为 2.25 ~ 2.75mmol/L，不到人体钙总量的 0.1%，其中一部分是游离 Ca^{2+}，一部分是蛋白结合钙。血钙的正常水平对于维持骨骼内骨盐的含量、血液凝固过程和神经肌肉的兴奋性具有重要的作用。

正常成人含磷的总量 400 ~ 800g。主要分布于骨骼，其次分布于组织细胞，极少量分布于体液。成人血浆中磷的含量为 1.1 ~ 1.3mmol/L。磷不仅构成骨盐成分，参与成骨作用，还是核酸、核苷酸、磷脂、辅酶等重要物质的分子组成。

正常人血液中钙和磷的浓度相当恒定。

（二）吸收与排泄

1. 吸收 成人每日需钙量约 0.5 ~ 1g，儿童、孕妇约需钙 1 ~ 1.5g。人体内钙的主要来源是牛奶、豆类和叶类蔬菜。钙的吸收部位主要在酸度较大的十二指肠和空肠。因为钙盐在酸性环境中易溶解，有利于钙的吸收，因此能使消化管内 pH 值降低的食物，如乳酸等，都有利于钙的吸收。食物中的维生素 D_3 能促进小肠对钙的吸收；而食物中的碱性磷酸盐、草酸盐、植酸盐可与 Ca^{2+} 结合形成不溶性的钙盐，妨碍钙的吸收。另外，钙的吸收率随着年龄的增长而下降。例如婴幼儿钙的吸收率为 50% 以上，儿童为 40%，成人为 20% 左右，年龄越大，钙的吸收率越低，这是导致老年人缺钙患骨质疏松的原因之一。

成人每日需磷量为 1 ~ 1.5g。食物中的大部分磷以磷酸盐、磷脂和磷蛋白的形式存在，易于吸收。磷的吸收主要在空肠。通常影响钙吸收的因素也影响磷的吸收。此外，食物中的 Ca^{2+}、Mg^{2+}、Fe^{3+} 可与 PO_4^{3-} 生成不溶性化合物而影响磷的吸收。

同时，肾小管对钙和磷的重吸收能力与血钙和血磷的浓度有关。

2. 排泄 正常成人每日排泄的钙约 80% 经肠道排出，约 20% 经肾脏排出。肠道排出的钙主要为食物未吸收的钙和消化液中的钙。肾小管对钙的重吸收能力受到甲状旁腺素的调控。当血钙浓度降低时，可增加肾小管对钙的重吸收率，原尿中的钙几乎全被重吸收，尿钙接近于零。当血钙浓度升高时，则重吸收率下降。

正常成人每日排泄的磷 60%～80% 由肾脏随尿排出，20%～40% 由肠道随粪便排出。所以，当肾功能衰竭时可引起高血磷。当血磷浓度降低时，肾小管对磷的重吸收能力增高；当血磷浓度增加时，可降低肾小管对磷的重吸收。pH 降低可增加磷的重吸收。甲状旁腺素抑制血磷的重吸收。

（三）钙、磷的生理功能

1. 钙的生理功能

（1）以羟磷灰石的形式构成骨盐，参与骨髓、牙齿的形成。

（2）是体内多种酶的激活剂。

（3）作为第二信使在信号传导中发挥重要的生理功能。

（4）可以降低神经肌肉的兴奋性。

（5）可以增强心肌细胞的收缩力。

（6）能够降低毛细血管及细胞膜的通透性。

（7）参与血液凝固过程，是凝血因子之一。

2. 磷的生理功能

（1）以羟磷灰石的形式构成骨盐，参与骨髓、牙齿的形成。

（2）参与体内物质代谢和氧化磷酸化。

（3）参与核酸、磷脂、高能磷酸化合物及某些辅酶的组成。

（4）体液中的磷酸盐可构成缓冲对，对维持机体的酸碱平衡起重要作用。

（四）血钙与血磷

血钙指血浆或血清中的钙。正常人血钙浓度为 2.25～2.75mmol/L，平均为 2.45mmol/L。血钙主要以两种形式存在，即游离钙和结合钙，约各占 50%。结合钙主要与清蛋白结合，称蛋白结合钙。少量与柠檬酸等小分子有机物结合。与清蛋白结合的钙不易透过毛细血管，与柠檬酸等小分子有机物结合的钙则易透过毛细血管。血浆中发挥生理作用的钙主要是 Ca^{2+}，它与蛋白结合钙在血浆之间呈动态平衡状态。血浆 pH 值可影响它们的平衡。当血浆 pH 降低时，结合钙释放出 Ca^{2+}，使 Ca^{2+} 浓度增高；反之，当血浆 pH 升高时，Ca^{2+} 与清蛋白结合形成结合钙，使 Ca^{2+} 浓度降低。所以，碱中毒时，血钙的浓度降低，神经肌肉的应激性增高，常出现手足抽搐。

血磷指血浆或血清中的磷，其存在形式是无机磷酸盐，如 Na_2HPO_4 和 NaH_2PO_4，正常成人的血磷浓度为 0.97 ~ 1.61mmol/L。

血钙浓度和血磷浓度之间存在一定的关系。以 mg/dl 表示时，[Ca] × [P] = 35 ~ 40。当乘积大于 40 时，钙磷以骨盐的形式沉积于骨骼中；若小于 35 时，则骨盐溶解，易产生佝偻病和软骨病。

（五）钙、磷代谢的调节

血钙、血磷浓度的相对稳定受甲状旁腺素（PTH）、降钙素（CT）和 1,25 - 二羟基维生素 D_3 等激素的调节（表 10 - 3）。主要调节的靶器官有小肠、肾和骨组织。

表 10 - 3　钙、磷代谢的激素调节

	甲状旁腺素	1,25 - 二羟基维生素 D_3	降钙素
血钙	↑	↑	↓
血磷	↓	↑	↓
成骨作用	↓	↑	↑
溶骨作用	↑	↑	↓

1. 甲状旁腺素（PTH）　甲状旁腺素是由甲状旁腺细胞合成和分泌的蛋白质，其作用的主要靶器官是肾和骨组织。PTH 能够促进骨盐溶解，抑制成骨作用，促使骨组织中的钙盐释放入血增多，使血钙和血磷增高。PTH 还能够促进肾小管对钙的重吸收，抑制对磷的重吸收，使血钙浓度升高，血磷浓度降低。还可以刺激肾合成 1,25 - 二羟基维生素 D_3，间接促进小肠对钙、磷的吸收。总之，PTH 的作用就是使血钙升高。

2. 1,25 - 二羟基维生素 D_3　是由维生素 D 经肝、肾的羟化作用生成，它对钙、磷调节的主要靶器官是小肠和骨组织。1,25 - 二羟基维生素 D_3 的主要作用是促进小肠对钙和磷的吸收，使血浆中钙、磷浓度增加，为新骨钙化提供钙、磷，促进骨的更新作用。同时还能促进骨盐沉积，刺激成骨细胞分泌胶原，促进骨基质的成熟，更有利于成骨。1,25 - 二羟基维生素 D_3 还可以促进肾小管对钙、磷的重吸收。

3. 降钙素（CT）　降钙素是唯一降低血钙浓度的激素。它是由甲状腺 C 细胞合成和分泌的多肽，其作用靶器官为肾和骨组织。CT 作用于肾，可抑制肾小管对钙、磷的重吸收。CT 作用于骨组织，能够促进骨盐沉淀，抑制溶骨作用，从而降低血钙和血磷的含量。总之，CT 的作用就是使血钙和血磷降低。

综上所述，体内钙、磷代谢在 PTH、CT 和 1,25 - 二羟基维生素 D_3 三者严密调控下，维持血钙、血磷的动态平衡。如果钙、磷代谢紊乱，会引起许多疾病，如维生素 D_3 的缺乏会引起缺钙，导致儿童患佝偻病，成人患软骨病。

第三节　酸碱平衡

一、体内酸性和碱性物质的来源

正常情况下，机体的代谢反应及生理活动在酸碱度恒定的体液中进行。酸碱平衡是指将机体体液 pH 值维持在恒定范围内的过程。人体体液的 pH 略有不同，细胞内液的 pH 为 7，细胞外液的 pH 略高，血浆的 pH 为 7.4 左右。在化学上，酸是指能提供 H^+ 的物质；碱是指能接受 H^+ 的物质。

（一）体内酸性物质的来源

人体内产生的酸性物质可分为两类：

1. 挥发性酸　人体内糖、脂肪、蛋白质氧化分解的终产物为 CO_2 和 H_2O，CO_2 能与 H_2O 化合生成挥发性酸，即 H_2CO_3。H_2CO_3 在肺可重新分解为 CO_2 而呼出，称为挥发性酸。正常成人每天产生 CO_2 400～600L，相当于 10～20mol 的 H^+。

2. 固定酸（非挥发性酸）　人体内糖、脂肪、蛋白质的氧化分解除产生 CO_2 外，还能产生一些酸性物质，如乳酸、丙酮酸、乙酰乙酸、β-羟丁酸等有机酸以及磷酸、硫酸等无机酸。这些酸性物质不能由肺呼出，只能通过肾随尿排出，所以称为固定酸，也称非挥发性酸。正常成人每天产生的固定酸相当于 50～100mmol 的 H^+。

体内的酸性物质主要来自于食物中的糖、脂肪、蛋白质的分解代谢，这些食物称为酸性食物。另外，机体也从饮食中直接摄入一些酸性物质，如醋酸等。某些药物如氯化铵（NH_4Cl）、阿司匹林等在体内也可产生酸，但这些外源性酸性物质数量较少。

（二）体内碱性物质的来源

1. 食物中的碱　体内碱性物质的主要来源是水果、蔬菜。水果、蔬菜中含丰富的有机酸盐，如苹果酸、柠檬酸的钠盐和钾盐，其有机酸根可与 H^+ 结合生成有机酸，再被彻底氧化分解为 CO_2 和 H_2O 排出体外。余下的 K^+、Na^+ 则可与 HCO_3^- 结合生成 $KHCO_3$ 或 $NaHCO_3$，使体内碱性的碳酸氢盐含量增加。所以水果、蔬菜称为碱性食物。

知识链接

碱性食物

蔬菜类：凡是绿叶蔬菜都属于碱性食物，它们富含丰富的维生素、矿物质及纤维素。

水果类：水果是食物中最易消化的碱性食物，可以迅速中和体内过多的酸性物质，维持体液的酸碱平衡，增强机体的抗病力。

常吃碱性食物有利于健康。

2. 机体代谢产生的碱　如氨基酸脱氨基作用产生的氨，氨基酸脱羧基作用产生的胺等，属于代谢产生的碱，但量少。

3. 药物　如小苏打（$NaHCO_3$）、氢氧化铝、苯妥英钠、乳酸钠等。

二、酸碱平衡的调节

（一）血液的缓冲体系及功能

体内代谢过程中产生的酸、碱物质，通过血液缓冲体系的作用，转变成较弱的酸或碱，以维持血液 pH 值的相对恒定。血液缓冲体系是由一种弱酸和它相应的盐所组成，通常称为缓冲对。

1. 血液的缓冲体系　血液缓冲体系根据存在部位不同可分为血浆缓冲体系和红细胞缓冲体系：

（1）血浆缓冲体系的缓冲对有（Pr 代表蛋白质）：$NaHCO_3/H_2CO_3$，Na_2HPO_4/NaH_2PO_4，$Na—Pr/H—Pr$。

（2）红细胞缓冲体系的缓冲对有（Hb 代表血红蛋白）：$KHCO_3/H_2CO_3$，K_2HPO_4/KH_2PO_4，KHb/HHb，$KHbO_2/HHbO_2$。

血浆中以碳酸氢盐缓冲体系的缓冲能力最强。血浆的 pH 取决于碳酸氢盐缓冲对中两种成分浓度的比值而不是取决于它们的绝对浓度。只要 $NaHCO_3$ 与 H_2CO_3 浓度之比为 20:1，血浆的 pH 即为 7.4；当此比值发生改变时，血浆 pH 值也随之改变。因此，人体酸碱平衡的调节就在于调整血浆中 $NaHCO_3$ 和 H_2CO_3 的含量，使它们浓度的比值保持在 20:1。

红细胞中以血红蛋白缓冲体系的缓冲能力最重要。

2. 血液缓冲体系的缓冲作用

（1）对酸的缓冲

①对挥发性酸的缓冲：在组织中，体内代谢产生的 CO_2 经血液扩散入红细胞，经碳酸酐酶（CA）催化与 H_2O 反应生成 H_2CO_3，H_2CO_3 主要通过血红蛋白缓冲体系的缓冲作用，生成 $KHCO_3$ 和 HHb，使血液 pH 下降，又不会下降过度：

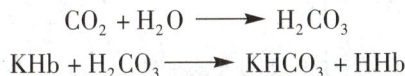

$$CO_2 + H_2O \longrightarrow H_2CO_3$$
$$KHb + H_2CO_3 \longrightarrow KHCO_3 + HHb$$

在肺部，HHb 与 O_2 结合成 $HHbO_2$，后者与 $KHCO_3$ 作用生成 $KHbO_2$ 和 H_2CO_3，H_2CO_3 再分解成 CO_2 呼出：

$$HHb + O_2 \longrightarrow HHbO_2$$
$$HHbO_2 + KHCO_3 \longrightarrow KHbO_2 + H_2CO_3$$
$$H_2CO_3 \longrightarrow H_2O + CO_2（肺呼出）$$

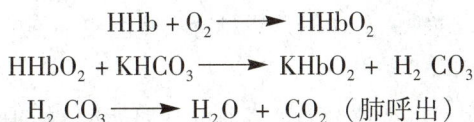

②对固定酸的缓冲：体内代谢产生的固定酸主要被 $NaHCO_3$ 缓冲，使酸性较强的固定酸转变成固定酸钠，并生成酸性较弱的 H_2CO_3，使血液的 pH 值不会明显下降。这种缓冲作用将固定酸转变成挥发性酸，挥发性酸又被分解为水和二氧化碳，经肺呼出体外。所以，血浆中的 $NaHCO_3$ 在一定程度上能代表机体对固定酸的缓冲能力，故血浆中的 $NaHCO_3$ 称为碱储。临床上常用二氧化碳结合力（$CO_2 - CP$）来表示碱储的多少。固

定酸（HA）进入血液后，发生的缓冲反应主要为：

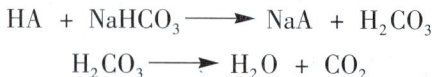

$$HA + NaHCO_3 \longrightarrow NaA + H_2CO_3$$

$$H_2CO_3 \longrightarrow H_2O + CO_2$$

（2）对碱的缓冲 碱性物质（BOH）进入血液后，主要被 H_2CO_3 缓冲，其缓冲反应主要为：

$$BOH + H_2CO_3 \longrightarrow BHCO_3 + H_2O$$

使碱性较强的 BOH 转变成碱性较弱的 $BHCO_3$，使血液的 pH 值不至于明显升高。

总之，血液缓冲体系在缓冲酸和碱中起重要作用。缓冲固定酸会使 $NaHCO_3$ 含量减少而 H_2CO_3 含量增加，缓冲碱则使 H_2CO_3 含量减少而 $NaHCO_3$ 含量增加，从而影响 $[NaHCO_3]$／$[H_2CO_3]$ 比值的变化。血液缓冲系统对体内酸碱物质的缓冲能力是有一定限度的，为了维持体液的酸碱平衡，机体还通过肺和肾的调节。

（二）肺在调节酸碱平衡中的作用

肺主要通过调节 CO_2 排出量的增减来调节血中 H_2CO_3 的浓度，以调整维持 $[NaHCO_3]$／$[H_2CO_3]$ 的比值，而达到调节体液酸碱平衡的作用。

肺的呼吸频率和深浅受呼吸中枢的控制，而呼吸中枢的兴奋性又受血液的二氧化碳分压（PCO_2）及 pH 的影响。当血液中酸增多时，pH 值下降，通过缓冲作用产生较多的 H_2CO_3，H_2CO_3 分解成 CO_2 和 H_2O，血浆二氧化碳分压（PCO_2）增高，增加呼吸中枢的兴奋性，呼吸加深、加快，CO_2 的排出量增多，血液中 H_2CO_3 的含量减少。反之，当血液中碱增多时，pH 值升高，通过缓冲作用 H_2CO_3 被消耗，导致 H_2CO_3 浓度降低，PCO_2 下降，降低呼吸中枢兴奋性，呼吸变浅、变慢，CO_2 的排出量减少，体内 CO_2 浓度相应增高。

总之，通过肺的调节功能，可使 H_2CO_3 浓度恢复或接近正常。但不能调节 $NaHCO_3$ 的浓度，$NaHCO_3$ 的浓度需要肾进行调节。

（三）肾在调节酸碱平衡中的作用

肾是调节酸碱平衡的主要器官，通过 $NaHCO_3$ 的重吸收，以及排出过多的碱来调节血中 $NaHCO_3$ 浓度，以维持 $[NaHCO_3]$／$[H_2CO_3]$ 的正常比值，对维持血液 pH 值的相对稳定具有重要意义。这种调节作用是通过肾小管上皮细胞的泌氢、泌氨、泌钾及钠的重吸收来实现的。

1. $NaHCO_3$ 的重吸收 正常情况下，人血液和原尿的 pH 值约为 7.4 左右，而终尿的 pH 值为 4.5 左右，由此可见肾小管上皮细胞对 $NaHCO_3$ 的重吸收能力很强，具有排酸的能力。

在肾小管上皮细胞中含有丰富的碳酸酐酶（CA），该酶催化 CO_2 和 H_2O 结合成 H_2CO_3，然后再解离成 H^+ 和 HCO_3^-。H^+ 被分泌至管腔与原尿中 $NaHCO_3$ 的 Na^+ 进行交换，使 Na^+ 重新进入肾小管上皮细胞内，与 HCO_3^- 形成 $NaHCO_3$ 转运入血液，以补充在缓冲酸

时所消耗的 $NaHCO_3$。$NaHCO_3$ 的重吸收是和 $H^+ - Na^+$ 交换紧密联系在一起的。肾通过这种方式使碳酸氢盐缓冲体系保持正常比值，以维持血液 pH 值的相对稳定（图 10 - 1）。

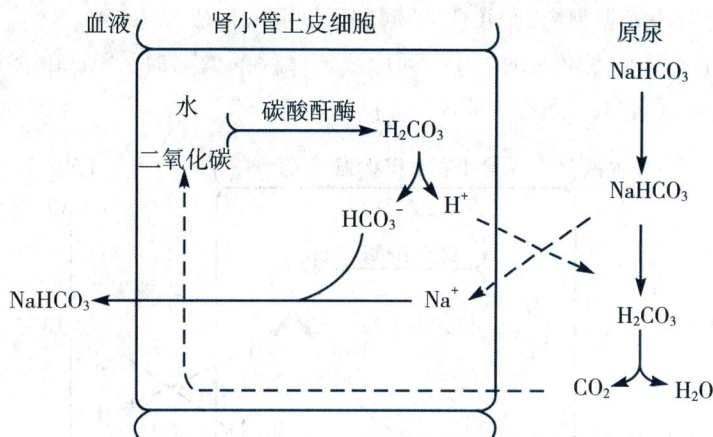

图 10 - 1　$NaHCO_3$ 的重吸收

通过 $NaHCO_3$ 的重吸收，可免除 $NaHCO_3$ 的丢失而稳定其在血中的浓度，但仍未进行直接排酸和补充血液缓冲固定酸所消耗的 $NaHCO_3$。

2. 尿液的酸化　血浆通过肾小球滤过而产生的原尿 pH 约 7.4。分泌至管腔的 H^+ 可与 Na_2HPO_4 的 Na^+ 进行交换。由管腔重吸收的 Na^+ 可与细胞内产生的 HCO_3^- 结合，从而补充了血液在缓冲固定酸时所消耗的 $NaHCO_3$，用于维持 $NaHCO_3/ H_2CO_3$ 缓冲对的正常比值和血液 pH 的恒定。同时当原尿流经肾小管时，肾小管细胞分泌的 H^+ 与 Na_2HPO_4 中的 Na^+ 进行交换，Na_2HPO_4 转变成酸性的 NaH_2PO_4 随尿排出体外。被重吸收的 Na^+ 则与肾小管细胞内的 HCO_3^- 一起转运入血液形成 $NaHCO_3$。这个过程使终尿 pH 降低至约 4.8。这就是尿液的酸化（图 10 - 2）。

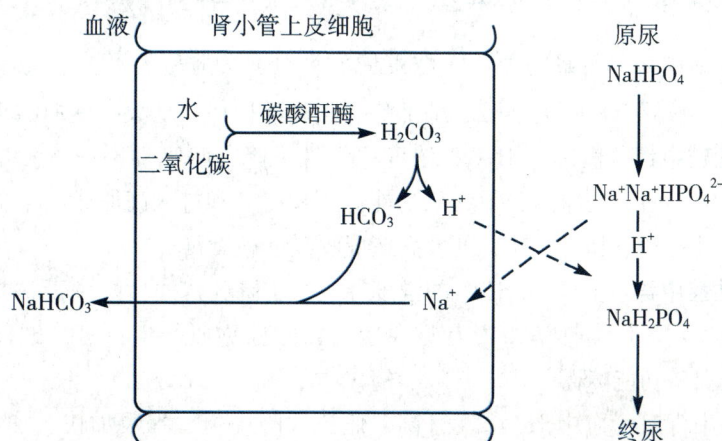

图 10 - 2　尿液的酸化

3. 泌 NH_3 作用　肾小管上皮细胞内的谷氨酰胺酶，能水解谷氨酰胺生成谷氨酸和氨，谷氨酸经谷氨酸脱氢酶作用可生成 α - 酮戊二酸和氨，其他氨基酸经脱氨基作用，也可以产生少量氨。泌 H^+ 和泌 NH_3 有相互加强的作用。NH_3 能与 H^+ 结合生成 NH_4^+，NH_4^+ 与原尿中的 NaCl 的 Na^+ 进行交换，以 NH_4Cl 或（NH_4）$_2SO_4$ 的形式随尿排出体外。Na^+ 被重吸收与肾小管细胞内的 HCO_3^- 一起转运到血液形成 $NaHCO_3$。

NH_4^+ 的排出是肾小管泌 H^+ 的另一种形式。体内酸增多时，NH_3 和 NH_4^+ 生成增多，$NaHCO_3$ 的重吸收也增多；反之，则减少（图 10 – 3）。

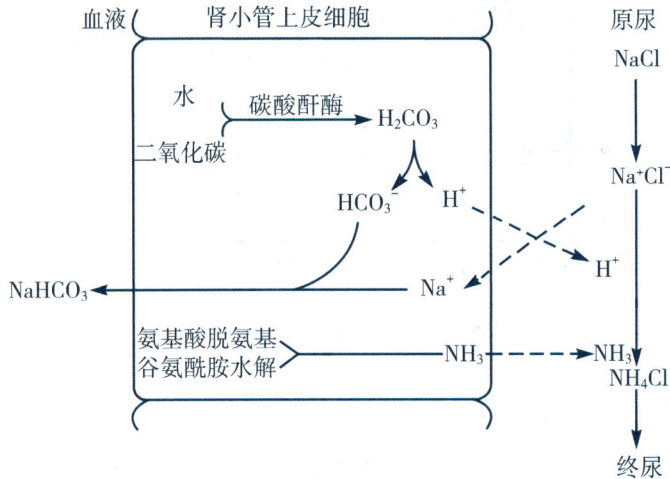

图 10 – 3　泌 NH_3 作用

血液缓冲体系、肺的呼吸功能以及肾脏的排泄与重吸收作用这三个环节共同参与、密切配合、协调一致，共同实现了对酸碱平衡的有效调节。血液缓冲体系反应迅速，但缓冲能力有限；肺的呼吸功能也很快起作用，但只调节 H_2CO_3 的浓度；肾的调节作用慢，但持久，可排出多余的酸和碱，还可以调节 $NaHCO_3$ 的浓度。

三、酸碱平衡失常的基本类型

1. 呼吸性酸中毒　血浆的 H_2CO_3 浓度原发性升高为呼吸性酸中毒。一般与肺呼吸功能下降有关。常见于呼吸道梗阻、肺部疾患、胸部损伤、呼吸中枢抑制等。

2. 呼吸性碱中毒　血浆的 H_2CO_3 浓度原发性下降为呼吸性碱中毒。精神性过度通气是呼吸性碱中毒的常见原因；甲状腺功能亢进症患者和进入高原或高空的人，由于缺氧造成肺通气过度，引起 CO_2 排出过多而造成呼吸性碱中毒。

3. 代谢性酸中毒　血浆 $NaHCO_3$ 的浓度原发性下降为代谢性酸中毒，是临床上最常见的酸碱平衡失常。代谢性酸中毒常见原因有：酸性物质产生过多，碱性物质丢失过多，肾脏排酸保碱功能障碍。

代谢性酸中毒时，血中 H^+ 浓度升高，刺激呼吸中枢，呼吸加快、加深，CO_2 排出增多；同时，肾的泌 H^+、泌 NH_3 作用及 $NaHCO_3$ 的重吸收作用加强。依据血 pH 是否正常可将代谢性酸中毒分为代偿性与失代偿性两类。

4. 代谢性碱中毒　血浆 $NaHCO_3$ 浓度原发性升高为代谢性碱中毒。常见于 $NaHCO_3$ 摄入过多，呕吐引起的胃酸丢失，使用大量利尿剂等。

代谢性碱中毒时，血中 H^+ 浓度减低，抑制呼吸中枢，呼吸变慢、变浅，CO_2 排出减少；同时，肾的泌 H^+、泌 NH_3 作用减弱，$NaHCO_3$ 随尿量排出增加。代谢性碱中毒分为代偿性与失代偿性两类。

四、酸碱平衡的主要生化指标

1. 血浆 pH 值　正常人血浆 pH 值为 7.35 ~ 7.45，平均为 7.4。血浆 pH 值低于 7.35 为酸中毒，血浆 pH 值高于 7.45 为碱中毒。

2. 二氧化碳分压（PCO_2）　PCO_2 是指物理溶解于血浆中的 CO_2 所产生的张力。正常人动脉血 PCO_2 值为 4.5 ~ 6kPa（35 ~ 45mmHg），平均 5.3kPa（40mmHg）。PCO_2 是衡量肺泡通气量的良好指标，也是反映呼吸性酸或碱中毒的重要指标。动脉血 PCO_2 > 6kPa 表示肺泡通气不足，体内 CO_2 蓄积；PCO_2 < 4.5kPa 表示肺泡通气过度，CO_2 排出过多。

3. 血浆二氧化碳结合力（$CO_2 - CP$）　血浆二氧化碳结合力是指在 25℃（室温）、PCO_2 为 5.3kPa（40mmHg）的条件下，每升血浆中以 HCO_3^- 形式存在的 CO_2 的毫摩尔数。正常值为 22 ~ 31mmol/L。血浆二氧化碳结合力在代谢性酸中毒时降低，而在代谢性碱中毒时则增高。但在呼吸性酸中毒时，由于肾的代偿作用，二氧化碳结合力可大于正常值，而呼吸性碱中毒时则小于正常值。

4. 实际碳酸氢盐（AB）和标准碳酸氢盐（SB）　AB 是指在 37℃隔绝空气的条件下所测得血浆中的 HCO_3^- 实际含量，该项指标受呼吸因素的影响。SB 是指在标准条件下（37℃、PCO_2 为 5.3kPa、血氧饱和度为 100%）所测得血浆中的 HCO_3^- 含量，该项指标不受呼吸因素影响，是判断代谢性酸碱成分变化的指标。

正常人 AB = SB，正常值为 21 ~ 27mmol/L，平均为 24mmol/L。若 AB < SB，表示体内 CO_2 排出过多，为呼吸性碱中毒；若 AB > SB，则表示体内有 CO_2 蓄积，为呼吸性酸中毒；若 AB = SB 且二者均降低，表示为代谢性酸中毒；若 AB = SB 且二者均增高，则表示为代谢性碱中毒。

同步训练

一、单项选择题

1. 下列关于肾脏对钾盐排泄的叙述哪一项是错误的（　　）
   A. 多吃多排　　　　　　　　　B. 少吃少排
   C. 不吃不排　　　　　　　　　D. 不吃也排
2. 对于不能进食的成人，每日的最低补液量为（　　）
   A. 100ml　　　　　　　　　　B. 350ml
   C. 500ml　　　　　　　　　　D. 1500ml
3. 正常人血浆 $NaHCO_3/H_2CO_3$ 的比值为（　　）
   A. 20:1　　　　　　　　　　B. 15:1
   C. 10:1　　　　　　　　　　D. 25:1

4. 碱储是指血浆中的 （　　　）

A. $NaHCO_3$

B. NaH_2PO_4

C. Na_2HPO_4

D. $KHCO_3$

二、多项选择题

1. 体内水排出的主要途径有 （　　　）

A. 尿液　　　　B. 肺脏　　　　C. 汗液

D. 粪便　　　　E. 乳汁

2. 人体摄入水的来源 （　　　）

A. 饮水　　　　B. 米汤　　　　C. 水果

D. 呼吸　　　　E. 代谢水

3. 下列有关钙吸收的正确描述是 （　　　）

A. 钙的吸收与年龄成正比

B. 孕妇的吸收大于常人

C. 低钙膳食时钙的吸收率低，高钙膳食时则吸收率高

D. PTH 可促进钙的吸收

E. 维生素 D 可促进钙的吸收

4. 下列属于固定酸的是 （　　　）

A. 乳酸　　　　B. 葡萄糖　　　　C. 尿酸

D. 碳酸　　　　E. 硫酸

三、填空题

1. 正常人体液总量占体重的_____，其中细胞外液占体重的_____，细胞内液占体重的_____，血浆占体重的_____。

2. K^+ 对心肌的兴奋性有_____作用，Ca^{2+} 对心肌的兴奋性有_____作用。

3. 血钙在体内以_____和_____两种形式存在。

4. 机体对酸碱平衡的调节主要依靠_____、_____和_____三方面的作用。

5. 肾调节酸碱平衡，是通过_____、_____、_____三种方式实现的。

6. 判断酸碱平衡的主要生化指标有_____、_____、_____和_____。

四、问答题

1. 试述水和无机盐的生理功能。

2. 试述钾、钠、氯代谢及其调节。

3. 试述钙、磷代谢及其生理功能。

4. 简述人体内酸、碱物质的来源。

5. 简述人体内酸碱平衡的调节机理。

实验指导

实验一　蛋白质的沉淀反应和血清蛋白醋酸纤维薄膜电泳

一、蛋白质的沉淀反应

【实验目的】

1. 加深对蛋白质胶体溶液两个稳定因素的认识。
2. 了解沉淀蛋白质的几种方法。

【实验原理】

蛋白质在水溶液中的两个稳定因素是颗粒表面的水化膜和同性电荷间的相互斥力，若这两个稳定因素遭到破坏，蛋白质颗粒可相互聚集而沉淀。

【实验试剂与器材】

1. 试剂　①蛋白质溶液（新鲜鸡蛋清：水 =1：9）。②饱和硫酸铵溶液。③硫酸铵结晶粉末。④ 2% 硝酸银溶液。⑤ 0.5% 醋酸铅溶液。⑥ 0.01% NaOH 溶液。⑦ 1% 硫酸铜溶液。⑧ 1% 醋酸溶液。⑨ 10% 鞣酸溶液。⑩饱和苦味酸溶液。⑪ 95% 乙醇。

2. 器材　试管、试管架、滴管、吸量管、小烧杯、容量瓶等。

【实验步骤】

1. 盐析

（1）取 1 支试管，加入蛋白质溶液 2ml，再加入等量的饱和硫酸铵溶液，混匀后静置数分钟，观察析出的球蛋白沉淀。

（2）将试管内容物过滤（或取上清液）置另 1 支试管中，加入硫酸铵粉末到不再溶解为止，观察析出的清蛋白。

2. 重金属离子沉淀蛋白质　取 3 支试管，各加入蛋白质溶液 1ml 及 0.01% NaOH 1 滴，然后各管再分别加入 2% 硝酸银溶液 1 滴、0.5% 醋酸铅溶液 1 滴和 1% 硫酸铜溶液 1 滴，观察沉淀的生成。

3. 生物碱试剂沉淀蛋白质　取 2 支试管，各加入蛋白质溶液 2ml 及 1% 醋酸 4 ~ 5 滴，向 1 支试管中加入 10% 鞣酸溶液数滴，另 1 支试管加入饱和苦味酸溶液数滴，观察结果。

4. 有机溶剂沉淀蛋白质 取 1 支试管，加入蛋白质溶液 2ml，再加入 2ml 95% 乙醇，混匀，观察沉淀的生成。

【注意事项】

重金属盐沉淀蛋白质时，应注意使蛋白质溶液在大于等电点的碱性条件下进行，而生物碱试剂沉淀蛋白质时，应注意使蛋白质溶液在小于等电点的酸性条件下进行。

【思考题】

鸡蛋清为何可做铅、汞中毒的解毒剂？

二、血清蛋白醋酸纤维薄膜电泳

【实验目的】

1. 了解电泳法分离血清蛋白的原理。
2. 掌握醋酸纤维薄膜电泳法的操作方法。
3. 巩固等电点的基本概念及应用。

【实验原理】

血清蛋白质的等电点大都小于 7，故在 pH8.6 的缓冲溶液中都带有负电荷，在电场中向正极泳动。因血清各种蛋白质等电点不同，带负电荷量的多少不同，加之各种蛋白质分子量大小、分子形状也各有差异，所以在同一电场中泳动的速度不同。带电荷多分子量小者，泳动速度快，反之则慢。用醋酸纤维薄膜作为支持物进行电泳，可将血清蛋白质分为五条主要区带，从正极端起依次为清蛋白、α1、α2、β 和 γ－球蛋白。再经染色、漂洗及透明处理，即可获得能长期保存的、背景为无色的电泳图谱。

【实验试剂、材料与器材】

1. 试剂

（1）巴比妥缓冲液（pH8.6，0.07mol/L，离子强度0.06） 称取巴比妥钠 12.76g，巴比妥 1.66g，加蒸馏水约 500ml，加热溶解，冷至室温后，加蒸馏水至 1000ml。

（2）染色液 称取氨基黑 10B 0.5g，加入冰醋酸 10ml、甲醇 50ml 及蒸馏水 40ml，混匀。

（3）漂洗液 取 95% 乙醇 45ml、冰醋酸 5ml 及蒸馏水 50ml，混匀。

（4）透明液 取冰醋酸 20ml 和无水乙醇 80ml，混匀，装入试剂瓶中塞紧备用。

2. 材料 血清，必须为无溶血新鲜血清（可用小牛血清等）。

3. 器材 电泳仪、醋酸纤维薄膜、滤纸、培养皿、剪刀、竹镊子、加样器或盖玻片、直尺、玻璃板、铅笔、试管、试管架等。

【实验步骤】

1. 薄膜的准备 将醋酸纤维薄膜切成 2cm×8cm 大小，在无光泽面的一端约 1.5cm 处用铅笔画一直线作为点样位置，并做好编号。将薄膜无光泽面向下，浸入巴比妥缓冲溶液中，待完全浸透（约30分钟），即薄膜已无白斑后取出，加在滤纸中间，轻轻吸去多余的缓冲液。

2. 点样　取适量血清置于玻璃板上，用盖玻片蘸取少量（约 $2 \sim 3\mu l$）均匀地压加到点样线上，轻压 $1 \sim 2$ 秒，使血清渗透到薄膜内。应使血清形成具有一定宽度、粗细均匀的直线。

3. 电泳　电泳槽内注入 1000ml 缓冲液。点样完成后，要迅速将薄膜贴于电泳槽支架的滤纸桥上，以防薄膜干燥。将薄膜点样的一端置于阴极，点样面向下，平整地贴于滤纸桥上，然后盖好电泳槽盖子，平衡5分钟至膜完全湿润。打开电源开关，调节电压为 $100 \sim 160V$，电流为 $0.4 \sim 0.6mA/cm$ 膜宽，通电 $40 \sim 50$ 分钟，即可关闭电源。

4. 染色与漂洗　用镊子小心取出薄膜，浸入染色液中染色3分钟，然后取出，浸入漂洗液中反复漂洗数次，直至背景颜色脱净为止。一般每隔5分钟左右换一次漂洗液，连续漂洗3次即可。此时即得5条蛋白色带，从正极端起，依次为清蛋白、α1、α2、β 和 γ – 球蛋白。

5. 透明　先用滤纸充分吸干水分，然后左手持玻璃板，右手用镊子夹取薄膜，浸入透明液中，在薄膜快变色时即迅速取出贴于玻璃板上。浸泡时间根据透明液中醋酸含量及薄膜中水分干燥程度决定。

6. 干燥　用电吹风吹干至手指甲刻不入为止，再将玻璃板放在流动的自来水下冲洗，当薄膜完全湿润后用刀片先刮起一端，然后用手轻轻将透明的薄膜取下，夹入干净纸中即可。

【注意事项】

1. 血清标本要新鲜，不可溶血。
2. 醋酸纤维薄膜在电泳前，必须浸泡在巴比妥缓冲液中，使薄膜浸泡透彻。

【思考题】

1. 电泳时薄膜的点样端应放在电泳槽的哪一端？为什么？
2. 引起电泳图谱不整齐的原因有哪些？

实验二　酶作用的特异性及影响酶活性的因素

一、酶作用的特异性

【实验目的】

通过学生动手操作，验证酶的特异性，即酶对底物的选择性。

【实验原理】

酶的特异性是指一种酶只能对一种或一类化合物（此类化合物通常具有相同的化学键）起作用，而不能对别的化合物起作用。如淀粉酶只能催化淀粉水解，对蔗糖的水解无催化作用。

本实验以唾液淀粉酶对淀粉的作用为例，说明酶的特异性。淀粉和蔗糖都没有还原性，但淀粉水解产物为麦芽糖，蔗糖水解产物为果糖和葡萄糖，麦芽糖和葡萄糖为还原性糖，能与班氏试剂反应，生成砖红色的氧化亚铜沉淀。

【实验试剂与器材】

1. 1%的淀粉溶液　称取可溶性淀粉1g，加5ml蒸馏水调成糊状，徐徐倒入80ml煮沸的蒸馏水中，不断搅拌，待其溶解后，加蒸馏水至100ml。此溶液应新鲜配制，防止细菌污染。

2. 1%的蔗糖溶液　称1g蔗糖，加蒸馏水至100ml溶解。

3. pH为6.8的缓冲液　取0.2mol/L的磷酸氢二钠溶液154.5ml，0.1mol/L的柠檬酸溶液45.5ml，混匀即可。

4. 班氏试剂　溶解结晶硫酸铜（$CuSO_4 \cdot 5H_2O$）17.3g，于100ml热的蒸馏水中，冷却后加水至150ml为A液。取柠檬酸钠173g和无水碳酸钠100g，加蒸馏水600ml，加热溶解，冷却后加水至850ml为B液。将A液缓缓倒入B液中，混匀即可。

5. 器材　10mm×100mm的试管、试管架、记号笔、恒温水浴箱、沸水浴缸。

【实验步骤】

1. 稀释唾液制备：漱口后含蒸馏水30ml约2分钟，吐入烧杯备用。

2. 煮沸唾液的制备：取上述稀释唾液5ml，放入沸水浴缸中煮沸5分钟，取出备用。

3. 取3只试管，按下表操作：

试剂	试管编号		
	1	2	3
pH为6.8的缓冲液	20滴	20滴	20滴
1%的淀粉溶液	10滴	10滴	—
1%的蔗糖溶液	—	—	10滴
稀释唾液	5滴	—	5滴
煮沸唾液	—	5滴	—
摇匀，置37℃水浴保温15分钟			
班氏试剂	20滴	20滴	20滴
沸水浴煮沸2~3分钟			
观察并记录实验结果			

【实验结果】

观察各管颜色变化，并说明原因。

二、影响酶活性的因素

【实验目的】

通过学生动手实验，观察温度、pH、激活剂与抑制剂对酶促反应的影响。

【实验原理】

淀粉在淀粉酶催化下水解，其最终产物为麦芽糖。在水解反应过程中淀粉的分子量逐渐变小，形成若干分子量不等的过渡性产物，称为糊精。向反应系统中加入碘液可检查淀粉的水解程度，淀粉遇碘呈蓝色，麦芽糖对碘不显色。糊精中分子量较大者呈蓝紫色，随糊精的继续水解，对碘呈橙红色。

根据颜色反应，可以了解淀粉被水解的程度。在不同温度、不同酸碱度下，唾液淀粉酶的活性不同，淀粉水解程度也不一样。另外，激活剂、抑制剂也能影响淀粉的水解。因此，通过与碘反应的颜色判断淀粉被水解的程度，进而了解温度、pH、激活剂和抑制剂对酶促反应的影响。

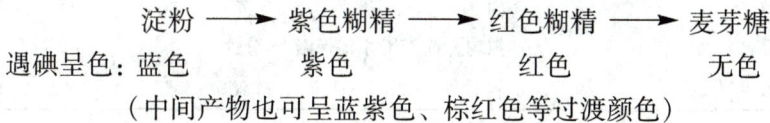

$$淀粉 \longrightarrow 紫色糊精 \longrightarrow 红色糊精 \longrightarrow 麦芽糖$$

遇碘呈色：　　蓝色　　　　紫色　　　　　红色　　　　　无色

（中间产物也可呈蓝紫色、棕红色等过渡颜色）

【实验试剂与器材】

1. 1% 的淀粉溶液　称取可溶性淀粉 1g，加 5ml 蒸馏水调成糊状，徐徐倒入 80ml 煮沸的蒸馏水中，不断搅拌，待其溶解后，加蒸馏水至 100ml。此溶液应新鲜配制，防止细菌污染。

2. 稀释唾液　用清水漱口，清除食物残渣。再含蒸馏水 30ml 做咀嚼运动，2 分钟后将稀释唾液收集于样品杯中备用。

3. pH 为 6.8 的缓冲液　取 0.2mol/L 的磷酸氢二钠溶液 154.5ml，0.1mol/L 的柠檬酸溶液 45.5ml 混合即可。

4. pH 为 4.8 的缓冲液　取 0.2mol/L 的磷酸氢二钠溶液 98.6ml，0.1mol/L 的柠檬酸溶液 101.4ml 混合即可。

5. pH 为 8 的缓冲液　取 0.2mol/L 的磷酸氢二钠溶液 194.5ml，0.1mol/L 的柠檬酸溶液 5.5ml 混匀即可。

6. 稀释碘液　称取碘 1g，碘化钾 2g，溶于 300ml 蒸馏水中。

7. 其他　0.9% 的 NaCl 溶液、0.1% 的 $CuSO_4$ 溶液、0.1% 的 Na_2SO_4 溶液。

8. 器材　10mm×100mm 的试管、记号笔、恒温水浴箱、沸水浴缸、冰浴缸。

【实验步骤】

1. 温度对酶促反应的影响　唾液淀粉酶的最适温度是 37℃，分别在 37℃、0℃、100℃的环境进行酶促反应，观察 3 支试管中颜色的区别，说明温度对酶促反应的影响。

（1）取试管 3 支，标号，在各管中均加入 pH 为 6.8 的缓冲液 20 滴和 1% 的淀粉液 10 滴。

（2）将第 1 支试管置于 37℃的恒温水浴中，第 2 支试管放入沸水浴中，第 3 支试管放入冰水中。

（3）约 5 分钟后，分别向各管加稀释唾液 5 滴，再放回原处。

（4）放置 10 分钟后取出，分别向各管加稀释碘液 1 滴，观察 3 管中颜色的区别，说明温度对酶促反应的影响。

2. pH 值对酶促反应速度的影响　唾液淀粉酶的最适 pH 为 6.8，分别在 pH 6.8、pH 4.8、pH 8 的环境进行酶促反应，观察 3 管中颜色的区别，说明 pH 对酶促反应的影响：

取试管 3 支，标号，按下表操作：

试剂	试管编号		
	1	2	3
pH 为 4.8 的缓冲液	20 滴	—	—
pH 为 6.8 的缓冲液	—	20 滴	—
pH 为 8 的缓冲液	—	—	20 滴
1% 的淀粉溶液	10 滴	10 滴	10 滴
稀释唾液	5 滴	5 滴	5 滴
摇匀，置 37℃ 水浴保温 15 分钟			
稀释碘液	1 滴	1 滴	1 滴

3. 激活剂和抑制剂对酶促反应的影响　氯离子是唾液淀粉酶的激活剂，铜离子是抑制剂。观察管中颜色的区别，说明激活剂和抑制剂对酶促反应的影响。

取试管 4 支，标号，按下表操作：

试剂	试管编号			
	1	2	3	4
pH 为 6.8 的缓冲液	20 滴	20 滴	20 滴	20 滴
1% 的淀粉溶液	10 滴	10 滴	10 滴	10 滴
蒸馏水	10 滴	—	—	—
0.9% 的 NaCl 溶液	—	10 滴	—	—
0.1% 的 $CuSO_4$ 溶液	—	—	10 滴	—
0.1% 的 Na_2SO_4 溶液	—	—	—	10 滴
稀释唾液	5 滴	5 滴	5 滴	5 滴
摇匀，置 37℃ 水浴保温 10 分钟				
稀释碘液	1 滴	1 滴	1 滴	1 滴

【实验结果】

通过颜色变化，说明酶促反应怎样受到温度、pH、激活剂和抑制剂的影响。

实验三　血清葡萄糖测定（葡萄糖氧化酶法）

【实验目的】

1. 掌握葡萄糖氧化酶法测定血糖浓度的原理和方法。

2. 掌握血糖的正常值，通过实验进一步加深理解维持血糖浓度相对恒定的重要意义。

3. 掌握 721 分光光度计的使用。

【实验原理】

血糖浓度为反映体内糖代谢情况的重要血液化学指标，是生化实验和临床化验常做的分析。临床上常用葡萄糖氧化酶法测血糖。葡萄糖可由葡萄糖氧化酶（GOD）氧化成葡萄糖酸及过氧化氢，后者在过氧化物酶（POD）的作用下，能与苯酚及 4 - 氨基安替比林作用产生红色醌类化合物，红色醌类化合物生成量与样品中葡萄糖含量成正比。

$$葡萄糖 + O_2 \xrightarrow{\text{GOD}} 葡萄糖酸 + H_2O_2$$

$$H_2O_2 + 4 - 氨基安替比林 + 酚 \xrightarrow{\text{GOD}} 红色醌类化合物 + H_2O$$

【实验试剂与器材】

1. 试剂

（1）0.1mol/L 磷酸盐缓冲液（pH7）　称取无水磷酸氢二钠 8.67g 及无水磷酸二氢钾 5.3g 溶于蒸馏水 800ml 中，用 1mol/L 氢氧化钠（或 1mol/L 盐酸）调 pH 至 7，用蒸馏水稀释至 1L。

（2）酶试剂　称取过氧化物酶 1200U，葡萄糖氧化酶 1200U，4 - 氨基安替比林 10mg，叠氮钠 100mg，溶于磷酸盐缓冲液 80ml 中，用 1mol/L 的 NaOH 调 pH 至 7，加磷酸盐缓冲液至 100ml，冰箱 4℃保存，可稳定 3 个月。

（3）酚溶液　称取重蒸馏酚 100mg 溶于蒸馏水 100ml 中，用棕色瓶贮存。

（4）酶酚混合试剂　酶试剂及酚溶液等量混合，4℃可以存放 1 个月。

（5）12mmol/L 苯甲酸溶液　溶解苯甲酸 1.4g 于蒸馏水约 800ml 中，加温助溶，冷却后加蒸馏水稀释至 1L。

（6）100mmol/L 葡萄糖标准贮存液　称取已干燥恒重的无水葡萄糖 1.802g，溶于 12mmol/L 苯甲酸溶液约 70ml 中，以 12mmol/L 苯甲酸溶液定容至 100ml。2 小时以后方可使用。

（7）5mmol/L 葡萄糖标准应用液　吸取葡萄糖标准贮存液 5ml 放于 100ml 容量瓶中，用 12mmol/L 苯甲酸溶液稀释至刻度，混匀。

2. 器材　试管及试管架、721 光分分光光度计、恒温水浴箱、微量加样器、吸量管、吸耳球、比色杯、标号笔。

【实验步骤】

取试管 3 支，标号，按下表操作：

试管号	空白管	标准管	测定管
血清（ml）	—	—	0.02
葡萄糖标准液（ml）	—	0.02	—
蒸馏水（ml）	0.02	—	—
酶酚混合液（ml）	3	3	3

混匀，37℃ 恒温 15 分钟，505nm 波长，以空白管调零点，测定各管吸光度并计算：

葡萄糖含量（mmol/L）＝（测定管吸光度/标准管吸光度）×5.55

【参考范围】

空腹血清葡萄糖浓度参考值为 3.89～6.11mmol/L。

【临床意义】

1. 生理性高血糖 可见摄入高糖食物后或情绪紧张肾上腺分泌增加时。

2. 病理性高血糖

（1）糖尿病 胰岛素绝对或相对不足。

（2）内分泌腺功能障碍 甲状腺功能亢进，肾上腺皮质功能及髓质功能亢进，引起的各种对抗胰岛素的激素分泌过多也会出现高血糖。注意升高血糖的激素增多引起的高血糖，现已归入特异性糖尿病中。

（3）颅内压增高 颅内压增高刺激血糖中枢，如颅外伤、颅内出血、脑膜炎等。

（4）脱水引起的高血糖 如呕吐、腹泻和高热等也可使血糖轻度增高。

3. 生理性低血糖 见于饥饿和剧烈运动。

4. 病理性低血糖 特发性功能性低血糖最多见，依次是药源性、肝源性、胰岛素瘤等。

（1）胰岛 β 细胞增生或胰岛 β 细胞瘤等，使胰岛素分泌过多。

（2）对抗胰岛素的激素分泌不足，如垂体前叶功能减退、肾上腺皮质功能减退和甲状腺功能减退而使生长素、肾上腺皮质激素分泌减少。

（3）严重肝病患者，由于肝脏储存糖原及糖异生等功能低下，肝脏不能有效地调节血糖。

【注意事项】

1. 酶酚混合液和样品的用量可根据需要按比例改变，计算公式不变。

2. 缓冲液中含叠氮钠作稳定剂，不要用嘴吸，避免与皮肤接触。

3. 酚试剂有毒，切勿吞咽，如果溢出，请用大量水冲洗被污染的部位。

4. 1ml 血清吸管，使用完后立即洗净，以免血清凝固在吸管内。

【思考题】

临床测定血糖为何空腹采血？

【721 型分光光度计的使用方法】

1. 接通电源，打开比色箱盖，预热 10 分钟。

2. 将灵敏度旋钮放在 1 档。

3. 转动波长 λ 旋钮，选择所需要的波长。

4. 取 3 只比色杯，分别装入空白、标准和测定液，量不超过 2/3，依次放入比色箱内，并使空白液对准光路。

5. 转动 0 旋钮，使检流计指针对准透光度 T 为 0 的位置。盖上比色箱盖，调节 100 旋钮，使指针对准透光度 T 为 100 的位置。开盖调 0，闭盖调 100，反复 3 次。

6. 轻轻拉动比色箱拉杆，依次将标准液和测定液对准光路，分别读取检流计上吸光度。

7. 使用完毕后，切断电源。取出比色杯，洗净后倒置晾干。盖上比色箱盖。

实验四　肝中酮体的生成

【实验目的】

通过学生动手操作，了解组织匀浆的制作方法，验证肝是酮体生成的器官，熟悉酮体代谢异常的临床意义。

【实验原理】

利用丁酸作为底物，与新鲜肝组织匀浆（含酮体生成酶系）保温后，即有酮体生成，酮体可与含亚硝基铁氰化钠的显色粉反应，产生紫红色的化合物。而经同样处理的肌肉匀浆，则不产生酮体，因此与显色粉作用不产生显色反应。

【实验试剂与器材】

1. 0.9% 的氯化钠溶液。

2. 洛克（Locker）溶液：氯化钠 0.9g，氯化钾 0.042g，氯化钙 0.024g，碳酸氢钠 0.02g，葡萄糖 0.1g，将上述药品混合溶于水中，溶解后加水至 100ml。

3. 0.5mol/L 的丁酸溶液：取 44g 丁酸溶于 0.1mol 的 NaOH 溶液中，并用 0.1mol 的 NaOH 溶液稀释至 1000ml。

4. 0.1mol/L 的磷酸缓冲液（pH 7.6）：准确称取 $Na_2HPO_4 \cdot 2H_2O$ 7.74g 和 $NaH_2PO_4 \cdot H_2O$ 0.897g，用蒸馏水稀释至 500ml，精确测定 pH 值。

5. 15% 的三氯醋酸溶液。

6. 显色粉：亚硝基铁氰化钠 1g，无水碳酸钠 30g，硫酸铵 50g，混合后研碎。

【实验步骤】

1. 肝匀浆和肌匀浆的制备：取新鲜猪肝和猪骨骼肌，剪碎后放入匀浆器中，加入 pH 为 7.6 的磷酸缓冲液（按重量∶体积为 1∶3），研磨成匀浆。

2. 取试管 4 支，编号后按下表加入各种试剂（单位：滴）：

加入物	1	2	3	4
洛克溶液	15	15	15	15
0.5mol/L 的丁酸溶液	30	—	30	30
肝匀浆	20	20	—	—
肌匀浆	—	—	—	20
蒸馏水	—	30	20	—

3. 将上述 4 支试管摇匀后，放置 37℃ 恒温水浴中保温。

4. 40 ~ 50 分钟后取出各管，各加入 15% 三氯醋酸 20 滴，摇匀混合，过滤（可用湿润的棉花代替滤纸），收集各管滤液于干净玻璃试管中。

5. 用干净吸管吸取各管滤液加入白色反应瓷板小凹槽中（白色反应瓷板上已加一小匙显色粉），观察所产生的颜色反应并解释原因。

【思考题】

1. 用以上实验现象解释酮体的生成部位及意义。

2. 解释糖尿病患者为什么会出现酮血症？

实验五　丙氨酸氨基转移酶活性的比较

【实验目的】

通过实验验证体内氨基酸的转氨基作用，比较不同组织转氨酶活性的高低，并了解测定该酶活性的临床意义。

【实验原理】

丙氨酸氨基转移酶（ALT）催化丙氨酸和 α - 酮戊二酸反应生成丙酮酸和谷氨酸。在酶促反应到达规定时间时，加入 2,4 - 二硝基苯肼终止反应，并与反应生成的丙酮酸作用生成丙酮酸和 2,4 - 二硝基苯腙，苯腙在碱性条件下呈棕红色。颜色深浅表示酶活性的高低。

【实验试剂与器材】

1. ALT 底物液　精确称取 D - L - 丙氨酸 1.78g，α - 酮戊二酸 29.2mg，将两种物质先溶于 10ml 的 1mol/L NaOH 中，溶解后用 1mol/L HCl 调节 pH 至 7.4，再加 pH 7.4 的磷酸盐缓冲液至 100ml，加氯仿数滴防腐，置冰箱保存。

2. 2,4 - 二硝基苯肼溶液　称取 2,4 - 二硝基苯肼（AR）20mg，溶于 1mol/L 盐酸 100ml，置棕色玻璃瓶中，室温中保存，若有结晶析出，应重新配制。

3. 磷酸盐缓冲液（pH 7.4）　精确量取 80.8 ml 的 1mol/L 磷酸氢二钠溶液和 19.2 ml 0.1mol/L 磷酸二氢钾溶液，混匀，即为 pH 7.4 的磷酸盐缓冲液。

4. 0.4mol/L NaOH 溶液　用 1mol/L NaOH 溶液稀释配制。

5. 器材　恒温水浴箱、容量瓶、刻度吸管、试管、滴管、试管架等。

【实验步骤】

1. 将家兔处死后，立即取出肝和肌肉，分别以冰生理盐水洗去血液。取 10g 肝和肌肉，分别剪碎，加入 pH 7.4 的磷酸盐缓冲液 10ml 研碎，研成匀浆后再加 pH 7.4 的磷酸盐缓冲液 20ml 混匀，稍静置，上层即为肝和肌肉浸提液。

2. 按下表操作：

试管 加入物	ALT 底物液	肝浸液	肌浸液	37℃ 水浴 20分钟	2,4-二硝基苯肼	37℃ 水浴 20分钟	0.4mol/L NaOH
1	1ml	3滴	—		10滴		5ml
2	1ml	—	3滴		10滴		5ml

观察与记录结果。

【思考题】

比较两管颜色，说明哪种组织 ALT 活性高。

实验六　血浆碳酸氢根离子浓度的测定（滴定法）

【实验目的】

1. 熟悉滴定法测定碳酸氢根离子浓度的原理、方法。
2. 掌握血浆碳酸氢根离子浓度的测定的临床意义。

【实验原理】

血浆碳酸氢根离子浓度是反映体液酸碱平衡的一个常用指标，临床上也称为二氧化碳结合力（CO_2-CP）或碱储。在血浆或血清中加入过量的标准 HCl 溶液，使其与标本中的 HCO_3^- 反应，生成 H_2CO_3，再分解成 H_2O 和 CO_2，释放 CO_2，再用标准 NaOH 溶液滴定其中剩余的盐酸，以酚红指示剂滴定终点。根据 NaOH 溶液的消耗量，计算出血浆中 HCO_3^- 含量。反应式如下：

$$HCO_3^- + HCl \longrightarrow H_2O + Cl^- + CO_2$$
（过量）

$$NaOH + HCl \longrightarrow NaCl + H_2O$$
（过量）

酚红的变色范围在 pH 6.8（黄）~8.4（红）。

【实验试剂与器材】

1. 试剂

（1）生理盐水（要求 pH = 7）。

（2）10mmol/L HCl 溶液（准确校正）。

（3）10mmol/L NaOH 溶液（准确校正）。

（4）0.02%酚红指示剂：称取酚红 100mg，加 10mmol/L 的 NaOH 溶液 8.2ml，研磨至溶解后，加蒸馏水至 50ml。取此溶液 1 份，以生理盐水 9 份进行稀释。

2. 器材 试管架、试管、吸量管、滴定管。

【实验步骤】

1. 取两支试管，分别标记为测定管（A）和对照管（B），按下表操作：

加入物	测定管	对照管
酚红指示剂	0.1	0.1
观察 2 支试管中颜色，若不相同应更换		
血浆（血清）（ml）	0.1	——
10 mmol/L 盐酸（ml）	0.5	0.5
充分振摇 1 分钟，使 CO_2 充分逸出		
生理盐水（ml）	2.4	2.5

2. 混匀，用 10mmol/L NaOH 溶液分别滴定测定管和对照管至微红色（维持 10～15 秒不退色）为终点，2 支试管的颜色深浅应一致，记录 2 管分别消耗的 NaOH 的毫升数。对照管 NaOH 溶液的消耗量应恰好为 0.5ml。若不相同，说明溶液浓度不准确，应重新配置。

【计算】

$$血浆碳酸氢根浓度（mmol/L）=（B-A）× 0.01 × \frac{1000}{0.1}$$

【参考值范围】

碳酸氢根浓度：22～31mmol/L（50～70 mg/dl）

【临床意义】

1. 碳酸氢根浓度升高

（1）代谢性碱中毒 如幽门梗阻引起呕吐而胃酸大量丧失、肾上腺皮质功能亢进及肾上腺皮质激素使用过多、低血钾和服用过多的碱性药物等，使血浆 HCO_3^- 增加，CO_2-CP 升高。

（2）呼吸性酸中毒 如呼吸道梗阻、呼吸肌麻痹、阻塞性肺气肿、呼吸中枢抑制、支气管扩张和肺纤维化等，由于通气换气功能障碍导致 CO_2 滞留，HCO_3^- 代偿性升高。

2. 碳酸氢根浓度降低

（1）代谢性酸中毒 如肾功能衰竭、糖尿病酮症酸中毒、严重腹泻、肠瘘、休克和使用过多的酸性药物等导致酸中毒。

（2）呼吸性碱中毒 如脑炎、癔病等所致的换气过度，排出 CO_2 过多，CO_2-CP 降低。

【注意事项】

1. NaOH 及 NaCl 溶液易吸收 CO_2，使 pH 值降低。

2. 当血浆加入盐酸后，应充分振摇，否则结果偏低。

【思考题】

1. 什么是二氧化碳结合力？
2. 血浆碳酸氢根离子浓度测定的原理是什么？
3. 呼吸性酸中毒时血浆碳酸氢根浓度为什么会升高？

主要参考书目

[1] 查锡良. 生物化学. 第7版. 北京：人民卫生出版社，2008

[2] 唐炳华. 生物化学. 北京：中国中医药出版社，2012

[3] 贾弘禔，冯作化. 生物化学与分子生物学. 第2版. 北京：人民卫生出版社，2010

[4] 王易振，李清秀. 生物化学. 北京：人民卫生出版社，2009

[5] 赵汉芬. 生物化学. 第2版. 北京：人民卫生出版社，2011

[6] 程伟. 生物化学. 北京：人民卫生出版社，2001

[7] 潘文干. 生物化学. 第6版. 北京：人民卫生出版社，2009

[8] 高凤琴. 生物化学. 北京：中国中医药出版社，2006

[9] 黄纯. 生物化学. 第2版. 北京：科学出版社，2009

[10] 范明. 生物化学. 北京：中国医药科技出版社，2013

[11] 车龙浩. 生物化学. 第2版. 北京：人民卫生出版社，2012

[12] 康爱英，马灵筠. 生物化学. 修订版. 西安：第四军医大学出版社，2010

[13] 殷蓉蓉. 生物化学. 西安：第四军医大学出版社，2010

[14] 马如骏. 生物化学. 第3版. 北京：人民卫生出版社，2008

[15] 黄平. 生物化学. 北京：人民卫生出版社，2009

[16] 彭小忠. 生物化学. 北京：中国协和医科大学出版社，2008

[17] 王晓凌. 生物化学. 武汉：华中科技大学出版社，2011

[18] 王镜岩，朱圣庚，徐长法. 生物化学. 第3版. 北京：高等教育出版社，2003

[19] 沈岳奋. 生物化学检验技术. 第2版. 北京：人民卫生出版社，2008